관측과 기록으로 이어온
우리 천문학

관측과 기록으로 이어온

우리 천문학

전준혁 지음

천문학자는 왜 옛 하늘을 살피는가

플루토

세종 때 만들어진 앙부일구와 간의, 그리고 자동 물시계인 자격루는 우리 민족의 과학적 창의성을 상징하는 천문 기구로 세계적인 인정을 받고 있다. 또한 《삼국사기》《고려사》《조선왕조실록》《승정원일기》 등에는 현대 서양의 천문학자들도 주목하는 각종 천문 현상에 관한 방대한 기록이 남아 있다. 저자는 전통 시대 우리나라의 천문 기구와 천문 기록에 대해 앞서 이루어진 연구를 종합하여 정리하고, 자신의 연구와 의견을 덧붙여 독자에게 새로운 생각거리를 제시한다. 저자는 민족적 자부심을 과도하게 자극하지도 않으며, 선행 연구자들이 제시한 결론을 재점검하면서 천문 기록의 의미를 새롭게 해석하는 길을 찾아보고자 결론을 열어두었다. 우리가 왜 천문 기구와 기록에 주목해야 하는지, 그들의 새로운 의미는 어디에서 찾을 수 있을지, 천문학자의 관점에서 수행한 진지한 연구의 결과를 제시함으로써, 전통 시대의 천문학이라는 조금 생소하지만 매우 흥미로운 주제로 독자들을 안내한다.

- 전용훈(한국학중앙연구원 인문학부 교수)

천문학도 이해하기 어려운데, 천문학의 역사라니! 그것도 한자로 적힌 조상들의 천문 관측 기록들과 첨성대처럼 이해하기 어려운 모양의 천문 유물은 또 어떠한가? 우리 조상들이 우수한 과학적 유물을 남겨놓았다고 배웠지만, 정작 그것들이 왜 과학적이고 독창적인지 잘 이해가 되지 않는다면 《관측과 기록으로 이어온 우리 천문학》을 일독할 것을 권한다. 책장을 넘기면 '천문학과 역사학, 과학과 인문학의 서로 다른 언어'를 엮어 천문 기록과 유물에 관한 관련 논쟁까지 흥미롭게 소개하는 저자를 만날 수 있을 것이다. 학계의 기존 연구 성과들을 정리하면서도 '과학의 이름으로 포장된 억측과 민족주의적 환상을 걷어

내려는' 저자의 당찬 목소리도 함께 들어보길 바란다.

- 박권수(충북대학교 교양교육본부 교수/한국과학사 전공)

저자는 과거의 기록을 통해 하늘을 연구하는 천문학자이다. 문헌 속에 남은 천문 현상을 과학자의 시선으로 분석하면서도, 그 속에 담긴 역사의 숨결과 인간의 사유를 함께 탐색하고자 하는 저자의 마음이 담겨 있다.《관측과 기록으로 이어온 우리 천문학》은 거석문화 시기의 천문에서 조선의 역법에 이르기까지 여러 주제를 다루고 있다. 한국사의 중요한 천문 유산과 저자의 연구 성과를 중심으로, 천문학적 해석과 과학사적 설명이 잘 어우러져 있다. 특히 각 절마다 저자의 시선에서 바라본 해석이 돋보인다. 하늘을 향한 인간의 기록을 과학의 언어로 해석하며, 저자는 과거와 현재, 자연과 인간을 함께 살펴보고자 했다. 저자의 바람처럼, 이 책을 통해 독자들이 옛 기록에 담긴 과학적 해석과 함께 하늘을 바라보던 옛사람들의 마음까지 느낄 수 있기를 기대한다.

- 양홍진(한국천문연구원 고천문융합연구센터장)

20여 년 만에 다시 마주하는 과학 에세이이다. 한국의 옛 천문학으로! 천문 현상은 동서고금을 막론하고 자극적인 소재였다. 한국의 옛 천문학은 천문 현상의 기록에서 시작한다. 그래서 재미있다. 한국의 옛 천문학은 군사정권 속에서 씨앗이 뿌려지고 미화되었는데, 저자는 이를 매의 눈으로 비판한다. 그러면서도 최근의 연구 성과를 충분히 담고 있다. 특히 일식, 월식, 번개에 관한 부분을 읽으면 저자가 얼마나 심혈을 기울였는지 알 수 있다.

- 민병희(한국천문연구원 책임연구원)

밤하늘의 별빛은 언제나 과거에서 온다. 우리가 올려다보는 그 빛은 이미 오래전에 떠난 별의 흔적이며, 긴 시간을 건너 지금 이 순간 우리의 눈에 닿는다. 나는 천문학자로서 그 빛의 기원을 탐구해왔다. 그러나 어느 시점부터 망원경 대신, 기록이라는 다른 도구로 하늘을 들여다보기 시작했다.

고대의 관측자들이 남긴 짧은 문장 하나, 왕조의 실록에 적힌 한 줄의 기록 속에도 하늘을 향한 인간의 질문과 사유가 살아 있었다. 그 기록은 단순한 호기심의 흔적이 아니라, 인간이 우주를 이해하려 했던 집단적 지성의 응축이었다. 나는 그 흔적들을 따라가며, 하늘을 연구하는 일이 곧 인간을 이해하는 일임을 새삼 깨달았다.

어쩌면《관측과 기록으로 이어온 우리 천문학》은 그런 깨달음의 결실이자, 하늘과 인간을 함께 탐구하려는 시도의 기록일지도 모른다. 천문학과 역사학, 과학과 인문학이라는 서로 다른 언어가 한 페이지 안에서 조우하도록 하고 싶었다. 별빛의 물리학과 기록의 언어학 사이에는 멀고도 깊은 간극이 존재하지만, 그 사이에 인간의 눈과 마음이 있다. 그 마음을 읽는 것이야말로 진정한 '하늘 읽기'라고 나는 믿는다. 집필 과정에서 나는 스스로에게 자주 물었다.

"그들은 왜 하늘을 기록했을까?" "우리가 그 기록을 다시 읽는 일은 어떤 의미가 될 수 있을까?"

그 질문은 단순히 자료를 해석하는 차원을 넘어, 인간이 자연을 어떻게 인식해왔는지, 그 인식이 시대마다 어떤 변화를 거쳐왔는지를 묻게 했다. 기록은 텍스트이자, 시간의 층위를 품은 사유의 결정체였다.

하지만 그 귀중한 기록들이 때로는 잘못된 해석 속에서 길을 잃기도 했다. 하늘과 관련된 기록은 종종 정치와 결합되어 상징성의 영역으로 치부되거나, 특정 민족의 우월성을 강조하는 서사의 도구로 변질

되곤 했다. 과학의 이름으로 포장된 억측, 민족주의적 환상은 진실을 가리는 안개가 되었다. 나는 그러한 흐름 앞에서 학문이 지녀야 할 마음가짐을 다시 생각했다. 역사 천문학은 상상이나 믿음의 영역이 아니다. 그것은 기록과 증거, 그리고 비판적 검증의 언어로 이루어진 학문이다. 하늘은 어느 한 민족의 것이 아니며, 별빛은 국경을 모른다. 그러므로 하늘을 연구한다는 것은 인류의 보편적 지성을 이어가는 일이며, 과학자의 사명은 그 빛을 가능한 한 왜곡 없이 비추는 데 있다. 천문학자는 언제나 신중해야 하지만, 동시에 그 신중함 속에 진리를 향한 의지를 간직해야 한다. 나는 이 책에서 과학의 정밀함과 인간의 감수성을 함께 담으려 했다. 별의 좌표를 계산하는 일만큼이나, 하늘을 바라보던 사람들의 떨림과 경외를 이해하는 일도 중요하다. 과학은 감정의 반대편에 서 있지 않다. 그것은 인간의 호기심과 경이로움이 가장 순수한 형태로 응결된 지적 행위이다. 이 책은 그런 의미에서, 하늘을 향한 인간의 시선과 사유에 대한 천문학자의 헌사이다.

이 책이 학문적 탐구의 장으로 활용되기를 바라지만, 동시에 별과 기록을 사랑하는 모든 이들에게 열려 있기를 바란다. 전문가 독자에겐 새로운 연구의 단서가, 일반 독자에겐 하늘을 바라보는 또 하나의 시선이 되기를 바란다. 하늘은 늘 그 자리에 있지만, 우리가 그것을 바라보는 눈은 시대마다 달라지기에 그 시선의 변화를 기록하고자 했다. 그리고 언젠가 이 글을 읽는 누군가가 또 다른 하늘을 발견하길 바란다. 하늘은 멀리 있지만, 기록은 언제나 우리 곁에 있다. 별빛은 먼 과거에서 오지만, 그 의미는 지금 우리의 삶 속에서 여전히 빛난다. 나는 이 책을 통해 그 빛의 흔적을 따라가려 했다. 그리고 그 여정이 또 다른 시선과 사유로 이어지길 바란다.

2025년 12월

一 장

그들은 왜 하늘을 살펴야 했는가

二 장

하늘로부터 읽는 시간과 우주

三장

지구를 찾아온 우주의 밤손님

해와 달 그리고 지구가 만드는 특별한 현상

五 장

기록으로 남은 하늘의 별

하늘의 운동을 표현하는 방법

그들은 왜 하늘을 살펴야 했는가

一
장

一

하늘에 부여된 의미

고대의 거대 석조물들이 품은 수수께끼

이집트에는 약 140미터 높이의 사각뿔 형태 석조물이 있다. 주변이 온통 모래뿐이라 먼 거리의 석산에서 석조물의 재료가 될 돌을 캐고 옮겨 지었으리라 추정하는 이것은 누구나 잘 알고 있는 피라미드이다. 지금으로부터 약 4,000년 전에 만들기 시작했을 이 건축물은 여전히 많은 의문점을 품고 있고, 그만큼 흥미로운 구조물이다. 이렇듯 아주 오래전에 만든 거대한 석조물은 이집트에만 있지 않다. 세계 여러 지역에서 비슷한 흔적을 찾을 수 있다. 그중 하나가 영국의 솔즈베리 평원에 있는 스톤헨지이다. 높이 4미터에서 8미터, 무게 25톤에서 30톤에 이르는 거대한 돌들이 원형으로 둘러 배치되어 있다. 독특한 형태로 배치되어 있지만 결코 무작위적이지 않다. 오히려 철저히 체계적으로 세워졌다는 점에서 사람들의 많은 관심을 끌고 있다. 피라미드와 스톤헨지처럼 주목받는 석조물이 또 있으니, 바로 고인돌Dolmen

이다. 두 개의 받침돌 위에 하나의 덮개돌을 얹은 형태로 전 세계 여러 지역에 분포되어 있다. 특히 한반도라는 좁은 영역에 유독 높은 밀도로 집중되어 있다. 고인돌은 그 모양과 규모가 다양하며, 주변에서 다른 유물들이 함께 발굴되는 경우가 많아 학계에서 중요하게 다룬다.

피라미드, 스톤헨지, 고인돌 등은 거석문화를 대표하는 석조물로 다루어지곤 한다. 여기서 거석巨石, megalith은 크고 위대함을 뜻하는 거mega와 그리스어로 돌을 의미하는 석lithos이 결합하여 만들어진 용어이다. 이러한 유적들이 만들어진 정확한 때는 아직 밝혀지지 않았지만, 대체로 신석기시대에서 청동기시대 사이로 보고 있다. 당시의 문화를 엿볼 수 있는 중요한 단서이기도 해서, 이들 거석은 고고학적으로나 문화인류학적으로 의미가 크다.[1] 거석문화를 상징하는 이 유적들은 단지 큰 석조로서만 존재하는 것이 아니다. 죽은 자를 안치하거나 신에게 기원하는 제사의 장소로 추정된다는 점에서도 공통된 특징을 보인다. 나아가 하늘과의 관련성도 제기된다. 예컨대 피라미드의 배치와 외벽에 조성된 창은 별들의 배치와 관련 있다는 해석이 있고,[2] 스톤헨지의 돌들은 동짓날과 하짓날에 해가 뜨고 지는 방향을 반영한다는 주장이 있다.[3] 고인돌에서도 천문학적 흔적이 있다는 연구 결과가 있다. 즉 돌의 배치와 방향에 하늘을 의식한 흔적이 엿보인다는 것이다. 이처럼 고대인은 하늘이라는 공간을 죽은 자가 갈 장소이자 신이 존재하는 영역으로 여겼을 것이다. 그렇다면 이러한 석조물들은 고대 사람들이 하늘에 품던 경외와 관심을 보여주는 흔적이 아닐까?

충청북도 청원(현재 청주시 상당구)에서 발견된 '청원 아득이 고인돌 별자리판'이다. 석판 표면을 자세히 보면 크고 작은 구멍들이 나 있다. 이는 자연적으로 형성된 것이 아니라, 인위적으로 새긴 '성혈'이며 하늘의 별을 반영한 것이라는 주장이 제기된 바 있다. 북두칠성과 북극성을 포함한 작은곰자리 등이 배치되어 있는데, 기원전 500년 무렵의 별자리와 유사하다는 것이다.[6] 과연 이 석판의 구멍들은 실제 하늘의 별을 반영한 것일까? 그렇다면 청동기 시대 유물로서 세계사적으로 중요한 천문학 자료가 될 것이다.

출처: 충북대학교 박물관, 〈청원 아득이 별자리판〉

고인돌에 하늘을 새기다

천문학이 언제부터 시작되었는지는 정확히 알 수 없다. 다만 전 세계에 퍼져 있으며, 한반도라는 좁은 영역 안에서도 밀도 높게 산재한 고인돌에서 그 근거를 짐작해볼 수 있다. 고인돌은 청동기시대의 무덤 형태로 알려져 있다. 고고학에서 중요하게 다루는 유물로서 많은 보고가 있어왔다. 그중 가장 흥미로운 연구는 천문학과 관련된 흔적에 대한 부분일 것이다. 고인돌의 덮개돌이 향하는 방향과 성혈의 집중된 분포 방향은 그 시대의 천문 방위와 관련하며, 해가 뜨는 방향과 상관성을 보인다는 주장이 대표적이다.[5]

여기서 성혈은 암반에 새겨진 인위적 구멍을 지칭하는데, 본질적 의미로는 여성의 성性을 상징한다. 이 상징은 다산과 풍요로 연결되며, 당시 사람들이 풍년을 기원하던 마음을 성혈에 담았다는 해석으로 이어진다. 청동기시대에는 농경이 본격적으로 발달했다.[6] 이와 함께 식량 생산의 큰 수확인 풍년은 인간 생존에 꼭 필요한 목표가 되었다. 즉 다산과 풍요를 기원하는 마음으로 고인돌에 성혈을 새겼다고 볼 수 있다. 또한 성혈의 집중된 분포 형태는 동짓날에 해가 뜨는 방향과 관련 있다는 주장도 있으며, 다양한 크기로 배치된 성혈들이 하늘의 별을 묘사한 것이라는 해석도 있다.[7] 이러한 이유로 성혈의 '성'을 여자의 성性이 아닌 별 성星으로 보고 '성혈星穴'이라 부르는 연구자도 있다.[8]

별을 이어 만든 별자리는 그 외형적 모양이 당시 문화나 신화를 투영하기도 한다. 따라서 성혈을 별 표상으로 읽을 수 있다는 견해가 있으니, 그렇다면 고인돌은 당시 그들 문화의 수준이나 하늘을 향한 사상적 관점을 간접적으로 드러내는 천문학적 유물로도 해석할 수 있다. 하지만 고인돌의 덮개돌 방향이나 성혈의 배치만으로 고대인의 천문학을 현대의 것과 연결하여 해석하기는 어렵다. 당시 시대상에 관한 지식 그리고 역사 자료와 배경지식이 아직은 부족한 실정이다. 다만 고인돌에 남은 하늘에 대한 흔적은 한반도에 살던 고대 사람들이 아주 오래전부터 하늘을 살피고 의미를 부여해왔음을 보여주는 소중한 단서라 할 수 있을 것이다.

왜 하늘이었을까?

한반도의 고인돌은 고조선과 연관이 깊다. 고조선의 건국 이야기는 《삼국유사》에 기록되어 있다.[9] 기록에 따르면 환웅이 인간 세상을 다스리고자 약 3,000명에 이르는 신하들과 함께 태백산 아래로 내려왔다. 그리고 어느 날 곰과 호랑이가 환웅을 찾아와 사람이 되고 싶다고 하니, 환웅은 마늘과 쑥을 먹으면서 참고 기다리면 사람이 될 수 있다고 알려준다. 호랑이는 이 과정을 참지 못했지만, 곰은 잘 참아내어 여자의 몸으로 변하여 웅녀가 되었다. 이후 환웅과 웅녀는 결혼하고 아들을 낳으니 그가 고조선의 시조인 단군이다. 여기서 곰과 호랑이는 한반도의 원주민인 토착 세력, 환웅은 외지에서 온 외부 세력으로 해석한다. 즉 환웅은 토착 세력 중 곰을 숭배하는 부족과 혼인하여 중심이 된 세력을 키웠고, 지배층의 결속을 다졌다고 보는 것이다.

단군 신화의 배경이 된 이 시기는 청동기시대에서 철기시대로 넘어가는 과도기였다. 채집이나 수렵 활동이 점차 줄고 농경의 비중이 증가하던 시기이다. 정착이 이루어지면서 농경에 필요한 생산 영역의 확장이 필요했다. 이 과정에서 영토 확장 경쟁과 갈등이 일면서 부족 간 세력 다툼이 생겼을 것이다.

결과적으로 세력이 강한 부족을 중심으로 여러 부족이 통합되면서 하나의 국가가 형성된다. 각 부족에게는 자신들을 지켜줄 기존의 신앙 대상이 있었을 텐데, 국가를 이루는 과정에서 통합의 중심이 된 부족 입장에서는 여러 부족의 다양한 숭배물을 하나의 신앙 대상으로 전환시킬 필요를 느꼈을 것이다. 그러려면 모두가 인정하고 받아들일 수 있는 대상을 선정해야 했다.

그래서 주목된 대상이 '하늘'이었다. 하늘은 시간과 계절의 변화를 보여주고 다양한 천문 현상이 일어나는 공간이다. 비와 바람, 번개 등 기상 현상이 생기는 영역이기도 하다. 천문과 기상 현상의 영역인 하늘은 당시 중요했던 농업과도 밀접했다. 하늘은 권위를 상징할 뿐 아니라 농업 생산에도 영향을 미친 것이다. 따라서 하늘에 대한 신앙적 열망은 더욱 강해질 수밖에 없었다.[10] 하늘을 신앙의 대상으로 삼아 국가를 이끌게 된 통치자는 하늘의 도움을 통해 정치적 지위를 얻은 상징적인 자가 되었다. 그러면서 하늘로부터 인정을 받은 '하늘의 아들', 즉 천자로 일컬어졌다. 하늘에서 벌어지는 모든 자연 현상은 그들의 신앙 대상인 하늘의 뜻과 연결되었고, 이에 하늘에 대한 관념은 매우 중요한 사상이 되었다. 이러한 사상적 배경은 단군 신화뿐 아니라 고구려의 시조 신화에도 나타난다.[11] 고구려 시조인 주몽의 아버지 해모수 역시 하늘의 신인 천신 또는 하늘의 아들인 천자로 묘사된다.

하늘을 살핀 이유

그렇다면 고대 사람들은 어떤 목적으로 하늘을 살피기 시작했을까? 천문학은 문명의 시작과 함께 나타난 가장 오래된 학문 중 하나이다. 이는 사람이 직관적으로 관찰할 수 있는 자연 현상의 변화가 천문학적 현상과 깊이 관련되어 있기 때문일 것이다. 해가 떠오르면 빛이 있어 사물을 분별할 수 있는 낮이 되고, 해가 지면 빛이 없어 어두워진 밤이 온다. 이러한 낮과 밤의 반복은 지구의 자전에 의한 것으로 사람이 인식할 수 있는 매일의 현상이다. 시간이 지나면서 낮과 밤의 길이가 변하고 계절이 바뀐다는 사실을 인식하게 되는데, 이는 지구의 자전축이 기울어져 있기 때문이다. 낮과 밤의 반복, 1년이라는 주기와 계절의

변화는 모두 천문학적 원리와 연관되어 있지만, 이것만으로 천문학의
시작을 설명하기는 어렵다. 단순히 변화의 주기성을 인식하고 원리를
파악하는 현대 천문학의 관점으로는 고대인이 하늘을 살핀 이유를 온
전히 알 수 없다.

이를 위해서는 근대 이전의 전통 천문학이 어떤 목적을 가졌는지,
그리고 하늘을 살핌으로써 무엇에 집중했는지를 살펴보아야 한다. 현
대 천문학은 물리학과 수학을 기반으로 관측된 자료를 분석하고, 이를
통해 우주의 근본적 질문을 풀어가는 학문이다. 반면에 전통 천문학
은 시대적 배경에 따라 그 목적이 전혀 달랐다. 우리는 그 다름을 현대
적 관점에서의 옳고 그름이 아닌 시대적 관점에서 어떠한 차이가 있었
는지를 온전히 받아들임으로써 이해해야 한다.

청동기시대에서 철기시대로 넘어가는 과정에 국가가 형성되고, 하
늘을 살피기 위한 전문 기관이 등장하면서 체계적인 관측이 시작되었
다. 이러한 체계적 관측의 주된 목적은 크게 두 가지로 구분할 수 있
다. 먼저, 사람이 직관적으로 볼 수 있는 자연 변화의 주기성을 파악하
는 것이다. 사람들은 해와 달의 움직임을 기반으로 한 해의 길이를 정
하고, 이를 바탕으로 달과 날 그리고 시각을 구분하였다. 오랜 기간 축
적된 자료를 활용하여 해와 달이 뜨고 지는 시각, 일식과 월식이 발현
될 시기, 맨눈으로 보이는 태양계 내 다섯 행성인 수성, 금성, 화성, 목
성, 토성의 위치를 예측하였다. 이러한 작업은 지속적인 관측과 장기
간의 자료가 축적되어야 하고, 수학적 개념의 충분한 이해와 방법론이
적용되어야 가능하다.

이러한 방법론을 바탕으로 발전한 것이 역법曆法이다. 역법은 천문
현상의 주기를 수학적으로 계산하여 날을 정하는 체계로, 이 체계하에
완성된 것이 역서曆書이며 오늘날의 달력에 해당한다. 이는 변화의 주

기를 인식하고 체계화한 결과물로, 현대의 위치 천문학과 연결된다.

이뿐 아니라 하늘의 현상을 해석하는 것도 주된 목적 가운데 하나였다. 고대 사회에서는 천자가 하늘의 뜻에 따라 국가를 다스려야 한다고 여겼다. 하늘의 뜻을 따르기 위해서는 하늘이 말하고자 하는 바를 잘 파악해야만 했다. 그러기 위해서는 하늘에서 벌어지는 모든 현상을 놓치지 말고 면밀히 살펴야 했을 것이다. 하늘의 현상은 곧 하늘이 천자에게 전하는 뜻이었기 때문에, 평소와 다른 이례적인 천문 현상이 나타나면 이를 잘 해석해야 했다. 그러므로 잘 해석하기 위한 첫걸음이 하늘을 면밀히 살피는 일이었을 것이다. 천자가 사람들을 어떻게 이끌어야 하는지, 무엇을 잘못했고 개선해야 하는지, 앞으로 어떻게 대비해야 하는지를 하늘로부터 읽어내 결정해야 했다. 왕과 국가의 운명은 하나였기 때문에, 하늘의 뜻을 읽는 일은 국가의 중대한 과제였다.

흥미롭게도 고대 사람들은 역법으로 일식과 월식을 예측할 수 있었음에도 그 배경에 하늘의 뜻이 있다고 믿었다. 예를 들어, 일식이 일어날 날을 계산한 후 그날이 오면 미리 준비한 구식례라는 제사로 정성을 다하는 모습을 하늘에 보이고자 했다. 수학적 방법론이 적용된 역법과 그 원리를 이해하는 과정의 사상적 해석은 서로 다른 듯하면서도 긴밀하게 연결되어 있었다. 특히 농경 사회의 발전과 함께 역법의 필요성이 커지면서 천문학적 지식은 통치의 정당성을 부여하는 정치적 도구로도 활용되었다.

그런데 이러한 모습은 과거에만 국한되지 않는 것 같다. 최신 과학 기술 속에 사는 오늘날에도 사람들은 별자리로 한 해 운세를 살피고 위안을 얻는다. 거기에는 과학적 체계와 신념 체계가 공존했던 전통 천문학의 양면성이 보인다. 물론 고대 사회에서 천문 현상에 정치적 해석을 부여했던 것과 현대의 별자리 운세를 동일선상에 놓고 비교하기는 어렵다. 그러나 하늘을 바라보며 삶의 방향을 찾고자 하는 인간의 심리는 시대를 초월해 이어져온 것이 아닐까?

二

첨성대의 존재적 가치

아직 밝혀지지 않은 첨성대의 존재 이유

경주의 첨성대瞻星臺는 한국을 대표하는 문화재 중 하나이다. 신라 시대부터 현재까지 1,400여 년간 한자리에 꿋꿋하게 서 있는 석조물로, 수많은 전란과 지진 등의 자연재해를 이겨내고 그 자태를 유지해왔다. 우리는 첨성대에 관하여 '동양 최대이자 최고最古의 천문대'라고 배워왔고, 일반적으로 그렇게 알고 있다. 하지만 엄밀히 말하자면 첨성대의 정체는 여전히 제대로 밝혀지지 않았고, 지금도 많은 의문과 문제 제기 속에 그 정체를 밝히고자 연구자들이 노력하고 있다.

현대적 관점에서 첨성대는 천문 관측이 이루어진 천문대라고 오랫동안 주장되었지만 그 근거는 불확실하다. 제단으로 보기도 하나 이또한 규명되지 않았다. 상징물이라는 측면에서도 그럴싸하고 다양한 견해들이 제시되고 있지만 역시나 일부 해석은 논리적 설득력이 부족하다. 오랫동안 다양한 의견이 제시되고 있음에도 아직 제대로 밝혀

2023년 10월에 촬영한 첨성대의 전경. 첨성대는 오랜 세월 여러 차례의 전란과 자연재해를 겪었다. 2016년 발생한 강진 이후에도 현재까지 큰 피해 없이 원형을 잘 유지하고 있다.

지지 않은 부분들을 우리는 어떻게 이해하고 받아들여야 할까? 좋은 것이 좋은 것이라고 석연치 않아도 적당 선에서 타협하여 동양 최대이자 최고의 천문대로만 알고 있어야 할까?

첨성대와 관련한 학문적 논쟁은 1973년 한국과학사학회가 주최한 첫 토론회에서 시작되었다. 핵심 쟁점은 첨성대가 천문대로 사용되었는가에 대한 논의였지만 명확한 결론을 도출하지 못했다. 이후 1979년 소백산 천문대에서 2차 토론회가 열렸다. 마찬가지로 쟁점은 해결되지 않았다. 1981년 경주에서 3차 토론회가 이어졌지만 여전히 첨성대의 정체를 명쾌하게 규명하지 못했다. 대중매체는 세 차례에 걸친 토론회를 학계의 최대 논쟁거리로 주목하였고, 첨성대에 관한 학문적 토

일제강점기에 조선총독부가 촬영한 첨성대의 모습이다.[12] 당시에는 지금처럼 철저한 관리가 이루어지지 않았으며, 민가가 가까이 있었고 누구나 자유롭게 첨성대를 오르내릴 수 있었다. 사진에는 보이지 않지만 1950년대 초반까지 첨성대 바로 옆에 큰 도로가 있었다. 이로 인한 진동과 환경적 영향이 첨성대에 직접적 피해를 준다는 우려가 제기되었다. 이에 따라 첨성대로부터 일정 거리를 두고 도로를 확장하는 공사가 진행되었다.[13] 흥미로운 점은 이 사업이 추진되는 과정에서 '첨성대는 세계에서 가장 오래된 천문대'라는 수식어가 사용되었다는 것이다. 이는 국가 차원 복원 사업 추진의 정당성과 명분을 강조하기 위해 기획되었던 것으로 보인다.

론은 대중의 관심을 끌었다. 그리고 한동안 토론회는 진행되지 않다가, 28년이 지난 2009년 한국과학기술원에서 4차 토론회가 열렸다. 첨성대에 관한 연구 범위가 확장된 만큼 상징적 측면에서도 다양한 견해가 제시되었다. 하지만 첨성대의 정체는 여전히 해결되지 않았다.

첨성대에 관한 가장 오래된 기록은 《삼국유사》에서 확인할 수 있다. 안타깝게도 "돌을 쌓아 대를 만들다"[14]라는 짧은 기록만 있어 축조 사실만 확인될 뿐이다. 이외 각종 문집에 첨성대에 관한 기록이 서술되어 있으나, 축조 후 상당한 시간이 흐른 후 기술된 개인 기록이라서 첨성대의 목적을 명확히 밝히기에는 한계가 있다. 전반적으로 축조 목적과 기능적 측면은 기록과 실존 유물만으로 파악이 쉽지 않다. 이런 이유로 지금까지 많은 의문과 문제가 제기되었다. 천문대라는 관점에서 연구가 시작되었지만 과연 그런가 하는 의문이 제기되면서 쟁점화되었고, 지금은 다양한 분야에서 독특한 관점까지 아울러 폭넓게 살펴보고 있다. 1973년 이후로 50년 넘게 이어져오는 첨성대에 관한 논쟁은 여전히 합의된 결론에 이르지 못했으나, 그 과정에서 연구의 지평은 오히려 확장되었다.[15] 과연 첨성대는 무엇을 위한 구조물일까?

첨성대를 둘러싼 오해와 진실

한자의 사전적 의미만 고려한다면 첨성대라는 명칭은 '별을 보기 위한 대臺'이다. 어쩌면 이 직역은 하늘을 관측하기 위해 만들어진 '천문대'라는 의미와 자연스럽게 연결된다. 첨성대가 천문 관측을 수행한 천문대였다고 주장하는 연구자들은 첨성대의 사전적 의미와 함께 조선 시대에 관측을 위해 활용했던 관천대觀天臺의 별칭이 첨성대였다는 사실에 주목한다.[16] 또한 첨성대의 '대'는 무언가를 받쳐주기 위한 곳으로도 해석되는데, 이는 곧 하늘을 살피기 위한 관측기기를 받치던 곳으로 보기도 한다.[17] 이처럼 명칭이 갖는 의미만으로 첨성대를 이해하고자 한다면, 천문 관측을 수행한 천문대로 해석하는 것이 자연스러운 견해일 수 있다.

하지만 사전적 의미만 고려한 명칭만으로 천문대라고 단정하기에는 석연치 않은 부분들이 있다. 공들여 다듬어놓은 독특한 외형과는 달리 사람들이 자주 오갈 내부 공간은 전혀 다듬어지지 않았다는 점에서, 관측을 위한 시설이라기에는 관측자에 대한 배려가 전혀 없다는 점이 의아하다. 오히려 사용을 위한 목적보다는 지상과 하늘을 연결한 통로라는 사상적 관점과 제사를 지내기 위한 목적의 상징적 측면을 강조하고자 외형에 주안점을 두어 축조한 석조물이라고 설명하는 편이 더 합리적으로 보일 정도이다.

첨성대가 사람들의 관심을 받고 잘 알려진 것은 그 독특한 외형 때문이기도 하다. 비슷한 형태의 석조물을 세계 어디에서도 찾기 힘들다. 첨성대에 관한 최초의 체계적인 보고는 1917년 일본 제국의 기상학자인 와다 유지和田雄治, 1859~1918에 의해 이루어졌다.[18] 그는 첨성대의 외형을 보고하면서 상단부에는 관측을 위한 구조물이 설치되어 관측 활동이 수행되었으리라 추정했다. 이때 상단 가장자리의 석조 구조를 정형井形이라 하여 우물 형태로 묘사하였다. 1965년에는 좀 더 체계적인 실측 조사가 이루어졌는데, 이때 상단의 모양을 정자형이라 명명했다.[19]

여기서 정井자형은 우물 모양을 의미하며, 이전에 실측을 주도했던 와다 유지의 표현과 비슷한 맥락이다. 50여 년의 간격을 두고 수행된 이 두 차례의 실측 조사에서 상단 모양을 공통되게 우물 형태로 묘사한 것이다. 사상적 관점에서 우물은 생명의 근원을 의미하고, 풍요와 여성을 상징하는 것으로 해석한다. 이에 첨성대가 축조된 시기가 선덕여왕善德女王, ?~647, 재위 632~647 때라는 점을 반영하여 여왕의 상징적 측면을 부각하고자 쌓은 석조물로 해석하기도 한다.[20] 이뿐 아니라 신라의 시조인 박혁거세가 우물에서 태어난 점과 결부시키기도 하는데, 특히 마야부인의 몸을 원형으로 삼고 우물로 형상화하여 융합한 것이 첨성대의 외형이라는 견해도 있다.[21]

하지만 외형만으로 첨성대의 상징성을 해석하기에는 근거가 충분하지 않다. 특히 상단부를 우물과 연결하여 상징적 의미로 해석한 연구자들의 근거는 주관적이고 자의적이라는 지적을 피할 수 없었다.[22] 엄밀히 살펴보면 첨성대의 상단부는 우물 모양의 정자형보다 정방의 사각형에 더 가깝고,[23] 우물의 흔적이라든가 구조적인 관련성은 전혀 찾을 수 없기 때문이다. 더군다나 첨성대의 각 구조에 관한 명칭은 이전부터 전해져왔거나 기록으로 남겨진 것이 아니다. 근현대 이후 첨성대를 실측 조사하면서 연구자들이 부여한 것이다. 나아가 이를 실측했던 1917년과 1965년의 연구자들은 우물의 형태로 묘사하였으나 정작 우물과의 연관성은 생각하지 않았다는 점이다.[24] 그러므로 외형적 관점에 관한 논의는 실측 조사를 통해 부여된 명칭에 상징적 의미가 추가되면서 해석이 과도해진 결과로 볼 수 있다.

첨성대의 숫자에 숨은 진짜 비밀

첨성대의 구조를 해석하는 흥미로운 시각 중 하나는 석조물에 사용된 돌의 개수가 천문과 밀접하다는 주장이다. 첨성대는 하단에서 상단까지 29개 층의 석조로 이루어져 있는데, 이는 음력 한 달의 날 수(약 29.5일)와 관련 있다고 해석한다. 여기서 상단부의 한 층을 제외하면 28개 층으로 동아시아 전통 별자리 체계인 28수와 일치하고, 상단의 한 층을 더 제외하여 몸통의 원형을 이루는 층만 고려하면 27개 층으로서 달의 공전 주기인 항성월(약 27.3일)을 의미한다고도 본다. 특히 27은 선덕여왕이 신라의 27대 왕이라는 점을 기념하는 상징적 숫자로 해석하기도 한다. 여기에 중간부 입구에 해당하는 3개 층을 제외하면 12달과 24절기를 의미하고, 석조들의 전체 개수를 고려하면 1년

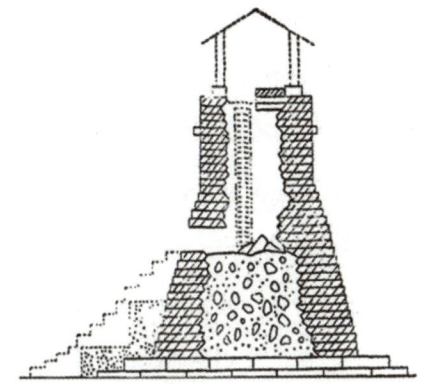

일본 제국의 기상학자 와다 유지는 첨성대의 원래 모습을 다음과 같이 추정했다.[25] 첨성대 중간의 입구석까지는 외부에 계단이 이어졌고, 내부에는 사다리가 설치되어 있었으며, 꼭대기에는 누각이 있었다는 것이다. 그가 어떤 자료를 바탕으로 이처럼 구상했는지는 확실하지 않지만, 흥미롭게도 《경주순창설씨 세헌편》에는 첨성대 상단에 백구정白鷗亭이라는 정자가 있었다는 기록이 등장한다.[26] 이뿐 아니라 허균許筠, 1569~1618의 《학산초담鶴山樵談》에 홍적洪迪, 1549~1591의 시가 담겨 있는데, 그 내용 중에 다음 구절이 있다. "대는 비어 있어도 여전히 반월이고, 각은 없어졌지만 여전히 첨성이다."[27] 이는 첨성대의 상단에 누각이 존재했음을 암시하는 내용으로 해석할 수 있다. 이러한 문헌 기록은 첨성대가 지금의 모습과 꼭 같지 않았을 수도 있음을 시사한다. 즉 첨성대는 건립 이후 오랜 세월 동안 어떤 형태로든 변화가 있었을 가능성이 있다는 것이다. 예컨대 임진왜란 당시 왜군이 경주의 분황사 모전석탑을 파괴한 전례를 볼 때 첨성대 역시 파손되었을 가능성도 제기된다.[28] 그러나 안타깝게도 첨성대의 파손이나 중수, 보수와 관련한 기록은 전혀 남아 있지 않다. 이 때문에 오늘날 우리가 보고 있는 첨성대가 과연 건립 당시의 모습을 그대로 유지하고 있는지에 대해서는 확실히 말할 수 없다.

의 날 수와 절묘하게 맞아떨어지니 천문학적 의미가 강하게 반영된 것이라는 주장도 있다.[29]

그러나 이 해석의 옳고 그름은 차치하더라도, 그 타당성은 별도로 고민해볼 필요가 있다. 이론적 원리나 근거 없이 단순히 겉으로 드러나는 석조의 개수를 평면적으로 해석한 것이기 때문이다. 왜 석조물의 개수를 한 층씩 빼어가며 의미를 부여하는지, 어떠한 이유로 중간부의 입구를 제외하고 숫자를 세는지에 관한 이유는 설명하지 않고, 숫자를 대비하여 무리하게 연결하는 시도는 오히려 비과학적으로 보일 뿐이다. 특히 작위적으로 천문과 관련한 숫자들을 첨성대와 대비하여 맞춰보고 해석하는 시도는 해석하고자 하는 자의 주관적 견해에 불과하다는 점을 강하게 보여준다. 나아가 첨성대의 정체가 명확히 밝혀지지 않은 상황에서 천문 관측을 수행한 천문대라는 전제 아래 천문학적 수치와 석조물의 구조적 수를 사후적으로 대응시키는 해석에는 방법론적 한계가 있다. 눈에 띄는 대로 수를 맞추면 의미가 있어 보일 수 있지만, 전체 구조와 기능의 맥락을 벗어난 수치적 대응은 우연과 선택 편향을 구별하기 어렵다. 따라서 설계 의도와 사용 흔적, 이를 뒷받침하는 천문 기록의 분석, 동시대에 사용되었을 법한 천문 기기 등이 함께 확인되지 않는 한, 첨성대가 천문학적 수치와 체계적으로 연동된다는 결론을 강하게 주장하기는 어렵다. 결국 첨성대 '숫자의 비밀'은 숫자 자체가 아니라 그 숫자를 읽는 우리의 방식에 있다.

영원한 존재적 가치를 품은 첨성대

첨성대의 건립 시기를 전후해 천문 현상 기록의 양이 증가했다는 점을 들어, 이를 천문대로 보아야 한다는 주장도 있다. 그러나 기록의 숫자만으로 석조물의 기능을 곧바로 환원하는 해석은 여러 면에서 조심스러울 수밖에 없다. 우선 우리가 다루는 자료는 신라시대에 실시간으로 적어둔 관측일지가 아니라, 12세기에 김부식金富軾, 1075~1151이 편찬한 《삼국사기》라는 후대 사료이다. 어떤 사건을 뽑아 넣고 무엇

을 생략했는지 알 수 없는, 편찬자의 선택과 정치적 의도가 개입된 문
서라는 뜻이다. 실제로 신라의 일식 기록만 보더라도 3세기까지는 기
록(19건)이 남아 있지만, 그 뒤로 첨성대가 세워지던 시기까지 수세기
동안 일식 기록이 전혀 보이지 않는다. 첨성대 건립 이후에도 약 100
년 이상 공백이 이어졌으며 8세기 후반에 이르러서야 다시 기록이 나
타난다(8~10세기까지 10건). 일식은 실제 발생 주기가 어느 시대에나 비
슷하다는 점을 감안하면, 이것은 관측 능력이나 하늘의 변화라기보다
기록 관행과 편찬 방식의 차이를 더 잘 반영한다고 보아야 한다. 그렇
다면 '어느 시점 이후 기록이 늘었다'는 사실 하나만으로 그 시기에 지
어진 석조물을 곧바로 '천문대'라고 단정 짓는 것은 방법론적으로 타당
하지 않다. 첨성대의 성격을 논하려면 기록의 양적 증감만이 아니라
건축 구조와 특징, 동시대 제도와 다른 천문기기들과의 관계를 종합적
으로 살펴보는 논의가 먼저 이루어져야 한다.

　그렇다면 첨성대는 과연 무엇일까? 고대 사람들이 하늘을 살핀 이
유를 떠올리며, 전통 천문학에서 '하늘을 본다'는 것이 과연 어떤 의미
였는지를 되짚어볼 필요가 있다. 어쩌면 첨성대는 현대적 의미의 '천
문대'가 아니라, 하늘의 뜻을 헤아리기 위해 조성된 공간이었을지 모
른다.[30] 그러나 실제 그러한 기능과 역할이 수행되었는지는 여전히 분
명하지 않다. 상징적인 의도와 목적만으로 세워진 석조물일 가능성도
있지만 이 또한 확실하지 않다.

　게다가 우리가 '첨성대'라고 부르는 이 석조물이 《삼국유사》에서 언
급된 바로 그 첨성대를 가리키는지조차 명확하지 않다. 이로 인해 기
록과 현존 유물을 동일시하여 해석하는 데에는 신중함이 필요하다는
지적도 나온다.[31] 그런데도 여러 해석과 견해가 '하늘'과의 관련성을
공통적으로 지목한다는 점에서, 적어도 첨성대가 천문과 관련한 석조

물일 가능성은 충분하다. 다만 이마저도 이를 뒷받침하는 기록이 매우 부족하므로 모든 해석은 결국 추론일 수밖에 없다.

첨성대를 둘러싼 논의는 지금도 계속되고 있다. 연구는 종결되지 않았고, 매년 다양한 분야에서 흥미로운 관점으로 문제를 제기하고 있다. 이러한 관심은 첨성대가 그만큼 사랑받는 유물이라는 사실을 잘 보여준다. 그런 점에서 첨성대는 그 존재만으로 이미 충분한 의미와 가치를 지닌다고 볼 수 있다. 그렇다면 우리는 첨성대를 군이 '천문대'로 규정해야 할까? 필자는 그렇게 생각하지 않는다. 첨성대는 단순한 석조물이 아니라 그 자체로 우리에게 많은 것을 말해준다. 첨성대의 정체는 앞으로도 영원히 풀리지 않을지 모른다. 밤하늘을 올려다보아도 우주의 끝을 알 수 없듯이 말이다. 첨성대는 그 자체로 우주처럼 수많은 해석을 품은, 열린 질문을 수용하는 유물이라 할 수 있다.

三

낮에 보인 금성

금성을 본다는 것

새벽에는 동쪽 하늘에서, 초저녁에는 서쪽 하늘에서 해가 뜨거나
지기 전 밝게 빛나는 천체를 본 적이 있을 것이다. 바로 때로는 미확인
비행물체로 오해받을 만큼 밝게 빛나는 금성이다. 금성은 태양을 중
심으로 지구보다 안쪽 궤도를 운행하는 내행성이다. 내행성의 특징은
지구에서 관측할 때 태양을 중심으로 일정 각도 범위 내에서만 보인다
는 점이다. 금성은 태양과의 겉보기 최대 각거리가 약 48도이기 때문
에 금성과 지구의 공전 위치에 따라 해가 뜨기 전이나 해가 지고 난 뒤
에 비교적 쉽게 찾을 수 있다.

《조선왕조실록》은 금성의 위치에 따라 이름을 달리 불렀다고 설명
한다. "금성은 늘 해와 붙어 다니는데, 해에 앞서 다니면 계명晵明, 해
를 따라다니면 장경長庚이라 한다"[32]고 기록되어 있다. 또한 금성은 매
우 밝아서 '샛별'로도 불리며, 오랜 기간 사람들이 다양하게 부를 정도

로 친숙한 천체이다. 이러한 친숙함은 우리나라뿐 아니라 세계 여러 문화권에서도 확인된다. 금성은 종종 신화나 종교에서 상징적 존재로 묘사되었다. 고대 그리스에서는 금성을 미의 여신인 비너스와 동일시했는데 결국엔 금성을 지칭하는 용어로 사용되고 있다. 기독교 문화권에서는 해가 뜨고 지는 얼마간의 시간에 빛나다 사라지는 금성의 모습을 두고 밝게 빛나지만 해가 뜨면 가려질 찰나의 영광을 상징한다는 의미로 악마 루시퍼Lucifer에 빗대기도 하였다.[33]

해가 지상 위로 올라와 있는 낮 동안에는 빛이 지구의 대기 입자에 부딪혀 산란하여 푸른빛의 하늘을 만든다. 이때 하늘 배경의 밝기로 충분히 밝은 천체가 아닌 이상 식별이 쉽지 않다. 금성의 겉보기 최대

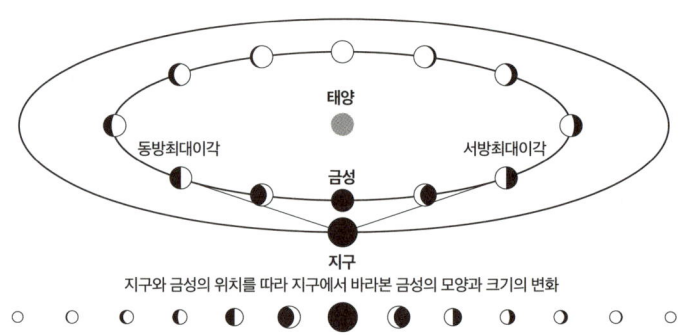

지구와 금성의 위치를 따라 지구에서 바라본 금성의 모양과 크기의 변화

금성은 지구보다 태양과 가까운 궤도를 도는 내행성으로, 지구에서 볼 수 있는 위치가 태양을 중심으로 약 48도 이내로 제한된다. 상단 그림에서 태양과 금성 그리고 지구가 일직선으로 배열되는 경우를 합이라 한다. 이때 금성이 태양과 지구 사이에 있으면 내합(●), 태양 뒤에 있으면 외합(○)이라고 한다. 합의 위치에서는 금성이 태양 빛에 가려 관측되지 않는다. 아래 그림은 지구와 금성이 궤도 위치에 따라 지구에서 관측되는 금성의 겉보기 모양과 크기가 어떻게 변하는지를 보여준다. 내합(●)에 가까울수록 금성은 크게 보이며, 외합(○)에 가까울수록 작아진다. 밝기는 내합(●)을 기준으로 동방최대이각과 서방최대이각 사이 구간에서 가장 높다.

밝기는 -4.8등급으로, -26.7등급인 해와 -12.7등급인 달에 이어 지구에서 볼 수 있는 세 번째로 밝은 천체이다. 하지만 이렇게 밝아도 낮에 맨눈으로 금성을 식별하기는 쉽지 않다. 우선 금성이 태양으로부터 충분히 떨어져 있고, 최대 밝기에 근접할 정도로 빛을 발하는 등 최적의 천문학적 조건이 형성되어야 한다. 이와 함께 맑은 시상 등 최상의 기상학적 환경이 추가로 조성된다면 식별 가능성은 약간 올라간다.

하지만 그렇다고 보기 쉬운 것이 아니다. 망원경의 도움을 받으면 무리가 없겠지만 맨눈 관측은 훨씬 까다롭다. 가능성을 충분히 확보하기 위해서는 천문학적 조건과 기상학적 상황, 나아가 금성의 위치를 예측하고 하늘 배경의 밝기로부터 금성을 식별할 수 있는 노련한 관측 실력을 모두 갖춰야 한다.

태백주현

흥미롭게도 우리나라 역사서에는 낮에 금성을 보았다는 기록이 다수 남아 있다. 중국과 일본에서도 그러한 기록이 발견되지만 그 수는 우리나라와 비교하면 현저히 적다. 동아시아에서는 낮에 금성이 보이는 현상을 '태백주현太白晝見'이라 했다. 여기서 '태백'은 금성의 옛말이고, '주현'은 낮에 보인다는 의미이다. 즉 태백주현은 낮에 금성이 보인 현상을 뜻한다. 이러한 기록 중 일부에는 금성이 보인 방향과 시간까지 구체적으로 적혀 있어 실제 관측의 기록으로 여겨지기도 한다. 또 금성이 낮에 남쪽 부근에서 보였을 경우는 하늘을 가로지른다는 뜻으로 경천經天이라는 표현이 사용되었다.[34]

조선 시대에 보편적으로 사용되던 관측기기로 소간의小簡儀가 있었다는 점에서, 이 기기가 태백주현 관측에 활용되었을 가능성도 제기된다.[35] 하지만 소간의는 고도와 방위를 각각 측정하는 데에는 유용하지만, 두 축을 결합해 대각선으로 바로 측정할 수 있는 메커니즘은 없으므로 해로부터 떨어진 정도의 각거리 자체를 직접 재기에는 적합하지 않다. 따라서 기기의 도움 없이 맨눈으로 금성을 살폈을 가능성이 크다. 그러나 맨눈으로 낮에 금성을 식별하기란 결코 쉽지 않다. 이러한 이유로 일부 연구자는 여기서 말하는 낮에 해가 완전히 떠 있는 시간만이 아니라 해가 뜨기 직전이나 해가 진 직후인 박명의 시간대까지 포함해야 한다는 견해를 제시한다.[36] 더욱이 이처럼 관측의 어려움이 있는데도 며칠간 연속으로 목격했다는 역사 기록이 곳곳에서 확인된다. 이러한 이유로 기록 자체의 신뢰성에 의문이 제기되기도 한다.[37]

이는 실제 관측에 의한 결과물이냐는 의문에서 파생된 질문으로 사상적 관점과 깊이 연결된다. 전통 천문학에서 해는 곧 왕을 상징한다. 따라서 낮에는 해를 제외한 다른 천체가 보이지 않아야 하며, 만약 다른 천체가 보였다면 그것은 하늘이 왕에게 경고를 보내는 재이災異로 해석되었다.[38]

전통적인 해석에 따르면 금성이 낮에 보였다는 것은 해의 빛, 곧 왕의 덕이 약해졌다는 징조였다. 이는 왕의 권위가 흔들릴 수 있다는 경고로 받아들여졌고, 따라서 태백주현은 단순한 관측 기록이 아닌 정치적 해석이 개입된 상징적 사건이기도 하였다. 이런 점에서 낮에 금성을 관측하는 일은 동아시아에서 매우 중요한 천문 활동이었다.

흥미로운 사실은 중종中宗, 1488~1544, 재위 1506~1544 재위 기간에 태백주현 기록이 유난히 많았다는 점이다. 이는 중종이 연산군燕山君, 1476~1506, 재위 1494~1506을 몰아내고 반정으로 왕위에 오른 배경과 관련이 깊다고 보기도 한다. 그를 왕으로 추대한 세력은 신권 강화를 위해 천문 현상을 정치적으로 활용했고, 태백주현은 그 수단 중 하나였던 것으로 해석된다.[39] 결국 금성 하나가 그 시대의 권력 구조와 정치적 상황을 드러내는 거울 역할을 했던 셈이다. 근대 이전의 천문학은 단지 하늘을 관찰하는 일만이 아닌 인간 세상과 긴밀히 연결된 활동이었다. 이런 이유로 정치적 또는 사상적으로 해석하는 연구자들은 태백주현의 발생 여부의 신뢰도를 지적하면서 관측이 수반된 천문 활동이 실제 있었는지 강한 의구심을 보인다.[40]

금성 관측의 가능성

1446년(세종 28년) 7월 21일에 세종世宗, 1397~1450, 재위 1418~1450은 당시 천문 기관이던 서운관書雲觀에 명령하였다. "지금 이후로 금성이 낮에 보일 경우 해와의 거리를 측정하고, 별의 위치를 기준으로 금성의 위치를 작성하여 보고하라."[41] 이는 해와 금성 사이의 각거리, 곧 이각을 측정하라는 뜻이다. 물론 이러한 명령이 내려진 구체적 배경이나 목적은 기록되지 않았다. 다만 주목할 만한 점은 명령이 내려지기 2년 전인 1444년에 조선의 첫 역법서인 《칠정산七政算》이 완성되었고, 명령 이후에는 1447년 8월의 일식을 추산한 해설서가 편집되었다는 사실이다. 즉 《칠정산》을 완성한 뒤 관련 내용을 정리하고 보완하는 마무리 작업이 진행된 시기였던 것으로 여겨진다.

역법에는 해와 달뿐 아니라 금성을 비롯한 오행성의 위치를 계산하는 방법도 포함되어 있다. 그렇다면 해와 금성 사이의 이각을 측정하려는 시도는 금성의 위치를 보다 정밀하게 계산하기 위한 노력의 일환이었을지 모른다. 하지만 어디까지나 추론에 불과하다. 실제 관측 결

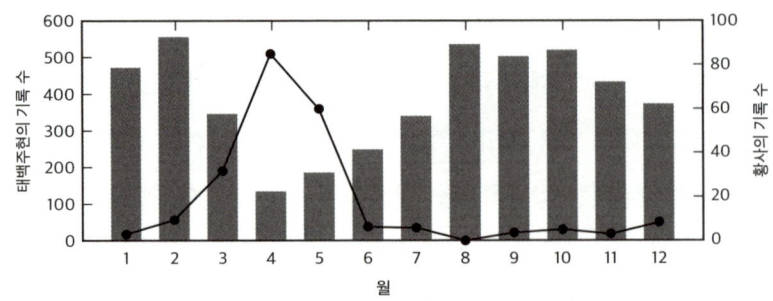

《조선왕조실록》에 기록된 태백주현과 황사의 누적된 월별 분포를 나타낸 그림이다. 검은색 막대는 태백주현 기록, 실선은 황사 기록을 나타내며, 각각 왼쪽과 오른쪽 세로축을 기준으로 누적된 분포 개수를 확인할 수 있다. 황사는 4월과 5월에 많이 나타난 것으로 확인되나, 태백주현은 같은 시기에 상대적으로 적은 분포를 보인다. 이러한 대비는 황사처럼 대기 시상에 영향을 주는 요인이, 맑은 시상이 필요한 태백주현 관측을 어렵게 만들었다고 볼 수 있다. 이에 따라 봄에 태백주현 기록이 적은 것은 단순한 기록 누락이 아니라 실제 관측 활동이 수반되었음을 보여주는 정황 증거로 해석되기도 한다.[42]

과가 역법에 반영되어 개선되었는지에 대해서는 확실한 증거가 없다.

《조선왕조실록》에 기록된 태백주현은 가을과 겨울의 기록이 봄과 여름에 비해 훨씬 많다. 특히 겨울의 기록은 봄보다 4배 이상 많다. 이것은 무엇을 의미할까? 만약 정치적 상황의 필요에 따라 기록되었다면 장기간에 걸쳐 누적된 기록의 분포는 계절과 상관없이 비교적 균일했을 것이다. 그러나 실제 기록의 분포는 편향되어 있다. 이러한 양상은 태백주현이 실제 관측에 근거했으며 황사 등 계절적인 기상학적 변수에 영향을 받았음을 시사한다.[43]

황사는 주로 봄에 더 자주 발생하며, 그로 인해 대기 투명도가 낮아져 낮에는 금성을 식별하기가 어려웠을 가능성이 크다. 반면에 가을이나 겨울에는 반대로 대기 투명도가 좋아서 낮에도 금성을 관측할 기

회가 늘었을지 모른다. 이러한 점은 실제 관측 활동이 있었음을 보여
주는 결정적 근거가 되기도 한다.

하지만 단정하기엔 여전히 의문점이 있다. 기록 중에는 해로부터의
거리가 10도 미만인 사례도 발견되기 때문이다. 일반적으로 해의 겉
보기 지름은 약 0.5도이니, 10도라 함은 해를 일렬로 20여 개를 나열
한 정도의 거리이다. 이 정도의 거리라면 개기일식이 발생하거나 해

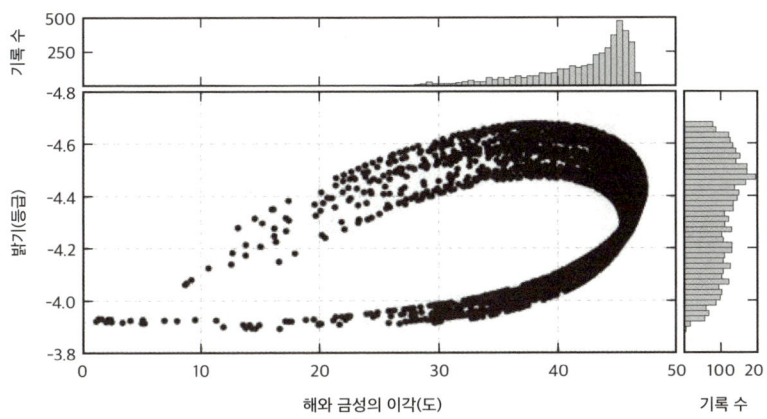

《조선왕조실록》에 기록된 태백주현의 날짜를 바탕으로, 현대의 천체 역학을 사용하여 당시 해와
금성 사이의 이각과 금성의 밝기를 계산하여 시각화한 것이다. 가로축은 금성의 이각, 세로축은
밝기를 나타내며, 두 변수 간의 분포 양상을 확인할 수 있다. 또한 상단과 오른쪽에는 이각과 밝
기의 분포 경향을 막대그래프로 함께 제시하였다. 전체적으로 보면, 금성의 밝기보다는 이각이
태백주현 기록에 더 큰 영향을 미친 것으로 해석할 수 있다.[44] 게다가 전체 기록의 약 90퍼센트
는 금성이 해로부터 겉보기에 약 30도 이상 떨어져 있지만, 10도 미만의 경우도 소수(약 0.5퍼센
트) 존재한다. 필자는 이각이 기록에 미친 영향과 이각이 매우 작아서 실제로 봤다고 보기 어려운
상황에서도 기록이 남아 있다는 점을 함께 고려할 때, 이들 기록만큼은 실제 관측에 의한 것이라
기보다 당시의 역법 계산을 통해 추산된 결과가 반영된 것일 가능성이 더 크다고 본다. 당시의 계
산 정확도는 오늘날보다 낮았을 것이지만 일정 수준 이상의 위치 추산은 가능했을 것이다.

가 지평선 아래로 내려가지 않는 한 맨눈으로 금성을 식별하기는 매우 어렵다.

물론 이러한 기록은 전체의 약 0.5퍼센트이기에 관측 오차 또는 오기로 간주할 수 있다. 그렇다 해도 이러한 오차의 허용 범위를 과거 기록에도 적용할 수 있을지는 의문이다.

계산과 관측 그리고 해석

1491년(성종 21년) 1월 26일, 성종成宗, 1457~1494, 재위 1469~1494은 금성이 대낮에 남쪽 하늘에서 보였다는 보고를 받는다. 이에 성종은 해의 빛이 멀어져서 금성을 볼 수 있었던 것인지 물었다. 이에 천문 기관인 관상감觀象監에서는 다음과 같이 답하였다. "금성이 해의 빛에 가까우면 보이지 않고, 멀면 볼 수 있습니다. 해가 남서쪽에 있을 경우 금성은 남쪽에서 보입니다. 이전에는 금성과 해의 거리가 46도였지만 지금은 43도입니다. 이로 보아 금성은 해의 빛에 3도 더 가까워졌다고 할 수 있습니다."[45] 이 기록에는 금성의 위치와 그 변화가 구체적 수치로 제시되어 있다. 겉으로 보기에는 실측에 의한 결과로 보일 수 있다. 하지만 조선 초에 만들어진 천문 관측기기 중 이각을 측정할 수 있는 장치는 현재까지 알려진 바가 없다. 필자는 이 기록에서 금성의 위치를 해를 기준으로 설명하고 있다는 사실에 주목한다. 이는 위치에 관한 보고가 관측이 아닌 계산을 통해 유추되었을 가능성을 보여준다. 물론 이 하나의 기록으로 실제 관측이 있었는지 아니면 계산 결과를 기록한 것인지 단정할 수는 없다. 그러나 관측이냐 아니냐의 이분법적 관점에 '계산'이라는 가능성이 더해짐으로써, 이전의 관점보다 넓은 시각으로 기록을 볼 수 있게 되었다는 데 의미가 있다.

전반적으로 태백주현은 고대 사람들에게 천문학적 현상에만 그치지 않았다. 정치적 목적과도 맞닿아 있었던 것으로 보인다. 특히 기록의 계절적 분포는 실제 관측이 이루어졌을 가능성을 시사하기도 한다. 이뿐 아니라 금성의 위치 또한 일식이나 월식처럼 역법을 통해 미리 계산할 수 있었다는 점을 고려하면, 해당 현상이 사전에 계산되었을 가능성도 배제할 수 없다. 결국 이와 같은 기록은 관측과 계산 그리고 사상적 해석이라는 세 요소가 복합적으로 작용한 결과였을 수 있다. 하늘의 현상은 곧 하늘의 뜻으로 여겨졌고, 정치적 해석으로 이어졌다. 필자는 이 지점에서 태백주현이 예측 가능한 현상임에도 불구하고 '하늘의 경고'로 받아들여졌던 일식이나 월식의 경우와 매우 유사하다는 점에 주목한다. 이러한 점에서 보건대, 태백주현은 역법에 기반한 계산과 관측을 통해 하늘을 이해하고, 그 이면을 사상적으로 해석하여 정치에 반영하고자 했던 전통 천문학의 성격을 잘 보여주는 대표적 사례라 할 수 있다.

이는 오늘날의 우리에게도 낯설지 않다. 반복되는 일상에서 무작위로 마주치는 사건에 의미를 부여하고, 삶의 방향을 되돌아보려는 우리네 모습과 크게 다르지 않다. 그러므로 태백주현을 단지 현대 천문학적 관점만으로 그들이 왜 하늘을 살폈는지를 설명하려 한다면, 전통 천문학이 지닌 사상적 의미를 온전히 이해하기 어렵다. 그들은 단순히 현상만 관측한 것이 아니다. 의미를 부여하고 삶의 질서 속에 적용하면서 정치적 해석으로까지 확장했다.

二장

하늘로부터 읽는

시간과 우주

一

그림자를 측정한다는 것

화성으로 간 해시계

달 탐사 이후 최근까지 화성 탐사가 활발하게 진행되고 있다. 2004년부터 2010년까지 활동한 로버 스피릿Spirit과 2004년부터 2018년까지 활동한 오퍼튜니티Opportunity는 생명체의 존재 가능성을 조사하고, 화성의 기후와 지질학적 특성을 파악하는 임무를 수행하였다.[1] 이어서 2012년에 도착한 큐리오시티Curiosity는 화성의 기후와 지질을 조사하면서 2018년에 메탄을 발견하는 등 중요한 성과를 거두었다.[2] 2018년부터 2021년까지 인사이트InSight가 화성의 지진 활동을 연구하였고,[3] 2021년에 도착한 퍼서비어런스Perseverance는 화성 표면의 지질을 탐사하며 다양한 유기물을 발견하였다.[4] 이 과정에서 생물 존재의 가능성과 탄소 공급원으로서의 가치 등 미래 연구에서 기대할 만한 결과도 도출했다.

이처럼 화성에 보낸 탐사선들은 장차 유인 탐사의 기반을 마련하며, 달 탐사 이후 가장 도전적인 임무에 나섰다. 이들 탐사선에 탑재된 최첨단 장비들 사이에서 의외로 눈길을 끄는 흥미로운 것이 있다. 바로 아날로그 기반의 관측 장비이다. 언뜻 보기에 의아할 수 있지만, 화성의 생성과 진화 과정을 연구하기 위해서는 반드시 있어야 하는 관측 장비이다. 이 장비는 해의 그림자를 측정하는 임무를 맡았다. 성인 손바닥보다 약간 작은 바닥 면에 그림자의 방향과 길이를 알 수 있도록 눈금이 새겨져 있고, 중앙에는 그림자를 드리우는 막대가 세워져 있다. 화성도 지구처럼 해가 뜨고 지기에 막대로 인하여 바닥에 그림자가 드리워지면 길이와 방향을 통해 다양한 정보를 얻을 수 있다.[5] 이 단순한 아날로그 장비가 화성에서 관측을 정렬하고 해석을 시작하게 하는 기준점을 제공하는 셈이다. 지구에서 화성에 탐사선을 보내려면 최신의 기술력이 집약되어야 한다. 이런 사실을 고려해야 하므로 탐사선은 그 자체가 그 시대의 최신 과학을 보여주는 수단이라 해도 과언이 아니다. 그런데 인류 역사에서 하늘을 살피기 위한 목적으로 만든 가장 오래된 천문 관측기기인 '그림자 측정기기'를 우주 탐사선에 설치했다는 사실이 매우 흥미롭다.

우리는 흔히 해의 그림자로 시간을 알 수 있고, 관심 있는 사람이라면 1년의 주기 동안 각 시기의 그림자 길이까지 파악할 수 있다는 점을 충분히 안다. 그런데 방위까지 파악할 수 있다는 것을 아는 사람은 드물다. 나아가 지구의 자전축인 북쪽과 남쪽을 정확히 찾는 가장 오래된 방법이라는 사실을 아는 사람은 더욱 드물다. 정확한 방위의 파악은 화성의 생성과 진화 과정을 알기 위한 지진 등의 연구에서 중요한 기준이 된다. 지진의 진원과 진앙 지점을 파악할 방위를 알 수 없다면 화성에 탐사선을 보낸다 한들 효용가치는 떨어질 수밖에 없기 때문이다. 이런 이유로 천문학자들이 생각해낸 묘수가 있으니, 인류가 오랫동안 사용해온 그림자 측정기기를 화성 탐사선에 탑재하는 것이었다.

누군가는 나침반을 사용하면 되지 않느냐고 질문할 수 있다. 그러나 나침반이 가리키는 양극은 엄밀히 말하면 자기장의 극일 뿐이지 실제 행성의 축인 정북과 정남이 아니다. 그러한 점을 차치하더라도 지구와 화성의 환경은 본질적으로 다르고 나침반 사용은 불가능하다. 지구 내부에는 강력한 자성을 띤 영역이 있고 이는 거대한 자석과 같다. 이 때문에 지구 주변에는 보이지 않는 자기장이 둘러싸고 있다. 막대자석의 N극과 S극처럼 지구도 양쪽 극이 존재하는데, 북쪽의 자기 북극(자북)은 막대자석의 S극에, 남쪽의 자기 남극(자남)은 N극에 대응한다. 이들 자기 극은 자전축 부근에 위치하지만, 지구 핵의 유동 때문에 고정되어 있지 않고 시간에 따라 위치가 변한다. 따라서 나침반의 N극은 지구의 자기 북극에 끌려 북쪽을, S극은 지구의 자기 남극에 끌려 남쪽을 가리킨다. 다만, 지구의 자기 극은 유동적이므로 나침반이 가리키는 북은 진북과 약간 어긋난 자북임에 유의해야 한다.

자기장은 생명체에 영향을 미칠 수 있는 태양의 고에너지 입자가 담긴 태양풍을 최대한 막아준다. 그러므로 자기장은 지구를 지키는 보호막이라고 할 수 있다. 그러나 화성의 자기장은 지구의 2.5~6.0퍼센트 수준으로 매우 약하다.[6] 이는 화성이 더 강한 태양풍과 방사선에 노출되어 있음을 뜻하며, 대기 손실의 원인을 설명하는 단서가 된다. 이처럼 화성의 자기장 세기가 약하기에 발생하는 영향들은 우주 환경적 문제만 초래하지 않는다. 자기장이 약하다는 것은 곧 화성 내부의 자석도 약하다는 것이며, 설령 나침반이 가리키는 방향이 정북과 정남이더라도 그 활용이 쉽지 않다는 사실로 연결된다.[7]

최신 기술만으로 무장되었으리라 생각한 화성 탐사선에 인류 최고最古의 그림자 측정기기가 설치된 것은 아날로그의 가치를 분명하게 드

스피릿과 오퍼튜니티에 탑재한 손바닥 크기의 해시계sundial. 화성에 배치된 해시계라 하여 마스다이얼Marsdial이라 부른다. 가운데 구형으로 이루어진 상단이 바닥면에 그림자를 드리우고 이로써 여러 정보(시간, 방위 등)를 파악할 수 있다. 바닥면에는 동심원의 간격에 따른 회색조가 있고, 모서리에는 네 가지 색이 있다. 이는 화성의 풍경을 찍은 이미지의 색상을 교정하는 데 활용된다. 사실 이 마스다이얼은 화성에서 방위를 파악하기 위한 유일한 수단이 아니다. 가장 정확한 방법 중 하나는 화성 궤도에 있는 위성과 화성 표면의 탐사선 간의 삼각측량에 의한 추산이다. 그리고 지구에서도 사용하는 자이로스코프라gyroscope는 기구로 화성에서 남북 방향을 추정할 수 있다. 가장 원초적인 방법인 해시계는 방위 측정의 좋은 대안이 되겠지만, 날씨와 빛의 정도가 관측 정밀도에 영향을 미친다. 물론 마스다이얼은 탐사선에 탑재된 다양한 관측 장비의 교정용 도구로서 주된 역할을 한다. 이외 화성 탐사의 홍보나 과학 교육 용도로도 사용된다.

출처: NASA/JPL-Caltech/Cornell

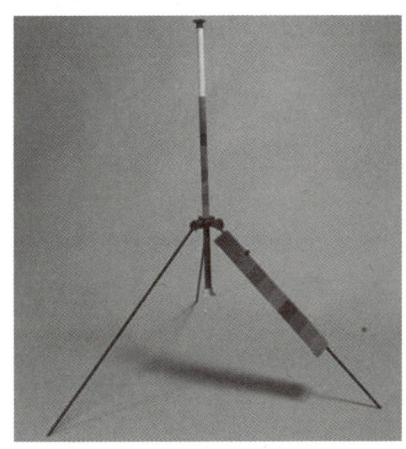

지구 외부에서 해그림자를 활용한 사례는 달 탐사가 처음인데, 해시계의 바늘에 해당하는 삼각대의 노몬gnomon이 유인 달 탐사에 사용되었다. 시간 측정 용도보다는 태양의 위치를 파악하고, 달 표면 암석을 촬영할 때 배경 삼아 함께 촬영하여 방향과 색상을 파악하는 기준이 되었다. 수직으로 세운 노몬에는 회색조를, 삼각대 한쪽 다리에는 색상표를 붙여 명암과 색상을 교정하고, 촬영된 사진에서 암석 크기나 구덩이 깊이를 유추하는 데 활용했다. 단순하지만 많은 정보를 파악할 수 있는 도구로서 달 탐사에 기여한 관측기기 중 하나이다.

출처: NASA/Apollo 14 mission

러낸 사건이 아닌가 싶다. 더군다나 고대 사람들도 천문 관측을 수행하기에 앞서 정북과 정남을 해를 통한 그림자로 명확히 설정했다는 점을 보건대, 과거와 현대의 기준이 일치한다는 사실도 주목할 만하다. 오래전 해로부터 그림자를 측정한 고대 사람들이 수천 년이 지난 오늘날 후손들이 같은 방식의 도구를 그것도 화성에서 사용한다는 사실을 알게 된다면 어떤 생각을 할까? 수직으로 세운 막대를 통해 바닥에 형성된 그림자만 측정하면 되는 매우 단순한 관측기기가 화성 탐사에서 중요한 기준이 된다니 인상 깊다.

그림자 측정의 역사

막대 하나만 있으면 되는 그림자 측정기기는 겉보기에는 단순하지만, 결코 간단한 이론으로 설계된 장비가 아니다. 인류 문명의 시작과 함께 등장했을 것으로 짐작되는 만큼 오랜 역사를 지녔으며, 하늘을 이해하려는 사람들의 집요한 탐구로 꾸준히 개량되고 발전해온 만큼 고귀한 가치를 품고 있다. 이러한 기기의 가치는 오늘날에도 이어진다. 첨단 기술로 무장한 화성 탐사선조차 기본적인 기준 측정을 위해 이 원리를 응용한다. 단순한 형태이지만 보이지 않는 곳에서 핵심 임무를 수행한다.

해그림자를 이용한 측정의 역사는 세계 곳곳에서 확인된다. 대표적인 세 가지 사례만 살펴보자. 중국에는 해그림자를 측정하여 수학적 원리를 설명한 《주비산경周髀算經》이 있다. 주비는 주나라의 막대라는 뜻이다. 그러니 주나라가 있던 기원전 11세기까지 그림자 측정의 기원은 거슬러 올라간다.[8] 기원전 1세기에 로마의 건축가 비트루비우스

Marcus Vitruvius Pollio가 아우구스투스 Imperator Caesar dividilius Augusts, 기원 전 63~14에게 헌정한 《건축법De Architectura》에는 지역에 따라 달라지는 해그림자 길이와 위도 측정법이 설명되어 있다.[9] 이후 2세기에는 고대 천문학의 집대성이라 불리는 《알마게스트Almagest》가 편찬된다. 이 책에는 위도와 계절에 따른 그림자 길이의 변화가 기록된 표가 수록되어 있다.[10] 이 세 가지 사례는 모두 약 2,000년 전 이야기이며 그 중심에 해그림자가 있다. 고대인은 그림자의 변화를 수학적으로 해석하고 이를 통해 위도를 파악하는 방법까지 정립한 것이다.

그림자를 활용한 관측기기의 실물도 확인된 바 있다. 1965년 중국 강소성에서 접이식 구조의 소형 관측기기가 발굴되었다. 수직으로 세워 해의 그림자를 측정했던 장치였다. 동아시아에서는 이런 막대를 규표圭表라고 불렀고, 오늘날에는 노몬gnomon으로 더 널리 알려져 있다. 노몬은 인류가 하늘을 이해하려는 과정에서 고안한 가장 오래된 천문 관측기기이다. 해시계는 노몬에서 확장되어 만들어진 것이다. 여러 문화권에서 그 흔적이 발견되며, 우리 역사에서도 조선 초 세종의 명으로 40척(약 12미터) 높이의 규표가 설치돼 사용되었다는 기록이 남아 있다.[11]

노몬의 구조는 매우 간단하다. 해가 떠 있는 낮 동안에 막대를 수직으로 세우고, 바닥에 드리워진 그림자의 방향과 길이만 측정하면 된다. 어쩌면 고대 사람들은 지상 위에 솟아 있는 나무나 바위만으로 그림자의 변화를 살폈을지 모른다. 이 단순한 기기를 통해 고대 사람들은 해의 움직임을 파악하고, 나아가 역법의 기초 자료까지 확보했다. 매우 간결한 형태이지만, 천체의 운동을 이해하고 계절을 예측하게 하는 고도의 복합적 기능을 지녔다. 그 점에서 노몬은 가장 효율적인 천문 관측기기였다고 할 수 있다.

자오선으로 북극을 찾다

해가 뜨기 시작할 때 막대가 드리우는 그림자는 매우 길다. 해가 높이 떠오르면서 그림자는 점점 짧아지고, 해가 가장 높이 떴을 때 그림자는 하루 중 가장 짧아진다. 이후 해가 지기 시작하면 그림자는 다시 길어진다. 동아시아에서는 방위를 나타내기 위해 땅을 지키는 12지신을 이용했다. 예를 들어, 쥐에 해당하는 자子는 북쪽, 말에 해당하는 오午는 남쪽을 가리킨다. 우리가 서 있는 위치에서 머리 위를 천정이라 부르는데, 이때 북극과 남극이 천정을 통과하게끔 하여 이으면 지구 중심을 지나는 대원이 된다. 이를 경선 또는 자오선이라 부른다. 즉 자오선은 북쪽인 자에서 천정을 지나 남쪽인 오까지 잇는 선이라는 뜻이다. 임의의 구를 생각해보자. 중심을 지나도록 자른 단면은 가장 큰 원이 된다. 자오선 역시 구 형태인 천구에서 관측자 위치를 중심으로 천정을 통과하니 천구에서 가장 큰 원의 반원이 된다.

천정을 기준으로 자오선을 결정한다는 것은 중요한 천문학적 기준이 된다. 해가 자오선에 놓여 있다는 것은 남중했음을 의미하며, 이때가 하루 중 고도가 가장 높은 순간이기 때문이다. 이때 그림자 길이는 하루 중 가장 짧다. 다시 말해 그림자가 가장 짧은 순간에 해는 자오선에 있고, 이때의 그림자는 정북을 가리킨다고 할 수 있다. 그림자 쪽에서 막대가 위치한 방향은 정남이 되며, 북쪽을 바라보고 자오선과 수직인 방향으로 오른쪽은 동쪽, 왼쪽은 서쪽이 된다. 이렇게 그림자만으로 방위를 파악할 수 있는 것이다.

물론 과거 사람들도 윤도輪圖라는 나침반으로 좀 더 쉽게 방위를 파악했다. 그러나 윤도의 바늘이 가리키는 북쪽은 지구의 자전축이 있는 정북이 아닌 자기장에 의해 약간 어긋난 자북이라는 사실에 주의해야 한다. 정북과 자북은 모두 북쪽을 가리킨다는 점에서 방향성은 비슷하겠지만 정확한 위치에서는 분명 차이가 있다. 이러한 이유로 조선 시대에는 정확한 방위를 설정하고자 정방안正方案이란 관측기기가 사용되었다.[12] 정방안은 해의 그림자를 이용해 동서남북을 정하는 간단한 기기이다. 평평한 판 위에 동심원을 일정한 간격으로 그려두고, 중앙에 막대를 세운다. 해가 움직이면서 막대로 인해 바닥에 드리워진 그림자의 자취는 하루 동안에 곡선의 형태로 남겨질 것이다. 따라서 동심원과 그림자 자취가 만나는 교점은 두 곳에서 형성되니, 이 두 점을 이어주면 동서선이 되고, 그와 직교하는 선이 남북선, 곧 자오선이 된다. 동심원의 수가 늘어날수록 동서 방향을 더 정확하게 잡을 수 있다. 정방안은 막대 하나와 몇 개의 원만으로 하늘의 운동을 통해 지상의 방향을 찾아주는 소박하지만 영리한 장치였다.

앞서 설명했듯이 자오선을 알면 지평선에서 천구의 북극까지의 고도, 곧 북극고도를 정확하게 측정할 수 있다. 북극성(작은곰자리의 알파 별인 폴라리스)을 기준으로 고도를 잴 수도 있지만, 북극성은 정확히 북극을 가리키지 않는다. 북극성은 북극에 매우 가까운 밝은 별일 뿐 북극을 중심으로 약 0.7도의 반경을 두고 있기에 지구의 자전에 따라 회전한다. 그 반경은 보름달 지름의 약 1.5배에 해당한다.[13]

그렇다면 북극을 어떻게 찾을 수 있을까? 자오선을 활용하면 된다. 북극성이 자오선에 오는 순간은 두 차례이다. 북극을 기준으로 가장 위에 있을 때와 가장 아래에 있을 때 북극성은 자오선을 지나기 마련이다. 이 두 순간의 고도를 측정하여 평균을 구하면 북극의 고도를 파악할 수 있다. 이는 고대 동아시아의 천문학자들이 사용했던 방법이며, 오늘날에도 아마추어 천문가들은 이러한 방식으로 북극을 찾기도 한다. 필자도 학창 시절에 이 방식으로 북극을 찾아 천체 사진을 촬영한 경험이 있다. 다만 밤에는 해가 없으므로 자오선의 위치를 결정하기 어려우니 낮 동안에 자오선을 결정해야 한다.

1년의 길이는 어떻게 정해졌는가

해의 운동을 정확하게 파악하기 위해서는 하루 중 아무 때나 그림자의 길이를 측정해서는 안 된다. 반드시 기준 시점을 정해야 한다. 해가 남중하여 고도가 가장 높아지는 순간, 곧 자오선 위에 해가 놓였을 때를 기준으로 삼아야 한다. 이러한 기준을 바탕으로 매일 태양이 남중할 때 그림자의 길이를 측정해보면, 매일의 값이 일정하지 않다는 사실을 알 수 있다. 동지 무렵에는 해의 고도가 낮아져서 그림자 길이가 길어지고, 하지 무렵에는 해가 높이 떠서 그림자 길이가 짧아진다. 그림자 길이가 가장 길어지는 시점을 기준으로 하여, 매일 해가 자오선에 도달할 때의 그림자 길이를 측정해보면 점차 짧아지다가 다시 길어지며, 결국에는 다시 가장 길어진 때로 돌아온다. 이것은 곧 동지에서 다시 동지로 돌아온 때를 의미하며, 그 길이를 1년의 주기로 삼을 수 있다.

그러나 이 같은 방식으로 역법상 1년을 정의하는 데에는 한계가 있다. 그림자 길이로 1년의 기간을 대략 추정할 수는 있지만, 역법에 적용할 만큼 정밀하지는 않다. 실제로 해가 자오선에 놓일 때 측정한 동짓날의 그림자 길이는 정확히 1년이 지난 후 동짓날에 측정한 그림자 길이와 완벽하게는 일치하지 않는다. 여기에는 여러 요인이 작용한다. 그중 하나만 보자면 막대의 두께나 표면 상태에 따라 그림자 끝에 반영 효과가 생겨 흐릿하게 번져 보인다는 점이다. 그러면 그림자의 경계를 명확히 구분하기가 어렵다. 이러한 점을 개선하여 오차를 줄이기 위해서는 장기간에 걸친 꾸준하고 면밀한 관측 자료와 함께 수치해석 등의 수학적 방법론이 반드시 적용되어야 한다.

5세기 무렵 위진남북조魏晉南北朝 시대의 조충지祖沖之, 429~500는 이러한 문제를 인식하고, 대명력大明曆이라는 새로운 역법을 만들면서 해의 그림자 길이로 1년의 길이를 유추할 수 있는 수학적 방법론을 고안하였다. 그는 1년의 길이를 365.2428일로 계산했는데 현대의 값인 365.2422일과 비교하면 52초의 차이만 있을 뿐이다. 약 800년 뒤 원나라의 천문학자 곽수경郭守敬, 1231~1316이 40척 높이의 규표를 만들어 그림자 길이를 면밀하게 측정하였고, 그 결과로 1년을 365.2425일로 추산하였다. 이는 현대의 값과 단 26초만 차이가 난다. 이 성과는 수시력授時曆에 반영되었다. 1270년에 만들어진 이 수시력은 중국 천문학사에서 가장 우수한 역법으로 평가받는다.

이처럼 단순해 보이는 그림자 측정도, 실제로는 방대한 관측 자료와 정교한 수학적 처리 없이는 정확한 1년의 길이를 결정할 수 없다. 조선에서도 이러한 시도를 했다. 세종의 명령으로 40척 높이의 규표[14]가 제작되어 해뿐 아니라 달그림자까지 측정했다.[15] 이처럼 대규모 규표를 제작하고 운용한 사실은 조선의 천문학자들이 단순한 시간 측정 이상의 목적을 가지고 치밀하게 관측했음을 짐작하게 한다. 물론 그들이 이러한 규표를 역법에 활용했다는 근거 자료는 찾을 수 없다. 그렇다면 그들이 규표로 태양과 달의 그림자까지 측정했던 노력은 단순한 호기심만이었을까? 오히려 하늘의 질서를 체계적으로 이해하고 정밀한 역법을 세우려는 의도가 있었던 것은 아닐까.

그림자에서 발견한 오래된 혁신

인류가 하늘을 이해하기 위해 오래전부터 고안해온 천문 관측기기인 노몬은 천문학사에서 상징하는 바가 크다. 단순히 평행한 막대를 수직으로 세워놓는 구조만으로도 중요한 정보를 얻을 수 있는 효율적인 기기라는 점에서 그 가치는 높다. 무엇보다 해그림자를 측정하려는 시도가 한 번에 그치지 않았다는 사실이 중요하다. 이후로도 꾸준히 관측이 이어졌고, 수학적 방법론이 적용되었으며, 시대의 흐름에 따라 개선을 거듭한 끝에 노몬은 인류의 누적된 지식과 기술을 집약한 상징이 되었다.

하늘을 이해하려면 하늘만 바라봐야 한다고 생각할 수 있다. 하지만 노몬을 이용할 때는 하늘이 아닌 땅에 드리워진 그림자를 살펴야 했다. 고개를 들어야만 하늘을 살필 수 있다는 고정관념에서 벗어나, 고개를 내려 땅을 보면서 하늘을 이해하고자 했던 고대 사람들의 발상은 놀라울 만큼 혁신적이었다. 무엇보다 해가 뜨면 누구나 볼 수 있는 그림자를 무심히 지나치지 않고, 그 방향과 길이의 변화에 관심을 기울였던 누군가의 관찰력에서 하늘에 대한 탐구가 시작되었을지도 모른다고 생각하니 그저 대단할 따름이다. 땅을 통해 하늘을 이해하려 했던 창의적인 혁신을 생각하노라면, 그 알 수 없는 고대의 누군가에 대한 경외심이 나도 모르게 우러나 저절로 깊은 찬사를 보내게 된다.

二

소통을 위해
만들어진 앙부일구

시간을 공유한 통치자

유럽에서는 성당, 대학교, 시청 같은 공공건물 상단에 시계가 설치
된 모습을 흔히 볼 수 있다. 이른바 시계탑이라 불리는 이 구조물은 해
시계부터 기계식 시계까지 다양한 형태로 제작되었으며, 멀리서도 누
구나 시간을 확인할 수 있도록 하였다. 이처럼 모든 이들이 원하는 때
에 시간을 볼 수 있게 공공장소에 배치된 시계탑의 역사는 적어도 기
원전 그리스 시대까지 거슬러 올라간다. [16]

특히 유럽과 이슬람 문화권에서는 신께 기도를 드리기 위한 종교적
이유로 시간의 공유가 필요했고, 13세기에 들어서면서 유럽의 도시들
에서는 가장 아름다운 시계탑을 가지려는 경쟁이 치열해지면서 시계
의 제작 기술이 발전했다. [17] 더욱이 13세기 중반 이후에는 기존의 물
시계를 대체하는 기계식 시계들이 등장하면서 점차 공공 시계의 주류
로 자리 잡았다. 이 시계들은 도시의 중심에 설치되어 오랫동안 시민

에게 시간을 알리는 역할을 했으며, 20세기 중반까지 시계탑은 중요한 공공 시계로서 기능하였다. 그러나 오늘날의 시계탑은 시간을 알리는 기능적 목적보다 역사적이면서 예술적인 이유로 보존되고 있다.

한편 근현대 이전 동아시아에서는 시계와 시간에 대한 관념이 동시대 유럽과는 달랐다. 시간은 통치 체제의 일부로 간주되었고, 정확한 시간의 측정과 활용은 주로 지배층의 권한에 속했다. 그래서 일반 사람들이 체계적인 시간을 인식하고 활용할 수 있는 환경이 마련되어 있지 않았다.

이런 상황에서 약 600년 전에 시간을 대중과 공유하려는 혁신적 시도를 한 인물이 있었다. 동아시아 조선의 국왕이던 세종이다. 세종은 사람들이 오가는 거리나 시장 같은 공공장소에 해시계를 설치하여 누구나 시간을 알 수 있도록 하였다. 하늘을 우러르는 가마솥 모양과 같다고 하여 앙부仰俯라 이름 붙인 해시계日晷로, 곧 앙부일구이다.[18] 물론 세종 전에도 사람들은 하루의 흐름을 인지하며 생활에 필요한 대강의 시간을 파악했을 것이다. 그러나 그 방식과 민간의 활용에 대한 확실한 기록이 없다. 반면에 세종이 제작을 명하고 사람들이 많이 오가는 거리에 설치한 앙부일구만큼은 기록을 통해 실체가 명확히 드러난 최초의 공공 시계이다.

그렇다면 세종은 왜 사람들에게 시간을 읽을 수 있도록 앙부일구를 공개하였을까? 흥미로운 점은 이 앙부일구의 시각이 글자를 모르는 사람도 시간을 읽을 수 있도록 그림으로 표시했다는 것이다. 이러한 배려는 단순히 기술 보급을 넘어 통치자의 시선이 피지배층에게까지 닿아 있었다고 짐작하게 한다. 세종이 어떠한 마음으로 시간을 공유하고자 했는지 정확히 알 수는 없지만, 앙부일구에 담긴 의도만큼은 분명하게 읽힌다. 시간의 공유는 곧 권력의 일부를 나누는 일이었고,

세종은 그 첫걸음을 실현한 통치자였다. 백성에게 한 걸음 가까이 다가서고자 하는 마음을, 앙부일구를 통해 시간을 공유하며 조금이나마 드러낸 것이 아닐까?

전 세계에서 만든 반구형 해시계

앙부일구는 반구의 외형을 가진 해시계이다. 이 때문에 대중매체의 일부 글에서는 '세계에서 유일한 오목한 반구형 해시계' 또는 '천문과학 기술이 집약된 최고의 독창적 해시계' 같은 자극적인 표현으로 소개되곤 한다. 그러나 이는 다소 오해가 섞인 설명이다. 앙부일구와 유사한 반구형 해시계는 이미 전 세계 여러 지역에서 발견되었다. 기원전 300년 무렵 그리스의 천문학자 베로수스Berosus, 기원전 365~323가 반구형 개념을 해시계에 처음 적용했다고 보고 있다.[19] 물론 그의 개념이 반영된 당시 해시계는 현존하지 않기 때문에 그 실존 여부에 부정적 견해도 있다.[20] 그러나 문헌 기록과 일부 파편을 통해 짐작되는 만큼 세종 시대보다 훨씬 전부터 반구형 해시계가 설계되어 운용되었을 가능성은 충분하다.

중국의 역사서 중 하나인 《원사》에는 원나라의 천문학자 곽수경이 만든 '앙의'라는 반구형 해시계가 등장한다.[21] 한국의 《제가역상집》과 《국조역상고》에는 앙부일구가 이 앙의를 참고하여 만들어졌다고 설명한다. 비록 앙의 역시 현존하지 않아 실존 여부에 의문이 따르지만, 여러 사료에서 반복적으로 언급되는 만큼 실제 존재했을 가능성이 높다.

반구형 해시계는 인도에서도 확인된다. 17세기부터 20세기 초까지 국가 천문대로 사용된 인도의 잔타르 만타르Jantar Mantar 천문대에는 지금도 잘 보존되어 있는 반구형 해시계, 자이 프라카시 얀트라Jai Prakash Yantra가 있다.[22] 약 5미터 지름에 달하는 대형 해시계로 낮에는 시간을 측정하고, 밤에는 천문 관측을 수행한 것으로 보이는 정밀한 관측기기이다. 반구 중앙에는 작은 구멍이 있는 금속판이 설치되어 있다. 이 구멍을 통해 반구의 면에 비친 밝은 광점으로 정밀한 측정이 이루어진다. 중국의 앙의 역시 같은 원리로 측정했다는 기록이 남아 있다. 흥미롭게도 세종 때 제작된 앙부일구에 관한 기록에는 "겨자씨 점 찍은 듯하다"[23]는 표현이 있다. 이를 근거로 초기 앙부일구에도

현존하는 앙부일구들.[24] 외형도 재질도 다르지만 기본 형태는 같다. 사진의 앙부일구들은 고궁박물관이 소장 중이며 십자 받침대 끝의 네 개 다리가 반구형 해시계를 받치고 있다. 세 개 다리로 받침대가 형성된 앙부일구도 있는데, 2021년 경매를 통해 국내에 환수되었다. 현재 국립농업박물관이 소장하고 있다(유물번호: 고궁 3751(상좌), 창덕 12943(상우), 창덕 12944(하좌), 창덕 26794(하우)).

구멍을 통한 광점 측정 방식이 사용되었을 가능성이 제기된다.

유럽에서도 반구형을 변형하여 다양한 형태의 해시계를 제작하였다. 즉 해시계의 역사에서 반구형 해시계는 여러 문화권에서 공통적으로 등장하고 발전해왔다. 이런 흐름 속에서 한국의 앙부일구가 차지하는 위치는 분명 소중하다. 세계 해시계의 역사에서 중요한 연결고리가 된다는 점에서도 역사적으로나 과학적으로 그 가치가 충분하다.

복잡하면서도 단순한 앙부일구의 구조

현존하는 앙부일구들은 형태와 크기가 조금씩 다르지만, 기본적인 외형과 구성 방식은 거의 동일하다. 우선 반구형을 두른 상단 테두리는 글자를 새길 수 있을 만큼 충분한 너비를 갖는다. 이곳에 절기를 표시하는 가로선과 방위를 나타내는 글자가 새겨져 있다. 방위를 표기한 글자 중에는 북쪽을 의미하는 자와 남쪽을 의미하는 오가 있는데, 앙부일구를 설치할 때 이 방향이 정확히 자오선과 일치하도록 놓아야 시간과 절기를 정밀히 측정할 수 있다. 내부에는 동쪽과 서쪽을 연결한 묘유선도 그려져 있다. 이 선에는 묘卯와 유酉가 새겨져 있으며, 자오선과 직각으로 교차한다.

묘유선을 기준으로 반구 내부의 남쪽 면에는 해시계의 핵심인 영침이 설치되어 있다. 영침은 설치 장소의 위도와 동일한 각도로 기울어져 있으며, 그 끝이 북극을 가리키도록 고정되어 있다. 여기서 영침은 구름 모양의 지지대가 받치는 형태로 제작되었다. 이러한 화려한 문양을 단순히 미적 요소로만 볼 수도 있겠지만 필자는 더 실용적인 이

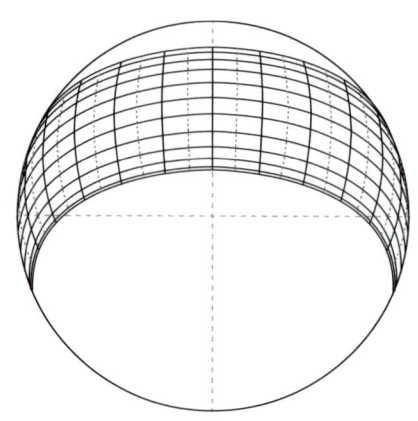

관측자의 위도와 황도 경사각을 알면, 오늘날에는 간단한 수식 계산과 프로그램을 통해 반구형의 시각선과 절기선을 그릴 수 있다. 하지만 과거에는 모든 과정이 수작업이었을 것이다. 특히 앙부일구는 완전한 반구형 표면에 눈금을 그려야 했기에 중심 정렬을 비롯해 구면 가공과 각도 분할 등에서 작은 오차도 나지 않게 신중해야 했을 것이다.

유가 있다고 생각한다. 즉 단순하게 곧은 직선형 영침만으로는 외부 충격이나 사람의 손길에 쉽게 흔들릴 수 있으므로, 네 방향에서 이를 지지하는 구조로 만들어 영침의 흔들림을 방지하고 내구성을 높였을 수 있다.

실제로 《조선왕조실록》에는 1547년과 1549년의 동짓날에 앙부일구의 그림자가 동지선과 어긋났다는 기록이 있다.[25] 원인은 분명하지 않지만 공개된 장소에서 누구나 사용할 수 있던 해시계였기에 오랜 세월 사람의 손길로 영침의 기울기에 미세한 오차가 생겼을지 모른다. 더욱이 세종 시대의 초기 앙부일구에는 영침을 감싸는 지지대에 대한 기록이 보이지 않으므로, 처음에는 단순한 구조였다가 이후 내구성을 보완하고자 개선했을 수 있다. 이에 현존하는 앙부일구는 적어도 17세기 중반 이후에 제작된 것이므로 동지선의 오차가 확인된 뒤 이를 보완한 형태였을 가능성도 있다.

해가 비추면 영침의 그림자가 내부 바닥 면에 드리워지는데, 이때 그림자의 끝이 위치한 세로선과 가로선을 각기 읽어냄으로써 직관적으로 현재 시간과 절기를 파악할 수 있다. 복잡한 천체 운동 이론이 반영되어 설계된 정밀한 해시계이나, 누구나 그림자를 보고 쉽게 지구의 자전에 따른 시간과 공전에 따른 절기를 동시에 파악할 수 있었다는 점에서 실용적 가치가 높다.

또한 앙부일구가 반구형이라는 점도 주목할 만하다. 평면형 해시계였다면 그림자 길이는 시간에 따라 달라졌겠지만 반구형 내부에서는 영침 끝에서 반구 표면까지 거리가 일정하므로 그림자의 길이가 하루 동안 일정하게 유지된다. 이 때문에 시간과 절기를 동시에 정확히 판독할 수 있다. 이러한 구조는 천문학적 이해와 수학적 계산 그리고 정밀한 제작 기술력이 모두 결합되어야 가능하다. 바로 이와 같은 이유로 앙부일구는 당대 과학기술의 집약체라 할 수 있다.

내부 면에 새겨진 시각선은 시대에 따라 그 간격에 차이가 있다. 현존하는 앙부일구들은 모두 한 시진(현대의 2시간)을 여덟 개 간격으로 구분한다. 여기서 하나의 간격을 각이라 부르는데, 하루(24시간)는 총 12개 시진으로 구성되니 총 96개 각이 있고, 이는 96각법이라 불리는 조선 후기의 시각 체계가 적용되었음을 보여준다. 96각법은 1653년 시헌력 시행 이후 도입되었으므로[26] 현존하는 앙부일구는 모두 이 시기 이후에 제작되었다고 할 수 있다.

절기선에 해당하는 가로선을 살펴보면 중앙부, 곧 춘분과 추분에 해당하는 구간은 선과 선 사이 간격이 넓지만, 위(동지)와 아래(하지)로 갈수록 점점 좁아진다. 이는 태양이 천구의 적도가 아니라 황도를 따라 움직이기 때문에 나타나는 차이이며, 더 나아가 지구의 공전 궤도가 타원형이라서 부등속 운동을 해 생기는 결과이다. 이런 천문학적 요소가 절기선에 반영되었다는 사실은 조선의 천문학자들이 태양의 겉보기 운동을 충분히 이해했음을 방증한다. 물론 그들이 현대적 천체역학 개념을 완전히 이해했다고 보기는 어렵겠지만, 적어도 앙부일구의 설계에 천문학의 기본 원리가 정밀하게 구현되었다고 할 수 있다.

모두를 위한 해시계

조선에는 앙부일구뿐 아니라 다양한 형태의 해시계가 있었다. 수직형, 평면형, 적도형, 고리형, 심지어 최근에는 구형 해시계도 발굴되었다. 이렇게 여러 종류의 해시계가 있었는데 유독 앙부일구가 주목받는 이유는 무엇일까? 시간과 절기를 동시에 알 수 있었기 때문일까, 아니면 반구형으로 이루어진 앙부일구의 외형이 주는 예술적 아름다움 때문일까? 그동안 앙부일구를 다룬 글들을 살펴보면 '세계에서 유일한 오목한 반구형 해시계', '천문과학 기술이 집약된 최고의 독창적 해시계'라는 화려한 수식어가 붙곤 하였다. 하지만 오히려 이런 강조가 앙부일구의 가치를 지나치게 '특별함'에 한정 짓고 고정된 관념으로 만든 것이 아닐까.

이에 필자는 조금 다른 시각에서 앙부일구를 보고자 한다. 앙부일구가 지배층의 전유물이 아닌 피지배층인 일반 백성에게도 허용된 해시계였다는 사실이다. 다른 해시계들과 달리 앙부일구는 조선 전 시기에 걸쳐 제작되었고, 조선 후기에는 소형으로도 만들어져 휴대성과 범용성이 높아졌다. 어쩌면 앙부일구는 처음부터 모두를 위한 해시계로 계획되어 제작되었을지 모른다. 그런 증거는 곳곳에 있다.

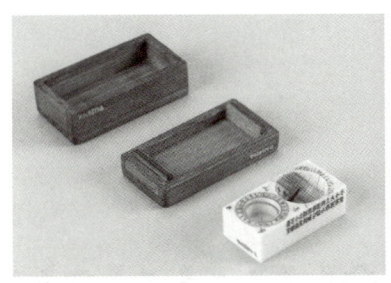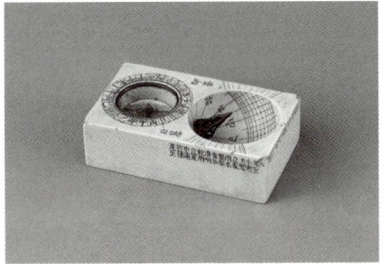

왼쪽 사진은 국립민속박물관에 소장된 휴대용 앙부일구로[27] 바닥 면에는 광무 10년(1906년)에 강봉수姜鳳秀가 제작하였다는 명문이 새겨져 있다. 본 시계는 직육면체 나무 상자 안에 보관되는데, 상자는 뚜껑과 본체가 분리되도록 제작되었다. 이 휴대용 앙부일구의 크기는 세로 4.3센티미터, 가로 2.2센티미터, 높이 1.4센티미터이다. 오른쪽은 국립중앙박물관에 소장된 휴대용 앙부일구로[28] 크기는 세로 5.6센티미터, 가로 3.4센티미터, 높이 2센티미터이다. 국립민속박물관의 것보다 약간 크다. 바닥 면에는 동치 신미년(1871년) 4월 하순에 진주 사람 강건姜楗이 제작하였다는 명문이 있다. 앞서 소개한 강봉수는 강건의 장남으로 알려져 있으며, 강씨 가문은 평면 해시계를 포함한 다양한 종류의 해시계를 제작한 시계 제작 가문으로 평가된다.[29] 특히 이들이 제작한 시계 중 휴대용 앙부일구가 다수를 차지한다(유물번호: 민속박물관 094288(좌), 국립중앙박물관 신수15157(우)).

글자 대신 그림으로 시간을 표시하여 누구나 쉽게 시각을 읽을 수 있도록 하였고, 사람들이 많이 오가는 곳에 설치하여 원하는 때에 누구나 확인할 수 있도록 하였다. 더군다나 앙부일구는 공공 해시계로서 왕의 명령에 따라 공식적으로 선포된 상징적 천문 관측기기이기도 하다. 이런 점에서 보면 단순한 천문 과학기기를 넘어, 모두와 시간을 공유하며 백성과 소통하고자 한 세종의 마음이 담긴 따뜻한 선물이 아니었을까?

三

해와 별로
시간을 읽는 일성정시의

세 개의 고리가 발굴되다

2021년 6월, 서울 종로구 인사동에서 대규모 발굴 조사가 이루어졌다.[30] 이곳은 조선 시대에 사법기관인 의금부가 있던 곳이자, 여러 중앙관청과 상설시장이 함께 있던 번화한 거리였다. 발굴 결과는 놀라웠다. 한글과 한자가 함께 새겨진 금속활자, 조선의 화포인 총통, 종의 파편, 물시계의 일부인 주전이란 부품까지 다양한 유물이 모습을 드러냈다. 특히 이들 유물의 제작 시기가 15세기에서 16세기, 곧 세종 대와 이후 시기의 과학 문화재라는 점에서 전문가들의 관심이 집중되었다.

그런데 이 발굴 현장에서 한국 천문학사에 의미 있는 유물 하나가 발견되었다. 총통이 묻혀 있던 자리에서 둥근 고리 형태가 조각난 채 발견된 것이다. 자세히 살펴보니 그것은 세 개의 고리였고, 표면에는 정교한 눈금이 새겨져 있었다. 그 정체는 곧 밝혀졌다. 세종의 명령으

로 만든 천문 관측기기 일성정시의日星定時儀의 핵심 부속품이었다.[31]

낮에는 앙부일구 같은 해시계를 통해 해그림자로 시간을 알 수 있었지만, 밤에는 별의 위치로 시간을 유추할 수밖에 없었는데, 이를 정밀하게 측정할 별도의 관측기기가 없었다. 세종은 이 문제를 해결하기 위해 관측기기를 만들라고 명했다. 낮에는 해, 밤에는 별로 시간을 정할 수 있는 기기, 즉 일성정시의가 만들어진 것이다. 이름 그대로 '해와 별로 시간을 정하는 의기'였다. 인사동 발굴에서 나온 세 개의 고리는 이 일성정시의를 구성하는 필수 부품이다. 특히 역사 기록에 이 고리에 관한 설명이 비교적 상세하게 남아 있었기에, 이 발굴은 천문학사적으로 큰 의미를 가진다.

개략적 구조

기록에 따르면 일성정시의의 기본 구조[32]는 다음과 같다. 우선 가운데가 뚫려 있는 원형 판에 십자 모양 판을 결합한다. 십자 중심에는 축을 설치하고, 여기에 별을 살필 수 있는 긴 막대 모양의 계형을 연결한다. 이렇게 결합한 본체는 수직 받침대에 고정된다. 받침대에는 일정한 깊이로 오목하게 파인 공간이 있어, 물을 채우면 기기가 정확히 수평을 이루었는지 확인할 수 있다. 관측할 때 작은 기울기도 측정값에 영향을 미치므로 바닥을 평평하게 유지하는 것은 그 무엇보다 중요했다. 마지막으로 인사동에서 발굴한 세 개의 고리를 원형 판에 맞춰 장착하면 비로소 일성정시의가 완성된다. 이 고리는 관측의 정밀도를 결정짓는 핵심 부품이다. 고리의 둘레에는 정교한 눈금이 새겨져 있고, 이를 통해 관측 대상의 위치를 세밀하게 읽을 수 있다. 인사동에서 발굴한 일성정시의의 파편이 이 세 개의 고리였다는 점은 우리 천문학사에서 특히 의미 있는 발견이다.

첫 번째 고리, 주천도분환

발굴된 세 개 고리 중 가장 바깥쪽 고리는 고정되지 않고 움직일 수 있는 것으로 '주천도분환'이라 부른다. 주천은 하늘의 둘레를 뜻하고, 도분환은 도와 분 단위 눈금을 새긴 고리를 말한다. 즉 하늘의 둘레를 1년의 날 수에 맞춰 눈금으로 새긴 고리이다. 오늘날 우리는 원둘레를 360도로 정의하지만, 당시 조선에서는 '주천도수'라 하여 1년의 날 수(365.25일)에 맞춰 365.25도라 정의하였다. 따라서 주천도분환에는 0.25도 간격으로 총 1,461개 눈금이 새겨져 있다.

이 고리는 1년이 지날 때마다 한 눈금씩, 곧 0.25도씩 움직이도록 설계되었다. 이 개념은 율리우스력에서 4년에 한 번 윤년을 두는 방식과 유사하다. 주천도수에 적용된 1년의 날 수는 365.25일이다. 여기서 소수부에 있는 0.25일(=6시간)은 4년이 지나면 0.25 × 4년 = 1일, 곧 하루를 덤으로 만드니, 이를 역법에서는 윤일이라 부르고 윤일이 더해진 해를 윤년이라 부른다. 따라서 주천도분환을 1년마다 한 눈금씩 움직이게 하면 4년 후 윤년이 되어 자동으로 하루의 보정을 수행한다. 이처럼 윤일 보정을 위한 장치는 동아시아의 천문 관측기기 중 일성정시의에서만 확인되는 독특한 기능이다.[33]

특히 주천도분환의 지름은 약 42센티미터로 눈금 하나의 간격은 0.9밀리미터에 불과하다. 1밀리미터도 되지 않는 미세한 간격으로 정밀한 눈금을 새겼다는 사실은 당시 제작 기술의 높은 수준을 가늠하게 한다. 윤일에 관한 보정부터 기술력까지 반영되었다는 사실은 일성정시의가 천문학에 관한 충분한 이론과 정밀한 제작 기술이 융합된 결과물임을 잘 보여준다.

두 번째 고리와 세 번째 고리, 백각환

세 개 고리 중 나머지 두 개 고리는 낮과 밤의 시간을 측정하는 기능을 담당했다. 해그림자로 낮의 시간을 측정했던 고리는 '일구백각환'이라 불렀고, 별의 위치로 밤의 시간을 측정했던 고리는 '성구백각환'이라 하였다. 우선 일구백각환은 세 개 고리 중 가운데에 설치된 것으로 움직이지 않고 고정된 형태이다. 원형판을 지지하는 십자 판의 축에는 북극 방향을 맞추는 정극환이란 장치가 설치되었고, 여기에 별을 살피는 계형과 가는 끈으로 연결하였다. 이 가는 끈은 곧 영침 역할을 했으며, 끈에 의해 그림자가 일구백각환 면에 드리워지면 이때 그림자 경계가 어떤 눈금에 오는지 읽어 시간을 알 수 있었을 것이다.

세 번째 고리인 성구백각환은 가장 안쪽에 설치되었고, 주천도분환처럼 움직일 수 있다. 밤에는 별 위치를 기준으로 시간을 측정했는데, 일성정시의에서는 제좌帝座라 부르는 별을 시간의 기준으로 삼았다.[34] 제좌는 기록에서 언급하였듯이 북극에 가깝고 붉으며 쉽게 찾을 수 있는 별이다. 오늘날 작은곰자리의 베타 별(β UMi, 2.05등급)이다.[35]

백각환과 시각 체계

일구백각환과 성구백각환은 공통적으로 '백각환'이라 칭한다. 이 명칭은 당시의 시각 체계를 알 수 있는 단서로 100각법이라 부르는 체계가 적용된 환이 사용되었음을 의미한다. 여기서 100각법이란 하루를 100등분한 것으로 한 등분이 1각인 셈이다. 하루는 크게 12개 시진으로 구분하였는데, 시진은 12지신을 따라 구분하여 대응시켰다. 1개

100각법과 96각법 모두 하루를 12개 시진으로 구분하고, 1개의 시진을 초와 정으로 나누었다. 다만 각과 분의 구분에 차이가 있으니, 100각법은 4개의 각(대각: 초각, 1각, 2각, 3각)과 1개의 소각(4각)으로 이루어진 5개의 각이고, 96각법은 4개의 각(초각, 1각, 2각, 3각)만 있다. 그리고 100각법은 하나의 각(대각)이 6개의 분으로 등분되었고 소각은 그 자체가 하나의 분으로 구성되었으나, 96각법은 하나의 각이 15개 분으로 등분되었다.

100각법에서 1개 시진에는 총 8개 각(대각)과 2개 소각이 있는 것이니, 하루인 12개 시진을 고려하면, 총 96개 각(대각)과 24개 소각이 구성되는 것이다. 여기서 24개의 소각은 곧 24분과 일치하고, 100각법에서 1개의 대각이 6분이므로 이를 적용하여 환산하면 4개의 대각과 동일한 크기를 갖게 되니, 96개 각과 4개 각이 합쳐져 100각이 된다. 96각법에서는 소각이 없으므로 하루인 12개 시진을 고려하면 하루는 96개 각으로 구성된다. 이것이 100각법과 96각법의 차이이다.

시진은 현대의 2시간에 해당하고, 이 한 시진은 초와 정으로 구분하니 각각의 초와 정은 오늘날의 1시간에 해당한다. 초와 정은 각기 4개 각(대각)과 1개 소각으로 구성되고, 나아가 각은 6개 분으로 세분된다. 소각은 1분으로 이루어졌으니 각과 비교하면 1/6각에 불과하다. 즉 한 시진에 8개 각과 2개 소각이 있는 셈이다. 그러므로 하루인 12시진은 96개 각과 24개 소각으로 구성되었다고 할 수 있다.

소각은 24개 소각이 되었으므로 이는 곧 24분이 되고, 앞서 언급했듯이 1개 각이 6분을 차지하므로 24분/6분=4각이다. 이에 96개 각과 4개 각이 합하여 총 100각이 된다. 인사동에서 발굴된 백각환도 실제

동아시아 과학사에 큰 영향을 끼친 조지프 니덤[Joseph Needham]이 실록의 기록을 바탕으로 상상하여 모사한 복원도를 참고하여 제작한 모형으로, 현재 국립민속박물관에 전시 중이다(유물번호 : 민속박물관 028293).[36]

100각의 눈금이 새겨져 있었다.

조선에서는 시헌력을 시행한 1653년 이후에 기존 100각법을 96각법으로 바꾸었다. 100각법에서 사용된 12개 시진과 초와 정으로 구분한 것은 그대로 유지하였다. 그러나 각과 분의 구분에서 약간의 조정이 생기니, 각(대각)은 그대로 두되 소각이 사라지고, 하나의 각은 15개 분으로 구분하였다. 소각이 사라지니 한 시진에 8개 각만 있고, 12시진은 곧 96개 각이 된다. 이에 96각법이라 부른다. 현존하는 앙부일구가 모두 96각법 체계에 따라 제작된 것도 이 때문이다. 따라서 100각법 체계가 적용된 앙부일구가 발굴된다면 그것은 1653년 이전에 제작된 유물로 볼 수 있다.

천문학 이론과 정밀한 기술을 융합한 혁신

세종은 총 네 개의 일성정시의를 만들었다. 그중 하나는 구름과 용으로 화려하게 장식하여 궁궐에 두었고, 나머지 세 개는 기능에 충실한 형태로 만들어 조선의 주요 지역에 보냈다.[37] 당시 중앙의 천문 기관이던 서운관[38]과 함길도, 평안도에 각각 배치하여 사용하도록 했다.[39] 다만 기록에 따르면 가장 먼저 만든 일성정시의는 무겁고 운반이 불편하다는 지적이 있었다. 특히 행군 때 옮기기 어려웠다. 이에 세종은 크기를 줄여 소일성정시의小日星定時儀를 만들게 하였다.[40] 이때 규모를 축소하는 과정에서 십자 판 축에 설치되었던 정극환이 빠졌을 것으로 짐작되며, 그 외 어떤 부분이 간소화되었는지는 명확히 알려진 바가 없다. 다만 무게가 문제였던 만큼 불필요한 장식과 구조를 제거하고 기능에만 집중했을 것으로 추정한다.

조선 초 세종이 명령하여 만든 대부분의 천문 관측기기들은 중국 왕조의 기기를 모방하거나 참고하여 만들어졌다. 그러나 일성정시의는 달랐다. 기록에서는 일성정시의를 가리켜 "처음 만들어진 기기"라고 명확하게 설명하고 있다. "옛 제도에 관한 설명이 책에 글로 쓰여 있다 한들, 그 뜻을 누가 온전히 알 수 있겠는가"[41]라는 말과 함께 직접 이것을 만든 세종의 의지와 집념이 기록에 잘 담겨 있다. 낮에는 해, 밤에는 별을 관측하여 시간을 읽고, 나아가 윤일의 보정 장치까지 탑재한 일성정시의는 천문학적 이론과 정밀한 기술을 융합한 혁신의 결정체이다. 따라서 앞으로 이 기기에 관한 면밀한 연구가 이어진다면 세종 시기의 과학기술과 창의적 사고를 더욱 깊이 이해할 수 있을 것으로 기대한다.

三장

지구를 찾아온 우주의 밤손님

一

갑자기 나타난 밝은 빛, 객성

1437년의 객성

1437년 3월 11일, 조선 왕실에 흥미로운 천체가 하나 보고되었다.[1] 객성이라 불린 천체가 하늘에 나타난 것이다. 이 객성은 당시 9개의 별로 구성된 '미尾'라 부른 별자리, 오늘날 전갈자리의 배와 꼬리에 해당하는 영역에서 목격되었다. 기록에는 미의 2번 별과 3번 별 사이에 있었고, 특히 3번 별에 더 가까웠으니 그 가깝기가 반 척 정도라 하였다. 당시 1척의 크기는 약 1도에 해당하는 단위라 추정하므로 반 척이라 하면 약 0.5도이다. 이 거리가 실제로 천문기기를 사용하여 측정한 값인지, 아니면 맨눈으로 대략 가늠한 결과인지는 알 수 없다. 그러나 보름달의 겉보기 지름이 약 0.5도라는 점을 고려하면, 이 객성은 3번 별에 꽤 가까웠으리라 짐작된다.

그로부터 무려 580년이 지난 2017년 여름에 이 객성은 다시 세간의 관심을 끈다. 자연과학 분야의 저명한 학술지인 《네이처Nature》에

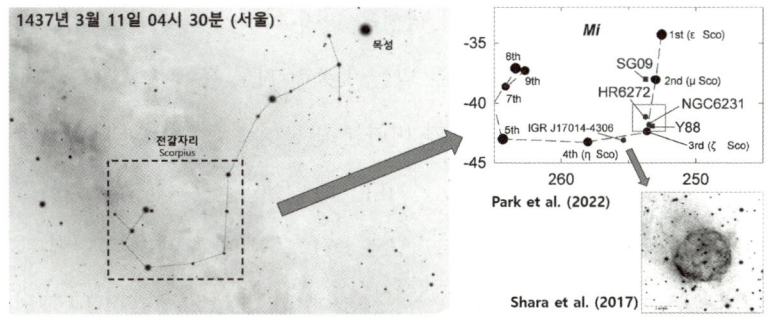

스텔라리움^{Stellarium} 프로그램으로 구현한 1437년 3월 11일 4시 30분에 서울에서 바라본 밤하늘의 모습이다. 이 시간 즈음 전갈자리(선으로 표기)는 남중하게 된다. 객성이 보였던 동아시아 전통 별자리 미는 전갈자리의 배와 꼬리에 해당하는 부분(점선 사각형)이다. 오른쪽 위 그림은 미를 확대한 것으로 기록에서 명시한 2번과 3번 별 사이에서 보였으나 3번 별에 더 가깝다고 한 점을 고려하면 작은 사각형 영역에서 보였을 가능성이 높다.[2] 그러나 2017년에 전갈자리 신성으로 천체번호 IGR J17014-4306을 지목하였는데,[3] 기록에서 묘사한 영역과는 위치상 차이가 있다. 게다가 기록된 시기를 고려하여, 현대적으로 가장 최선의 관측 시점을 찾아보면 해가 뜨기 약 2시간 전이면서 고도각 약 10도 부근에 불과하다. 그러나 이 객성의 정체가 무엇인지는 차치하더라도 조선의 천문학자들은 약 보름간 이를 추적하여 살폈고, 오늘날 천문학자들에게 흥미로운 자료와 주제를 던져주었다.

세종에게 보고되었던 1437년의 객성이 전갈자리에서 일어난 신성 폭발이라는 연구 결과가 실린 것이다.[4] 한국의 역사 기록이 현대 천체 물리학 연구의 중요한 자료로 활용되었다는 사실은 국내 언론을 통해 빠르게 알려졌고, 사람들은 세종 시대의 천문학적 수준과 기록의 우수성을 새삼 강조하기 시작하였다.

하지만 이 연구 결과는 문제를 완전히 해결한 것이 아니었다. 이후 다른 관점에서 반대 의견들이 나왔다. 가장 큰 문제는 위치였다. 당시 기록에 적힌 객성의 위치와 2017년에 발표된 신성의 위치는 상당히 어긋나 있다.[5] 사실 1437년의 객성은 이미 이전에 다른 후보들로 제안된 바 있다. 그 후보들은 주로 별들이 무리 지어 흩어져 보이는 산개성단이나 일정한 주기로 밝기가 변하는 변광성으로, 이러한 대상들을 맨눈으로 찾기란 비교적 쉬운 편이다.[6] 반면에 신성은 맨눈으로 목격하기에는 어려운 천체이다. 그러므로 2017년에 발표된 1437년의 객성이 신성이라는 주장은 주목받을 수밖에 없었다. 그렇다면 1437년의 객성이 정말로 신성 폭발이었을까?

전문가들의 문제 제기와 의문에도 불구하고 대중과 언론은 비판적 논의에는 주목하지 않았다. 여전히 세종 시대 천문학의 우수성을 보여주는 중요한 기록이라는 점을 강조할 뿐이다. 사실 역사서의 천문 기록은 그 존재만으로 가치가 충분하다. 그러나 세계 어디에서도 보고되지 않은 기록이 오직 한국에서만 발견되었다는 자부심과 이 기록이 현대 천체 물리학에 도움이 되었다는 성과가 결합되면서 그 의미가 과장되어 소비된 면이 있다. 엄밀히 말하면 지금도 여전히 1437년의 객성은 그 정체를 단정하기엔 무리가 있다. 물론 이 객성이 전갈자리의 신성 폭발과 관련 있었을 가능성과 아니었을 가능성 모두 열려 있다. 하지만 분명한 것은 세종 시대의 천문 기록이 이렇게 오랜 시간이 지나도 현대 과학과 대화를 이어갈 수 있다는 사실이다. 동시에 이런 이야기를 접할 때 비평적 시선도 함께 가져야 한다는 점을 일깨워준다.

객성이란 무엇인가

객성은 글자 그대로 풀면 손님별이다. 평소에는 보이지 않던 빛이 어느 날 갑자기 나타나 잠시 머물다 사라지기 때문에 마치 예고 없이 찾아온 손님처럼 느껴졌을 것이다. 현대 천문학의 시각으로 보면 천체물리학의 일시적 발광 현상으로 설명할 수 있으며, 그 대표적인 형태가 폭발이다. 별의 폭발은 짧은 시간에 강렬한 빛을 내기 때문에 쉽게 발견될 여지가 있고, 이후 잔해가 남으므로 그 흔적을 폭발의 근거로 삼는다.

오늘날 별의 폭발을 의미하는 신성이란 표현은 덴마크의 천문학자 티코 브라헤Tycho Brahe, 1546~1601가 1572년 카시오페이아자리에서 새로운 별을 관측하며 사용한 것에서 유래한다. 그는 갑작스레 하늘에 나타난 밝은 빛을 새롭게 태어난 별로 보았다. 그러나 역설적이게도 이 현상은 진화의 마지막 단계에 접어든 백색 왜성의 폭발이었다. 브라헤는 이 천체에 관한 관측 결과를 정리하며 새롭다는 의미의 노바nova를 사용하였고, 이를 제목에 넣어《새로운 별에 관하여De nova stella》라는 책을 출판하였다. 이후 천문학에서는 폭발과 관련한 천체를 노바, 곧 신성이라 부르게 되었다. 나중에는 일반적인 신성보다 훨씬 강력한 폭발을 보여준 천체와 구별하고자 '슈퍼노바super-nova', 즉 초신성이라는 용어가 등장했다. 역사 기록에서 검증된 신성들은 모두 맨눈으로 볼 수 있을 만큼 밝았다는 점에서 실제 초신성 급의 폭발이었을 가능성이 크다.

그렇다면 역사 기록에 남은 객성은 모두 초신성일까? 그렇지는 않다. 초기에는 객성으로 보고되었지만, 시간이 지나 꼬리가 나타나는 것이 확인되면서 혜성으로 정정된 사례도 있다.[7] 그러니 혜성인데 꼬리가 흐릿하거나 보이지 않아서 객성으로 잘못 기록되었을 가능성도 충분하다. 실제로 한국사에 기록된 객성을 조사한 결과, 시기와 위치를 특정할 수 있는 33건의 사건 중 절반 이상인 17건이 혜성으로 확인되었다.[8] 따라서 객성에 관한 기록을 해석할 때는 신성이나 초신성뿐 아니라 혜성의 가능성도 고려해야 한다.

1592년부터 1594년까지 2년간에는 더욱 흥미로운 사례가 있다. 400일 이상 천창天倉(오늘날 고래자리 영역)이란 전통 별자리에서 객성이 목격되었다는 기록이다.[9] 흥미롭게도 이 객성은 한국에서만 확인되며, 중국이나 일본의 동시대 기록에는 등장하지 않는다. 여러 연구자가 정체를 규명하려 했지만 마땅한 후보 천체를 찾는 데 어려움을 겪었다. 일부는 이 천체가 고래자리의 변광성인 미라Mira일 가능성을 제기하였다.[10] 하지만 역사 기록에 명시된 위치와 실제 미라의 위치가 약 10도의 차이가 난다는 문제가 있었다.[11] 참고로 보름달 지름이 약 0.5도이므로, 이는 보름달 20개를 일렬로 늘어놓은 거리와 비슷하다. 더 흥미로운 점은 이 객성과 관련한 마지막 보고이다. 1594년 9월 15일 기록에 따르면, 조선의 천문학자들은 2년 넘게 큰 변동 없이 그대로인 이 천체가 이상하다며 실상은 이름 없는 별, 곧 무명성無名星일 수 있다고 왕에게 보고하였다.[12] 이날의 기록 이후 이 위치에서의 객성 기록은 다시 언급되지 않았다. 이 기록은 여러 해석을 낳는다. 단순히 기존에 존재하던 고정된 별을 객성으로 오인했을 수 있고, 장주기 변광성처럼 매우 느린 밝기 변화를 보이는 별이었을 수도 있다. 역사서에 기록된 객성은 분명 흥미로운 천체이면서 오늘날 천문학에 귀한 단서를 제공한다. 하지만 항상 신성이나 초신성 같은 극적인 천체 현상만 의미한다고 단정할 수도 없다.

객성이 목격된 기간

한국의 역사 기록에서 며칠간 관측된 객성은 총 여섯 차례로 확인된다. 첫 사례는 1437년의 사건으로, 기록에 따르면 14일 동안 하늘에서 빛을 발하였다.[13] 당시 조선의 천문학자들에게는 갑작스레 나타난 별이 보름 가까이 사라지지 않고 빛을 발한다는 것이 특별하게 느껴졌을 것이다.

1592년의 객성 기록은 더 흥미롭다. 이 시기에는 서로 다른 위치에서 무려 네 개의 객성이 동시에 보고되었다. 먼저 천창에서 목격된 객성은 약 400일 가까이 보고되었고,[14] 전통 별자리 왕량王良(오늘날 카시오페이아자리 영역)을 기준으로 두 개의 객성이 관측되었는데, 하나는 왕량의 동쪽에 나타나 약 넉 달간 보였고,[15] 또 하나는 왕량의 서쪽에 나타나 약 석 달간 관측되었다.[16] 이 두 객성은 왕량을 기준으로 동쪽과 서쪽이라는 서로 다른 방향에 있었지만, 거의 같은 시기에 나타나 있었다는 점에서 연구자들의 호기심을 자극해왔다. 더욱이 규奎(오늘날 안드로메다자리 영역)라는 전통 별자리에서도 단 두 차례에 불과하지만 객성이 목격되었다. 짧지만 보고된 기록인 만큼 실제 관측이었을 수 있는 이 천체들에 대해 여러 가설이 제기되었으나, 명확한 정체는 여전히 밝혀지지 않았다. 특히 왕량을 기준으로 동쪽과 서쪽에서 보고된 두 객성은 지금도 다양한 해석이 오간다. 일부 연구자는 이 현상이 폭발에 의한 것이 아닌, 초신성과 비슷해 보이지만 실제로는 본격적인 붕괴에는 이르지 않은 위장된 신성, 곧 의사초신성疑似超新星, super-nova impostor일 가능성을 제기하였다.[17] 그러나 아직 결론을 내리기는 어렵다.

마지막으로 1604년 기록은 천강天江(오늘날 뱀주인자리 영역)이란 전통 별자리에서 목격된 객성이다.[18] 조선의 천문학자들은 약 1년간 무려 134일에 걸쳐 객성의 밝기 변화를 비교적 상세히 기록했다.[19] 이 객성은 후에 '케플러의 신성(SN 1604)'이라 부르게 된 바로 그 초신성이었다.

이처럼 장기간 이어진 기록은 별의 폭발이 남긴 흔적을 암시한다는 점에서 연구자들이 주목하였다. 별의 폭발은 주로 쌍성계에서 일어난다. 두 개의 별이 가까운 궤도를 돌며 서로 물질을 주고받는 구조인데, 그중 한 별이 나이를 먹어 적색거성으로 진화하면 외부 대기가 우주로 방출되면서 행성상 성운을 형성하게 된다. 이때 탄소와 산소로 이루어진 핵이 남는데, 이것은 곧 백색 왜성이 된다. 한편 동반성 역시 거성으로 진화하면서 중력을 버티지 못하고 로슈의 한계Roche limit를 넘어선다고 가정해보자. 그렇다면 이 천체는 부근에 있던 백색 왜성을 침범할 것인데, 이때 원반 모양으로 가스와 먼지가 빨려 들어가니, 이를 강착원반의 모습을 보여준다고 표현한다. 이 과정에서 강착원반에 포착된 외부 대기의 물질들은 백색 왜성으로 유입된다. 백색 왜성은 이미 극도로 압축된 고밀도의 천체이기에 새로운 물질이 쌓여도 쉽게 팽창하지 않는다. 대신 온도가 상승하다가 임계점에 도달하면, 표면에서 핵융합이 폭발적으로 일어나며 많은 양의 에너지를 방출한다. 그 에너지는 빛의 형태로 터져나오는데, 큰 빛을 발하면 우주의 어딘가에서는 맨눈으로 볼 정도가 된다. 고대의 천문학자들이 기록한 객성은 바로 이 순간의 극적인 광채였을 가능성이 크다.

이 빛은 폭발 후 최고점에 이르기까지 밝기가 빠르게 상승하지만 그 후 밝기가 서서히 감소한다. 그러나 밝기가 감소하는 동안에도 맨눈으로 볼 수 있는 한계등급 이상의 겉보기 밝기를 유지한다면 사람들은 그 별을 당분간 볼 수 있다. 오늘날에 천문학자들은 이러한 역사 기록을 통해 초신성의 잔해나 젊은 신성을 찾기도 한다. 특히 관측된 기간이 구체적으로 남아 있다면, 그 천체가 어떤 폭발 과정을 겪었는지 더욱 면밀하게 추정할 수 있다. 다만 이러한 추정과 해석은 어디까지나 가능성을 여는 데 의미가 있다. 과거 기록만으로는 단정할 수 없기 때문이다. 그래도 기록들은 분명 귀중한 단서가 된다.

객성의 밝기

역사서에 기록된 1572년과 1604년의 객성은 그 밝기에 대한 묘사가 직접 언급된다는 점에서 주목할 만하다. 특히 1572년의 객성은 '티코의 신성(SN 1572)'으로 알려진 초신성으로, 역사 기록과 오늘날 관측된 잔해의 위치가 일치하는 대표적 사례이다. 기록에 따르면, 1572년인 선조 5년 11월 6일에 책성彗星(카시오페이아자리의 카파별)이란 전통 별자리 부근에 객성이 나타났으며, 그 밝기가 금성보다 컸다고 한다.[20]

비록 역사서에는 이 객성에 관한 기록이 단 한 건뿐이지만, 밝기가 금성보다 크다고 묘사한 표현은 당시의 시각적 형상과 실제 광도를 짐작할 수 있는 중요한 단서가 된다. 게다가 임진왜란이 발생하기 이전이라는 시대적 배경을 고려할 때, 이 관측은 안정된 천문 체계 아래에서 수행된 정규 관측의 결과였을 가능성이 높다. 아쉬운 점은 관측 기록이 하나뿐이라는 점인데 이 기록만으로도 해당 초신성의 역사적 재구성에 의미 있는 기여가 된다. 흥미롭게도 임진왜란이 발발한 1592년에 기록된 네 개의 객성 중 왕량에서 보인 것이 있는데, 이 기록이 실록의 편찬 과정에서 1572년의 사건을 1592년으로 잘못 기입한 것일 가능성이 제기된 바 있다.[21] 이에 따라 두 기록을 연관 지어 해석하려는 시도가 있었다.

1604년부터 1605년까지 목격된 또 다른 객성은 '케플러의 신성'

으로 불리며, '티코의 신성'과 마찬가지로 역사 기록과 천문학적 실체가 명확히 연결되는 대표적 초신성이다. 이 객성에 대한 역사 기록은 비교적 상세하다. 예컨대 1604년 10월 14일의 기록에는 "밤 1경(오후 7~9시)에 객성이 천강 위에 나타났으며, 미수에서 11도, 북극에서 109도 떨어져 있다. 크기는 목성보다 작고 색은 황적색이며, 움직이는 듯하다"[22]라는 내용이 실려 있다. 이 객성은 약 1년 동안 총 134일치가 관측되었고, 이들 각 기록은 시간, 위치, 크기, 색상을 순차적으로 기술하였다. 특히 밝기에 대해서는 목성(-2.9등급), 금성(-4.8등급), 화성(1.6등급), 심대성心大星(전갈자리 알파별, 안타레스, 1.1등급)과 비교하여 표현되었다. 이러한 비교 방식은 당시 초신성의 겉보기 밝기 변화가 어떠하였는지를 정량적으로 추정할 실마리를 제공하며, 오늘날 광도 분석을 통한 신성 종류 연구에도 매우 유용한 자료로 평가된다.

특히 주목할 점은 이 기록이 임진왜란과 정유재란이라는 두 차례의 전란 후 10년도 지나지 않은 시점에서 작성되었다는 사실이다. 국난 이후 혼란스러운 상황에서도 조선은 여전히 천문 현상을 체계적으로 살피고 기록하는 체제를 유지했으며, 이는 천문학에 대한 국가적 차원의 인식과 중요성이 얼마나 뿌리 깊었는지를 보여주는 강력한 증거라 할 수 있다.

모호성과 한계성 그리고 놀라움과 경이로움

1073년 9월 10일에 객성이 벽壁이라 부르는 동아시아 전통 별자리의 남쪽에서 목격되었다.[23] 이듬해인 1074년 8월 19일에도 벽의 남쪽에서 객성이 보였는데, 이번에는 크기가 모과와 같다고 기록되었다.[24]

모과 크기라는 묘사에서 유추해보면, 당시 이 천체는 맨눈으로도 매우 밝고 인상적으로 보였을 것이다. 하지만 그 밝기가 순간적으로 강했는지, 일정 시간 동안 지속되었는지는 알 수 없다. 기록에 등장하는 벽은 동아시아 전통 별자리 28수 가운데 하나로 안드로메다자리의 알파별과 페가수스자리의 감마별로 구성된 별자리이다. 따라서 이 별자리의 남쪽이라고 하면 그 후보 영역은 광범위해지며, 실제로 어떤 천체를 객성이라 지칭한 것인지 판별이 쉽지 않게 된다. 더욱이 약 1년의 간격으로 동일하게 묘사하는 위치에서 출현한 두 객성이 같은 천체였는지도 불분명하다.

이 기록에 관한 해석은 1985년에 이 두 기록에서의 객성이 물병자리의 R 변광성 R Aquarii의 폭발을 목격한 것일 수 있다는 주장에서 시작되었다.[25] 하지만 이 R 변광성이 위치한 오늘날의 물병자리 영역은 전통 별자리로는 우림군 羽林軍에 해당하며, 만약 R 변광성의 폭발이 이때 벌어진 것이 사실이라면 목격된 객성의 위치가 우림군으로 기록되었어야 한다는 반론이 뒤따랐다.[26] 이후 2005년에 다시 한 번 R 변광성의 폭발을 기록에 대응시키려는 시도가 있었다.[27] 연구자들은 우림군이 아닌 벽으로 기록된 것은 동아시아 전통 별자리 체계인 28수를 따랐기 때문이라고 설명하였다. 여기서 28수란 태양의 길인 황도에 12개의 대표 별자리를 배치한 황도 12궁처럼, 달이 이동하는 백도 위에 배치된 28개의 동아시아 전통 별자리를 말한다. 기록에서 언급된 벽은 이 28수 가운데 하나이므로, 벽의 남쪽에 자리 잡은 우림군에 객성이 보였다면 오히려 벽이라 기록한 것이 타당하다고 본 것이다.[28] 다시 말해 천문 기록은 실제 별자리보다 28수 체계의 기준에 따라 명명되었고, 우림군은 벽의 남쪽에 있어 벽이라 표기한 것이기에 오히려 자연스럽다는 설명이다.

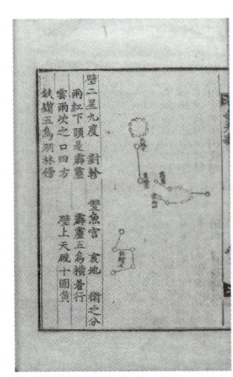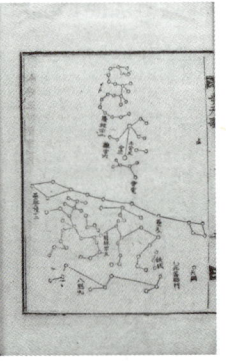

중국의 《보천가》[29]는 별과 별자리를 외우기 쉽게 정리한 칠언시 형태의 천문서이다. 이 책은 동아시아 전통 별자리 체계인 3원과 28수에 따라 하늘을 영역별로 구분하였고, 각 영역에 속한 별자리들을 운문 형태로 정리하였다. 왼쪽 그림은 28수 가운데 벽에 해당하는 별자리들이고, 오른쪽은 실에 해당한다. 벽의 영역에는 전통 별자리가 4개 포함되어 있으며, 실의 영역에 속한 별자리는 11개이다. 특히 실 아래에는 별의 수가 가장 많은 별자리인 우림(우림군이라고도 부름)이 있으며, 총 45개 별로 구성되어 있다. R 변광성은 이 우림의 위치에 있다. 따라서 해당 천체의 위치가 동아시아 전통 체계에 따라 명시된 것이라면, 벽이 아닌 실의 영역을 기준으로 판단해야 더 합리적이다.

그러나 이 해석도 여전히 모호하다. 우림군이 속한 별자리는 벽이 아닌 벽 옆에 배치되어 있는 실室이라는 전통 별자리이기 때문이다. 여기서 실은 페가수스자리의 알파별과 베타별로 이루어진 전통 별자리로 28수 가운데 하나이다. 더욱이 벽에서부터 R 변광성까지의 거리는 약 20도라는 점에서도 기록과 대상 간의 개연성이 떨어진다. 그러므로 해당 기록이 R 변광성을 가리키는지에 대해서는 여전히 신중한 해석이 요구된다.

이처럼 역사 기록은 해석의 단서를 제공하기도 하지만, 동시에 모호성과 불확실성이라는 한계를 갖는다. 그러므로 기록된 표현 하나하나에 과도한 의미를 부여하거나 기록과 후보 천체 사이의 시기적 일치만으로 정체를 단정 짓는 해석은 주의해야 한다. 때로는 기록의 존재 여부만으로 그 시대의 천문학적 우수성을 강조하기도 하는데 위치적 차이, 곧 오차가 상당하다면 이는 우수한 관측으로 보기는 어렵다. 그러함에도 불구하고 시기가 비슷하다는 이유만으로 천체를 단정하면 자칫 그 천체의 정체성이 공중누각이 될 위험도 있다. 역사 속의 객성 기록을 다룰 때는 항상 비판적 시각과 해석의 한계에 대한 인식을 함께 지녀야 한다.

그러나 학문적 신중함과는 별개로 우리는 이 기록이 담고 있는 인간적 경험의 깊이를 간과해서는 안 된다. 모과만큼 컸던 그 빛을 천 년 전 고대 사람들이 맨눈으로 마주하였을 때, 그들이 느꼈을 경이로움과 두려움은 오늘날 우리가 상상할 수 있는 범위를 훨씬 뛰어넘었을지 모른다. 그 빛은 우연히 발생했지만, 그들은 그 빛을 우연히 본 것이 아니다. 밤하늘을 응시하며 기다리고 지켜보다가 결국 식별하여 기록하였다.

오늘날 우리는 정밀한 관측기기로 새로운 천체들을 포착할 수 있다. 하지만 맨눈으로 직접 그 빛을 마주한 고대의 경험은 다른 차원의 감각일 것이다. 언젠가 우리도 맨눈으로 그러한 빛을 마주한다면, 그것은 단지 천문학적 사건을 넘어 고대의 시선과 정서를 공유하는 특별한 순간이 될 것이다. 객성에 대한 기록은 천문학을 위한 과학 자료이자, 인간이 느끼는 경이로움과도 닿아 있다.

二

긴 꼬리의 밝은 덩어리, 혜성

긴 꼬리의 밝은 덩어리

오늘날 도시의 밤은 밝다. 도로와 건물에서 쏟아지는 인공조명 때문에 밤하늘이 더 이상 어둡지 않게 느껴진다. 도심을 벗어나 외곽으로 가야만 우리는 진짜 어둠과 함께 수많은 별을 만날 수 있다. 평소에 밤하늘의 별들을 접하지 않던 사람이라면 그 광경에 압도되거나, 서로 뒤엉킨 듯한 별빛의 무리에 어지러움을 느낄지도 모른다. 그러나 별을 찾아다니는 이들에게 이러한 하늘은 질서 있는 공간이다. 그러하기에 별의 위치가 정리된 표나 하늘의 지도를 통해 보고 싶은 별을 찾는 것도 어렵지 않다. 지금보다 빛 공해가 훨씬 적었던 과거에는 밤하늘의 별이 자연스럽게 다가왔을 것이고, 고대의 사람들에게도 별이 가득한 하늘은 낯설지 않은 풍경이었을 것이다. 그런데 하늘에 예고 없이 등장한 천체가 있다면 이야기는 달라진다. 단지 일시적으로 나타났다 사라지는 것이 아니라, 밝은 덩어리가 긴 꼬리를 달고 몇 날 혹은 몇 달 동안 밤하늘을 가로지른다면 누구라도 놀라지 않을 수 없다. 이처럼 갑작스럽고 인상적인 등장을 한 긴 꼬리의 밝은 덩어리는 혜성이다.

혜성은 일반적으로 핵과 이를 둘러싼 코마로 이루어진 구성체로부터 두 갈래의 꼬리가 길게 뻗친 형태의 모습을 가진다. 코마는 핵 주위를 먼지와 가스로 둘러싼 형태인데, 주로 물과 탄소로 이루어져 있다. 이에 혜성이 태양에 가까워지면, 태양에서 방출된 입자로 인하여 물과 탄소가 뒤로 밀려 방사한다. 이 모습이 혜성의 꼬리로 보이는 것이다. 이때 꼬리는 두 갈래로 나뉜다. 하나는 코마의 물질들이 이온화되어 푸른빛을 발하는 이온 꼬리로서 태양풍과 태양의 자기장에 의해 태양 반대 방향으로 길게 뻗는다. 다른 하나는 흰색 빛을 띠는 먼지 꼬리로, 혜성이 이동하는 궤도 방향과 반대로 휘어져 뻗친다. 이는 태양의 복사압에 밀려난 입자들이 혜성의 궤도 운동에 영향받아 휘어지는 것이다.

혜성에 관한 가장 오래된 기록 중 하나는 그리스의 유적에서 발굴된 혜성 기록인데, 기원전 466년에 나타난 핼리혜성으로 추정된다.[30] 인도와 중국에서도 기원전에 목격된 혜성이 확인되며, 기원전 44년에는 율리우스 카이사르Gaius Julius Caesar, 기원전 100~44가 암살된 직후 하늘에 혜성이 나타났다는 기록이 있다. 당시 로마인들은 이 혜성을 카이사르의 영혼이 하늘로 날아가는 모습이라 생각하였다. 그의 조카인 아우구스투스가 이를 기회로 삼아 카이사르를 신격화하면서 정치적 목적하에 자신의 정통성을 강화했다는 견해도 있다.[31] 흥미롭게도 이 시기의 혜성은 중국의 기록에서도 확인된다. 그만큼 큰 혜성이었던 것으로 보인다.[32]

대부분의 혜성 기록은 역사를 기록한 서적을 통해 확인되지만 일부는 그림으로도 남았다. 11세기에 제작된, 1066년 영국에서 일어난 헤이스팅스싸움을 묘사한 바이외 태피스트리 작품에는 하늘 배경에 혜성이 그려져 있다. 1531년에는 독일의 천문학자인 페트루스 아피아누스 Petrus Apianus, 1495~1552가 혜성의 이동을 관측하고, 이를 작도하여 그렸는데, 이때 지평선 아래까지 투사하여 혜성의 궤도와 위치에 따라 꼬리 방향이 태양 반대쪽으로 형성된 것까지 세밀하게 묘사하였다. 1607년에는 케플러 Johannes Kepler, 1571~1630가 기하학적 원리에 따라 혜성 궤도를 그림으로 담았고, 1668년에는 헤빌리우스 Johannes Hevelius, 1611~1687가 다양한 모양의 혜성을 그림으로 표현하였다. 1682년 마침내 구체적인 논의와 함께 에드먼드 핼리 Edmond Halley, 1656~1742에 의해 혜성에 관한 보다 실증적인 그림이 그려진다. 이렇게 핼리혜성에 관한 모습은 세계 곳곳에 그림으로 남아 있는데, 이 중 하나가 1759년 조선의 천문학자들이 남긴 《성변측후단자 星變測候單子》이며, 글과 그림으로 상세한 관측 내용이 실렸다.

조선의 관측 보고서 《성변측후단자》

2023년 3월 23일, 연세대학교에서 '《성변측후단자》의 과학적, 역사적 가치 조명을 위한 학술대회'가 개최되었다. 《성변측후단자》를 유네스코 세계기록유산에 등재하려는 계획의 일환으로 그 학술적 무게가 작지 않다. '성변'은 별의 변화, 즉 위치, 밝기, 색, 모양, 꼬리의 출현 등 시간에 따라 달라지는 천체의 총체적 변화를 뜻한다. '측후'는 관측이나 관찰로 대상을 살피는 행위를 말하고, '단자'는 어떠한 사실에 대하여 누군가에게 글을 적어 올리는 문서를 말하니, 여기서는 관청이 왕에게 관측 결과를 보고한 문서라고 이해해도 무관하다. 따라서 《성변측후단자》는 조선의 천문기관인 관상감이 왕에게 보고한 공식 관측

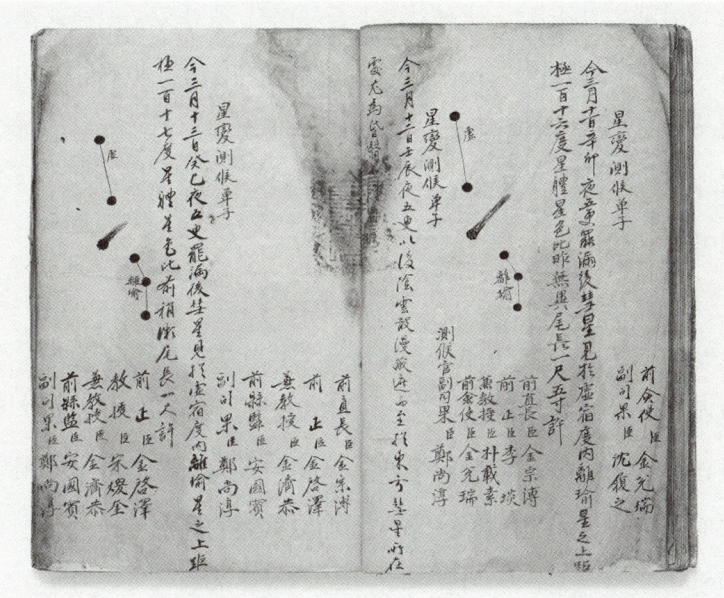

조선 후기의 관측 보고서 《성변측후단자》의 일부.[33] 그림으로 묘사된 혜성은 1759년에 출현한 혜성, 즉 핼리혜성이다. 이 기록은 혜성의 이동 경로를 매일 글과 그림으로 남긴 것으로 관측자들의 명단까지 수록되어 자료의 신뢰도가 높다. 짧게는 수십 일, 길게는 몇 달에 걸쳐 작성된 것으로 보인다. 조선에서는 특별한 천문 현상이 있을 때마다 별도의 보고서를 작성하였는데, 당시 이 같은 기록이 다수 존재했으리라 짐작한다. 그러나 현재까지 전해지는 자료는 극히 일부이며, 국내에는 연세대학교가 소장한 세 건의 단자만 현존한다. 현대 천문학의 기준에서 보자면 이 기록은 정밀 좌표의 부재, 시각적 규모의 비일관성으로 한계를 보인다. 그러함에도 불구하고 천문 현상을 글과 그림이라는 삽화 형식으로 천체가 보이는 동안 기록한 사례는 동아시아 전통 천문학에서도 흔치 않다. 특히 중국이나 일본의 자료와 비교하면 실측적 경향이 두드러지는 독자적 자료로 평가할 수 있다.

보고서로 이해할 수 있다.

　이는 단순히 글로만 이루어진 보고서가 아니다. 관측한 혜성의 모습이 글과 그림으로 함께 기록되었고, 그날 밤에 관측한 자들의 이름도 명시되어 있다. 단순한 사실 보고를 넘어서, 책임 있는 관측을 전제로 한 자료 수집이었음을 보여준다. 오늘날 천문대에서 관측 일지를 작성하듯, 조선의 천문학자들도 분명한 관측 체계 아래에서 자료를 수집하였으며, 기록의 투명성과 객관성 또한 철저하게 유지하고자 했던 것이 아닐까?

당시 관상감에서 다루던 천문 관측은 기상 현상까지 아우를 정도로 포괄적이었다. 비가 오거나 눈이 오는 악기상마저 관측 대상으로 삼았기 때문에 관측 업무는 쉬지 않고 이어졌다. 고려의 천문기관인 서운관을 계승한 관상감의 관측 체계는 시간이 흘러 세종 시대를 거치면서 더 전문화되고 철저해졌으며 견고해졌으리라 짐작한다. 이러한 체계에서 《성변측후단자》처럼 특정 천문 현상을 집중적으로 기록한 단자나, 일일 보고서 같은 문서들이 다수 존재했을 것이다. 실제로 일본 제국에 의한 강제적 병합으로 강점기가 시작된 1910년 직전까지 이러한 기록 문서가 다수 관상감에 보관되었던 것으로 알려져 있다. 당시 일본의 기상학자이자 조선총독부의 초대 관측소장을 역임한 와다 유지는 자신이 이 자료들을 직접 확인하였고, 그 일부를 인천 총독부 관측소로 이전 요청하여 이후 전달받았으나 상당수 자료가 유실되고 일부만 남았다고 기록하였다.[34] 지금까지 그 자료들의 행방은 알려지지 않았고, 그 존재 여부도 알 수 없다.

현존하는 《성변측후단자》는 1723년 10월, 1759년 4월, 1760년 2월 자료로 모두 지방의 고서점이나 고물상에서 우연히 발견된 귀중한 자료들이다.[35] 이외 일본에 사본 형태로 1661년 2월, 1664년 11월부터 이듬해 2월까지, 1668년 3월 기록이 남아 있다. 글과 그림이 모두 남아 있는 보기 드문 천문 사료이다. 하늘을 살피는 일은 단지 관측의 문제만이 아니었다. 고대에서 근현대에 이르기까지, 하늘의 이변은 사회와 국가의 중대한 관심사였다. 조선에서는 이전 왕조부터 이어져온 천문 관측을 받아들이고 보다 체계화하였다. 그러므로 그 정밀도와 보고 체계는 오늘날에도 높은 평가를 받는다. 하지만 그러한 기록의 대부분이 사라졌다는 사실은 천문학적으로도 역사학적으로도 큰 손실이다. 겨우 살아남은, 우리가 가진 이 소수의 문서들은 단순한 천체 관측의 기록이 아니다. 체계적이고 집단적인 과학 활동의 흔적이며 한 시대가 하늘을 어떻게 바라보고 이해하였는지를 보여주는 귀중한 창이다.

혜성에 관한 서양의 관점

고대 그리스의 철학자들 사이에서는 혜성이 별과 같은 공간에 함께 있는 천체인지, 아니면 구름처럼 기상학적 현상인지를 두고 논쟁이 있었다. 대표적으로 아리스토텔레스 Aristoteles, 기원전 384~322는 《기상학 Meteorologica》에서 혜성을 지상의 상층 대기에서 발생한 현상으로 해석하였다.[36] 그에 따르면 혜성은 땅에서 올라온 뜨겁고 건조한 기운이 지구 상층부에서 응축되어 불이 발생하여 생긴 현상이다. 황도대라는 제한된 영역 내에서 궤도 운동하는 행성과 달리 다른 지점에서도 보이는데, 이처럼 변화무쌍한 혜성은 우주에 존재할 수 없다고 생각한 것이다. 아리스토텔레스는 만물의 원소인 다섯 원소 중 네 개 원소인 물, 흙, 불, 공기는 지구에 있지만, 다섯 번째 원소는 우주에 존재한다고 보았고, 이 가상의 물질을 에테르라고 명명하였다. 당시의 우주관으로는 지구가 우주의 중심이었고, 하늘이라는 공간은 변함이 없는 완전한 영역이었다. 그러므로 이러한 완전한 공간에서 혜성이 만들어질 수 없다고 본 것이다. 혜성은 대기로 올라간 기운이 에테르의 영향을 받아 진화되어 발현된 것으로 불완전한 기상 현상으로 보았다. 혜성에 대해서는 시대에 따라 다양한 관점과 견해가 제시되었으나, 유럽을 비롯한 서양에서는 아리스토텔레스의 영향력이 매우 커서 중세를 지나 15세기에 이르기까지 혜성에 대한 통설로 받아들여졌다.

근대적 해석은 16세기 말 브라헤에 의해 시작되었다. 그는 하늘에 있는 혜성이 지구 안 대기에서 발생했다면 지역에 따라 보이는 위치가 달라야 하는데 그렇지 않다고 지적하였다. 실제로 혜성은 유럽 어디에서도 같은 시간에 같은 위치에서 목격되었다. 이런 이유로 브라헤는 혜성이 적어도 지구와 달까지 거리의 4배 이상 떨어진 천체라고 결론 내렸다. 이 논리는 이후 케플러의 행성 운동 법칙을 정립하는 과정에도 영향을 주었고, 혜성은 지구로부터 멀리 떨어진 천체로 입증되기 시작하였다.

케플러는 혜성이 행성과 다르게 직선운동을 한다고 보았고, 행성의 운동 법칙이 혜성에 적용되는 것은 불가능하다고 판단하였다. 하지만 17세기 후반, 핼리는 혜성의 궤도가 직선이 아닌 곡선이며, 포물선 혹은 타원 궤도를 따라 태양을 중심으로 공전한다는 것을 증명하였다. 그는 역사 기록을 분석하여 특정 혜성이 일정한 주기로 다시 나타난다는 사실에 주목하였다. 핼리는 평균 약 76년 주기의 혜성이 1759년에 지구에서 다시 보일 것이라 주장하였다. 그의 예측은 현실로 입증되었고, 이 혜성은 핼리혜성이라 불리게 되었다. 이후 혜성이 태양에 가까워질수록 밝아지고 꼬리를 형성한다는 사실도 밝혀졌다. 혜성은 더 이상 불길한 징조나 대기 중의 불완전한 현상이 아니라, 우주에서 규칙적으로 움직이는 하나의 천체로 자리 잡게 되었다. 혜성에 관한 관점이 바뀐 이 시기에 다음과 같은 말이 나오기도 하였다. "혜성이 나타날 때, 우리는 불행하다고 생각하였지만, 불행은 결국 혜성이었다."[37] 혜성에 대한 오랜 오해와 두려움은 관측 장비의 발달과 누적된 천문 지식 그리고 무엇보다 역사 속 기록을 주의 깊게 분석한 천문학자들의 노력으로 극복되었다. 이로써 불확실했던 과거의 현상은 확실한 지식 이 되었다.

혜성에 관한 조선의 관점

역사서의 천문 기록을 살펴보면, 조선에서도 비교적 명확히 혜성을 인식하고 있었음을 확인할 수 있다. 예를 들어, 해가 동쪽에 있으면 혜 성의 꼬리는 서쪽을 향하고, 해가 서쪽에 있으면 꼬리는 동쪽을 가리 킨다는 표현이 기록에 있다.[38] 이는 혜성 꼬리가 태양과 반대 방향으 로 형성된다는 사실을 인지했음을 보여준다. 조선의 천문학자들은 혜 성을 단순히 살핀 것이 아니라, 그 움직임과 원리를 면밀하게 관측한 것이다. 그러나 유럽과 달리 수학적 접근을 시도하지 않았다. 해, 달, 오행성의 움직임은 역법 체계를 통해 예측하였지만, 혜성에 대해서는 계산보다 관측을 중시했다. 그렇다면 조선의 천문학자들은 왜 혜성을 관측했을까?

조선 초 천문학자 이순지李純之, 1406~1465는 저서 《천문류초天文類秒》에 서 혜성의 모양과 꼬리의 길이, 밝기와 위치, 이동하는 방향 등 그 외 형으로 길흉을 해석하였다.[39] 관련하여 《조선왕조실록》과 《승정원일 기》의 혜성 기록을 살펴보면 크게 두 가지로 나뉜다. 첫 번째는 관측 기록으로 혜성의 외형적 모습을 상세히 기록하였다. 두 번째는 혜성 의 출현을 둘러싼 왕과 신하 간의 논의로 천문 현상을 정치적 및 사상적 해석의 대상으로 삼았다. 혜성의 외형에 관한 관측 기록은 주로 위치와 꼬리 길이, 혜성의 이동 상황, 색깔이 중점이 되었다. 그런데 이 관측 항목들이 《천문류초》에서 길흉 해석에 활용한 요소들과 거의 같다는 사실이 흥미롭다.

기록을 보면 혜성의 색에 따라 해석이 달랐다. 푸른색 혜성은 왕의 몰락이나 전쟁, 붉은색 혜성은 도적의 창궐, 노란색 혜성은 국정의 주도권이 왕후에게 넘어갈 위기를 의미하였다. 흰색 혜성은 장군이 반역을 꾀하는 것으로 여겨졌다. 관련하여 1468년 11월 8일 기록이 눈에 띈다.[40] 이날 혜성이 보였는데 흰색 빛을 발하였다고 한다. 각종 업적과 세조世祖, 1417~1468, 재위 1455~1468의 총애를 받아 20대에 병조판서(오늘날의 국방부 장관)에 오른 남이南怡, 1443~1468 장군이 3일 후 11일에 역모라는 죄목으로 처형되니,[41] 혜성의 색깔에 따른 해석과 남이 장군의 상황 사이에는 우연 이상의 연결이 엿보인다. 물론 남이 장군이 실제로 반역을 꾀하였는지, 아니면 정치적 견제의 희생양이 되었는지는 분명하지 않다. 그러나 혜성을 하늘이 보내는 경고로 간주했던 조선 사회에서는, 이와 같은 해석이 자연스레 형성되었을 법한 일로도 보인다. 이처럼 조선은 혜성을 관측 대상으로만 보지 않았던 것 같다. 혜성은 하늘의 변화를 통해 인간 세계의 질서와 윤리를 반추하는 거울이었다. 그리고 하늘과 인간 사이의 조율을 암시하는 징후이기도 하였다. 그래서 혜성의 등장과 그 외형에 따라 정치적이거나 사상적인 의미가 부여되었다. 즉 조선의 천문학자들에게 혜성을 살피는 행위는 과학과 철학, 즉 관측과 해석이 맞물려 있던 일이다.

다양하게 불린 혜성

빛이 사방으로 퍼지는 혜성을 패성^{孛星}이라 불렀는데 과연 어떤 모양일까? 2007년에 나타난 약 7년 주기의 홈즈(17P/Holmes) 혜성은 표면에 생긴 균열로 대량의 가스가 방사되면서 코마가 급격히 팽창하였고, 이로 인해 겉보기 표면적이 넓어져 약 17등급에 불과했던 밝기가 90만 배 이상 밝아지면서 2등급 정도가 되었다.[42] 이것은 흔치 않은 현상으로, 혜성의 핵과 코마로 이루어진 구성체는 크고 밝은 형태로

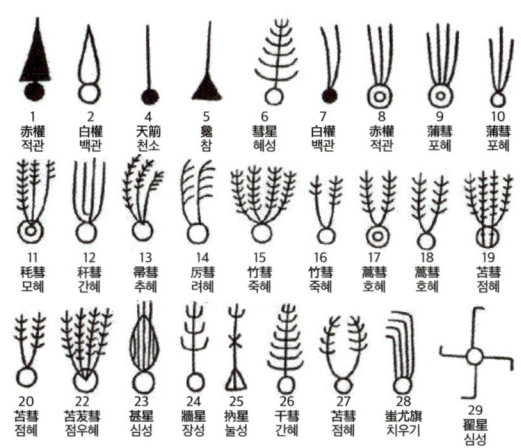

이 그림은 중국 후난성 창사시에 위치한 마왕퇴 무덤에서 출토된 〈혜성도^{彗星圖}〉의 사본이다.[43] 한나라 시대의 그림으로 29종의 혜성이 그려져 있으며, 혜성의 다양한 명칭이 표기되어 있다. 같은 명칭이지만 형태가 다른 혜성도 있다. 예를 들어, 1번과 8번은 모두 적관이라는 이름이다. 일부 혜성은 중국의 역사서 《진서》 〈천문지〉에 언급된 것들과 상응되며, 일부 명칭은 한자로 탈초^{脫草}하는 과정에서 생긴 오류이거나 비슷한 형태의 한자를 잘못 판독한 결과일 수 있다.[44] 특히 우리나라의 천문 서적 《천문류초》에 기록된 혜성 형태 중 참(5번)과 혜성(6번) 그리고 치우기(28번) 같은 명칭이 이 그림에도 있어 주목된다.

보였으나 꼬리는 맨눈으로 보기 힘들 정도였다. 역사 기록에 묘사된 패성이 이와 유사하지 않았을까? 이러한 모양의 혜성은 해의 정기가 변화하여 형성된 천체로 보았고, 일반적인 혜성보다 심한 재앙을 몰고 온다고 해석되었다.

보통의 혜성보다 긴 꼬리를 가지면 장성長星이라 하였다. 장성의 기준이 되는 꼬리 길이에 대해서는 명확히 알려진 바가 없다. 다만《조선왕조실록》에 보고된 혜성의 기록을 살펴보면 가장 긴 경우는 3장이었다.[45] 이를 고려하면 장성은 3장 이상 길이의 혜성일지 모른다.《천문류초》에는 4장 이상 길이에 뾰족한 모양의 혜성을 천부天棓라고도 불렀다. 길이 단위는 명확히 알 수 없으나, 1척은 약 1도로 보는 견해가 있고 이를 고려하면 3장은 30척으로 약 30도 길이의 꼬리로 이해할 수 있다. 보름달의 겉보기 지름이 약 0.5도이므로 30도는 보름달을 일렬로 약 60개 나열한 정도의 길이가 된다. 그러니 장성과 천부는 꽤 긴 꼬리를 가진 흔치 않은 혜성이었던 셈이다. 이와 반대로 앞서 설명한 패성과 같이 꼬리가 짧은 혜성도 기록에서 확인된다. '혜성과 비슷하지만 꼬리가 짧다'고 묘사된 함예성含譽星이 그 예다.[46]

우리나라를 비롯한 동아시아의 역사 기록에는 치우기蚩尤旗라는 천체가 등장한다. 혜성의 일종으로 일반 혜성보다 꼬리가 더 구부러져 깃발처럼 보이는 형태로 묘사된다. 치우기가 나타나면 전쟁이 발생하거나 사람들이 많이 죽을 것으로 해석되었다. 사마천司馬遷, 기원전 145~86의《사기》에는 헌원軒轅과 치우蚩尤의 전쟁이 묘사되어 있는데, 오늘날 역사학자들은 헌원을 황제이자 중국인의 선조인 한족의 조상으로 보고 있고, 치우는 고조선 시대의 천황으로 보기도 한다. 특히 중국에서는 치우를 청동의 머리와 철 이마를 가진 전설 속 악귀로 묘사하며 두려운 존재로 인식하였다. 아마도 철기와 청동을 사용할 줄 알았던 것으로 보인다. 2002년 한국과 일본이 함께 개최한 월드컵에서 전 세계의 이목을 끈 붉은악마 응원팀의 상징이 이 치우에서 착안한 것이다. 즉 혜성에 치우기라는 이름이 붙은 것은 비단 그 모양 때문만이 아니었으리라 본다. 혜성에게 가졌던 공포감과 두려움이 반영되었을 것이며, 혜성을 전쟁과 죽음으로 해석한 배경에도 비슷한 이유가 있었을 것이다.

이외에 푸른 옷을 입고 붉은 머리를 한 듯한 사람 형상의 혜성을 천충天衝, 횃불처럼 생겼고 노인성처럼 붉은 혜성을 국황國皇, 위아래로 움직이는 소명昭明, 크고 흰 뿔이 달린 빛으로 보이는 사위司危, 칼이나 갈고리처럼 생기고 정북 방향에서 보이는 천참天欃, 정동 방향의 지평선 부근에서 털이 있는 것처럼 나타나는 오잔五殘, 오잔과 비슷하나 정남 방향에서 보이는 육적六賊, 크고 붉으며 가운데에서 푸른빛을 발하는 옥한獄漢, 북두칠성 근처에 출현하는 수탉 모양의 순시旬始, 산봉우리처럼 생긴 천봉天鋒, 금성처럼 생겼으나 오래지 않아 소멸하는 촉성燭星, 밤에 불타는 모양으로 여러 개가 나뉘어 보이는 봉성蓬星, 한 필의 베를 하늘에 넌 것처럼 길게 이어져 10장에서 30장의 긴 꼬리를 가진 장경長庚, 별이 크고 붉으며 한밤중에 나타나는 사진성四塡星, 달이 처음 뜰 때 모습 같다는 지유장광地維藏光 등 모양과 형태에 따라 혜성을 다양하게 불렀다.[47]

혜성을 묘사한 설명만으로는 과연 실제로 관측했는지 의문이 들 정도이다. 다만 혜성의 외형을 매우 세밀하게 구분한 데다가 지칭하는 용어까지 달리했다는 사실만으로 관측 기술력도 뛰어났다고 단정하기는 어렵다. 묘사된 형상만 보면 일부는 기상학적 현상을 오인했을 가능성도 충분하다. 또한 혜성의 모습에 따라 달리 불렀다 해도 역사 기록에서는 몇 개의 용어만 확인된다. 따라서 다양하게 분류된 용어가 실용적이었을지도 의문이다. 분명한 것은 하늘의 현상을 면밀하게 살피고 구분하려 했다는 점이다. 각 모양에 따라 해석이 달리 적용되었는데, 이는 정확한 해석을 위해 관측부터 면밀히 했다는 점을 방증한 사례일 수 있다.

이처럼 한국의 혜성 기록들은 역사서에서 다수 확인되며, 오늘날 천문학자들은 이를 수집 정리해 연구에 활용하기도 한다. 이는 혜성이 흥미로운 천체이기도 하며, 기록에서 보여주는 다양한 정보들이 현대 천문학에 중요한 단서가 될 수 있기 때문이다. 하지만《성변측후단자》의 기록을 토대로 현대 천문학의 관점에서 조선의 천문학 수준을 가늠한다면 올바른 평가가 될지 의문이다.

유네스코에 등재하려는 《성변측후단자》의 진정한 목적과 가치는 혜성의 관측을 통해 우주의 기원을 살펴보는 것에 있지 않다. 시대적 관점에서 당시 지배층이 염려했던 앞날을 대비하고자 혜성의 모습과 상황을 면밀히 관측했다는 점에 있다. 물론 이러한 관측 기록이 현대 천문학에 결정적 단서가 되고 도움이 되는 것은 사실이다. 하지만 그들의 천문학적 목적은 다르다는 점을 명심해야 한다.

오늘날의 천문학자들이 역사 기록에서 얻은 물리적 단서는 결과적으로 우연히 얻은 뜻밖의 선물이다. 그러니 그 시대의 목적과 의미를 존중하여 받아들이는 것이 가장 온당한 접근일 것이다.

三

하늘에서 땅으로
가로지르는 유성

하늘에서 보낸 사신

혜성의 꼬리로부터 남겨진 먼지나 소행성의 작은 부스러기 등이 소규모나 대규모로 무리 지어 우주 공간에 있는 것을 유성체Meteoroid라 부른다. 유성체는 우주 공간에 산재하는데, 우연히 지구 부근에 있다가 지구 대기권에 근접하면 강한 중력에 의하여 지구로 추락한다. 이 과정에서 대기와의 마찰로 빛을 내며 타버리는데, 우리 눈에는 아주 잠깐 동안만 빛을 내는 궤적으로 보이니 이를 유성meteor 또는 별똥별이라 부른다. 대부분의 유성체는 크기가 작아서 대기권 진입과 동시에 타버리지만, 일부는 빠른 속도와 강한 마찰로 큰 빛을 발하며 긴 궤적을 보이거나 소리가 나기도 한다. 우주에는 작은 규모의 유성체들이 생각보다 많고 지구 중력으로 대기에 진입해 마찰로 타버리는 유성은 매일 목격될 만큼 흔한 현상이다.

오늘날보다 시상이 훨씬 좋았던 과거에는 유성을 목격하기란 어려운 일이 아니었다. 1491년(성종 21년) 1월 6일에 왕은 유성 관측에 관한 보고가 마음에 들지 않았는지, 천문기관인 관상감의 관원들에게 지적하였다. "유성이 없는 밤이 없다고 하면서, 길흉을 살피려면 모양과 빛의 색깔로 점쳐야 할 것인데, 지금 관상감에서는 유성이 있다는 보고만 할 뿐 크기와 모양, 빛의 색깔은 말하지 않고 있다."[48] 유성이 없는 밤이 없다는 것은 유성이 매우 빈번했음을 시사하며, 관측의 목적이 단순한 보고가 아니라 해석을 위한 외형 정보 수집에 있었다는 점도 잘 보여준다. 《조선왕조실록》과 《승정원일기》에는 7,000건 이상의 기록을 찾을 수 있으니 역사서에는 유성에 관한 기록이 많았다고 볼 수 있다.

동아시아에서는 유성이 갖는 의미가 하늘의 사신使臣이었다. 별의 크기에 따라 큰 임무를 맡은 사신과 작은 임무를 맡은 사신으로 구분하였다. 또한 유성의 빠르기로 급한 전보를 가진 사신과 급하지 않은 소식을 가진 사신으로 해석하였다. 급하게 사라지는 유성은 떠나서 돌아오지 못할 사신, 유성이 길게 떨어지면 오래 걸리고 짧으면 금방 일을 마치고 올 것이라 보았다. 그리고 별이 크거나 빛이 밝지 않으면 일반 사람에 관한 일이고, 별이 작으나 빛이 밝으면 신분이 높은 사람에 관한 일이며, 크면서 빛까지 밝으면 모든 사람에게 적용될 일이라고 보았다. 나아가 유성의 앞과 뒤를 구분하여, 앞이 크고 뒤가 작으면 근심스러운 일이 생길 것이고, 앞이 작고 뒤가 크면 기쁜 일을 기대하였다. 이처럼 순식간에 지나가는 유성을 제대로 관측하는 것이 과연 가능했을지 의문이다. 하지만 유성의 외형을 여러 형태로 구분하여 해석을 달리했다는 점에서[49] 어떻게 하더라도 면밀히 관찰하여 정확히 해석하겠다는 의지가 느껴지기도 한다.

외형에 따라 혜성의 명칭이 달리 명명되었듯이 유성 또한 형태와 크기에 따라 세분화되었다. 일반적인 유성은 흐르는 별이라는 의미에서 유성流星이라 하였다. 이는 위에서 아래로 내려오는 대부분의 유성을 가리키나, 일부 동서 방향으로 궤적을 보인 것도 유성으로 간주하였다. 유성이 크다면 분성奔星이라 불렀고, 작은 유성은 소유성小流星이라 하였다. 위로 치솟는 듯한 유성도 자주 보였는데 이는 비성飛星이라 하였다. 이처럼 형상, 궤적, 색상, 나타난 별자리 위치에 따라 다양하게 부르고 해석도 달리 적용되었다. 흥미롭게도 유성이 갖는 의미는 하늘의 사신이다. 하지만 그에 대한 해석은 전쟁과 굶주림이 대부분이다. 갑작스럽게 나타나는 예측이 어려운 천문 현상이다 보니, 이를 예외적 징후로 본 당대의 사회적 인식이 작용했을 것이다.

1550년(명종 5년) 7월 3일에 다음과 같은 기록이 있다. "밤 1경(19~21시경)에 유성이 천기성天紀星에서 나와 태일성太一星의 남쪽으로 들어가다. 모양은 주먹과 같고, 꼬리의 길이는 2장가량이며 색은 붉다."[50] 이 기록에서 알 수 있는 것은 관측 날짜, 시간, 나오고 들어간 별자리와 방향, 크기를 가늠할 수 있는 사물이나 형상을 빗댄 모양, 꼬리의 길이, 빛의 색깔이다. 이 짧은 기록에 주요 요소가 모두 있다. 이처럼 유성 기록의 대부분은 해석에 필요한 외형 정보를 충실히 포함하고 있다. 이러한 기록들은 오늘날 유성의 출현 빈도, 밝기 분포, 궤도 추정 등 과학적 연구의 자료로도 활용될 수 있다. 그러나 더 중요한 것은 조선의 천문학자들이 유성을 단지 자연 현상만으로 취급하지 않았다는 사실이다. 기록에 남은 흔적들을 보건대 그들은 유성을 재이 현상으로 간주하였고, 이를 위해 구조화된 해석 체계를 발전시켜왔다고 짐작할 수 있다. 즉 그들이 유성을 어떻게 보았고, 어떠한 목적과 관점으로 관측하고자 했는지를 잘 보여준다.

비처럼 쏟아지는 유성우

대규모로 이루어진 유성체가 지구의 공전 궤도와 만나는 경우가 있다. 특정 시기에 특정 지점에서 이들이 지구 대기와 충돌하면, 다수의 유성체가 지구 대기에 한꺼번에 진입하면서 빛을 발하며 불탄다. 지구의 경로와 겹치는 이 특정 시기의 지점을 복사점이라 하는데, 이는 마치 한 지점을 중심으로 유성들이 흩어져 나오는 듯 보이기 때문이다. 이때 하늘에서 별이 비처럼 쏟아지듯 빛의 궤적이 무수히 나타나는데 이러한 현상을 유성우流星雨, meteor shower라고 한다. 유성우를 묘사한 옛 그림들을 보면 그 장면이 얼마나 인상적이었는지 짐작할 수 있다. 당대 사람들은 그 화려함과 웅장함에 놀라움을 넘어 공포와 경외감을 느꼈을지 모른다. 오늘날에도 유성우는 매년 특정 시기에 관측할 수 있으며, 캄캄한 하늘 아래에서는 그 광경이 생생하다. 현재 대표적인 유성우로는 1월 초의 사분의자리 유성우, 8월 중순의 페르세우스자리 유성우, 12월 중순의 쌍둥이자리 유성우가 있다. 모두 비교적 규모가 큰 유성우이다.

흥미롭게도 1490년 한국, 일본, 중국의 역사 기록에 같은 위치에서 공통된 혜성이 보고된 바 있다. 근현대 이후 1979년에 이 혜성의 궤도를 분석한 결과, 사분의자리 유성우의 기원이 바로 이 혜성일 수 있다는 가설이 제기되었다.[51] 그 근거는 한국의 역사서인 《증보문헌비고》에 실린 기록에서 비롯되었다. 2009년에는 이 혜성과 유성우 간의 연관성이 구체적으로 연구되었다. 연구자들은 《조선왕조실록》에서 1490년 혜성(C/1490 Y1)에 관한 상세한 기록을 발굴하였고, 이를 바탕으로 혜성의 궤도 요소를 구체적으로 파악하였다.[52] 이 분석으로 현대의 사분의자리 유성우는 1490년에 목격된 혜성이 흩뿌린 잔해들이

1833년 11월 12일 북미에서 관측된 사자자리 유성우를 묘사한 목판화로, 스위스의 화가인 칼 야우슬린Karl Jauslin의 원화를 바탕으로 아돌프 볼미Adolf Vollmy가 1889년에 제작하였다. 당시 시간당 10만 개 이상의 유성이 떨어진 것으로 추정한다. 이 시기에 목격된 유성우는 워낙 강렬해서 세계 곳곳에 그림과 기록이 남아 있다. 약 33년 주기로 강하게 나타나는 유성우로 알려져 있으며, 최근 가장 강했던 시기는 1998년이었다. 다음 근일점 시기는 2031년으로 예상하고 있다. 한국의 역사 기록에서는 사자자리 유성우로 짐작되는 기록들이 시대에 따라 발견되나, 아쉽게도 1833년의 관련 보고는 확인되지 않는다.

라는 견해가 설득력을 얻었다. 다시 말해, 우리가 매년 1월 초에 마주하는 사분의자리 유성우는 500여 년 전 동아시아 세 나라에서 동시에 목격하고 기록한 그 혜성의 흔적일 수 있다.

하늘에서 떨어진 불덩어리

1490년에 혜성이 관측된 이후, 약 두 달이 지난 시점에 오늘날 중국의 칭양시에 해당하는 지역에서 거대한 재해가 발생하였다. 이는 역사서에 기록되었다. 거위 알만 한 돌들이 비처럼 셀 수 없이 쏟아 내렸다는 것이다.[53] 중국의 공식 왕실 기록에서는 사건의 발생 여부만 확인되나, 다른 개인 문집 등에는 수많은 인명 피해가 있었던 것으로 묘사되어 있다. 그동안 이 사건의 진실 여부나 규모 면에 의문이 제기되었고, 일각에서는 우박이 유력한 원인이라는 주장도 제기되었다. 그러는 와중에 1908년에 발생한 퉁구스카 Tunguska 사건이 공중 폭발에 의한 것이라는 견해가 유력한 가설로 제기되면서,[54] 1490년에 발생한 사건도 비슷한 유형의 현상일 가능성이 제안되었다. 특히 두 달여 앞서 한국, 일본, 중국에서 1490년의 혜성이 보고되었다는 점에 주목한 일부 연구자들은 이 혜성이 흩뿌린 유성체의 낙하 잔해가 원인일수 있다는 가설을 제시하였다. 그러나 혜성의 관측 시기와 돌이 쏟아졌다는 기록 사이의 간격이 두 달여가 된다는 점에서 직접적 연관성은 희박하다. 다만 다수 기록이 이 사건의 존재를 언급하고 있으며, 규모 면에서도 상당한 충격을 남긴 것으로 보건대, 무엇인가 실질적인 현상이 있었던 점은 사실인 것 같다. 그러나 혜성 기록과는 시기적으로 차이가 있어 그 정체가 묘연하다.

이 사건이 혜성과 관련 있는지는 불확실하지만, 유성체가 대기에서 완전히 소멸하지 못하고 지상까지 도달하는 경우는 있다. 그렇게 도달한 유성체를 운석meteorite이라 부른다. 누런색 모래가 깔린 사막이나, 흰색 눈이 쌓인 남극에 이질감이 드는 돌이나 철 덩어리가 있다면 운석일 가능성이 크다. 하지만 숲이나 강, 바다에 떨어진다면 찾기가 어렵다. 일부 운석은 규모가 크거나 속도가 빠를 수 있는데, 이 경우에는 지상과 충돌하여 구덩이, 곧 운석구를 형성한다. 물론 운석구 형성에는 충돌 각도와 지상의 환경(강수 유무 등), 충돌한 지면의 특성 등이 영향을 미친다. 역사적으로 많은 운석이 지구에 떨어졌고, 그 흔적이 지구 곳곳에 남아 있으며, 일부는 사람이 직접 목격했거나 문헌에 기록되었다.

현존하는 운석의 사례

운석에 관한 기록은 한국의 역사서에서도 간헐적으로 확인된다. 《천문류초》에는 유성을 모양과 색깔에 따라 달리 부른 명칭이 등장하는데, 이 가운데 천구성天狗星과 영두성營頭星은 운석의 낙하 현상을 암시하는 것으로 보인다. 이들은 삼국 시대부터 문헌에 등장하는 용어로, 이 명칭이 언급된 기록에서는 하늘에서 소리가 났거나 불덩어리가 떨어졌다는 표현이 함께 등장한다.[55] 이외에 운석으로 추정되는 현상을 암시하는 기록들이 존재한다. 예를 들어 별이 땅에 떨어져 돌이 되었거나, 달걀 크기의 옥처럼 보이는 돌이 발견되었다는 기록이 있다.[56] 이뿐 아니라 운석에 의해 형성된 구덩이에 관한 기록도 있으니, 구덩이의 너비와 깊이, 이때 영향을 미친 운석의 모양과 크기, 무게까지도 기록되었다.[57] 이러한 구체적인 기록은 단순한 관측을 넘어 국가적 차원에서 이를 직접 회수하여 조사했을 가능성을 시사한다. 안타깝게도 이들 기록 속 운석의 실물이 현재까지 전해지고 있는지는 확인되지 않는다.

2014년 3월 9일에 서울을 포함한 전국 곳곳에서 밝은 빛을 동반한 유성이 목격되었다. 다음 날 경상남도 진주 지역에서는 해당 유성이 공중 폭발한 뒤 분해된 것으로 보이는 돌 조각들이 발견되었고, 이 사건은 대중의 큰 관심을 불러일으켰다. 이와 유사하게 역사 기록에서는 여러 지역을 거쳐 밝은 빛이 지나가는 모습이 목격된 사례가 확인된다. 진주 운석이 공중에서 분해되어 여러 조각으로 떨어졌듯이 역사 기록 속 유성들도 그 일부가 어딘가에 실제 추락했을 가능성이 충분하다. 한국에서 공식적으로 목격과 함께 회수까지 이어져 현존하는 운석은 두 건뿐이다. 첫 번째는 1940년 전라남도 고흥군 두원면에서 발굴된 두원 운석으로, 당시 발견자가 일본인이라 일본 정부 소유가 되었다가 이후 임대 형식으로 다시 한국에 들여와 현재까지 보존 중이다. 두 번째 운석이 2014년 진주에서 발견된 운석이다. 단순한 목격을 넘어서 기록, 분석, 실물 수거까지 이루어진 운석 사례로는 이 두 건이 가장 명확하다.

과거와 현대를 잇는 도전

유성체가 지상에 도달하여 운석이 되려면 대기 중에서 완전히 소멸되지 않아야 한다. 그러려면 상당한 크기와 빠른 속도여야 하는데, 대기와의 격렬한 마찰로 강한 빛을 내며 타고 때로는 천둥 같은 폭음이 동반된다.[58] 한국의 역사 기록에서도 운석과 관련된 서술에서는 밝은 빛과 굉음이 동반되었다고 보고된다. 그러한 극적인 현상이 사람들의 기억에 강한 인상을 남겨 기록으로 이어졌을지 모른다. 고대 사람들은 하늘에서 별이 떨어졌다고 믿어서 성운星隕이라 불렀다. 운석은 그들에게 하늘의 기운이 발현된 부산물로 이해되었다. 천둥과 번개처럼 하늘에 떠도는 기에 의해 발현된 것으로 본 것이다. 불덩어리가 하늘에서 내려와 돌이 되었기에, 운석을 마주한 이들은 이러한 변화의 배경에 오행의 작용, 특히 불과 철의 상호작용이 있다고 여겼다. 이처럼 운석에 대한 인식은 오행설의 틀 안에서 설명되었으니, 운석에 대한 당시 관념은 오늘날의 과학적 개념과는 본질적으로 다른 체계에 기반을 둔다.

오늘날 운석은 우주의 로또라고 불릴 만큼 그 가치가 크다. 겉보기에는 평범한 돌처럼 보이지만, 태양계의 형성과 초기 우주 환경을 연구하는 데 핵심 물질이다. 더욱이 전 세계적으로 연간 회수되는 운석은 평균 여섯 건 남짓이라 그 희귀성과 과학적 중요성은 크다. 조선에서도 운석은 특별한 존재로 여겨졌다. 기록에 따르면 형태, 색, 크기, 재질 등을 면밀히 조사한 뒤 왕에게 보고한 정황이 확인된다.[59] 때로는 잘라 내부를 관찰하기도 했으니, 당시로서는 예외적일 만큼 세심한 관찰과 분석이 이루어졌던 셈이다. 이러한 태도는 운석에 대한 현대 과학자들의 탐구 정신과 다르지 않아 보인다. 운석을 보는 관점은 시대마다 차이가 있지만, 그에 담긴 의미를 해명하고자 했던 태도는 놀라울 정도로 닮아 있다. 과거 사람들이 운석을 통해 하늘의 이변을 이해하려 했듯이 현대의 우리도 우주의 기원을 탐색하고 있다. 하늘에서 떨어진 한 조각 돌은 과거와 현대의 사유를 이어주는 조용한 다리가 된다.

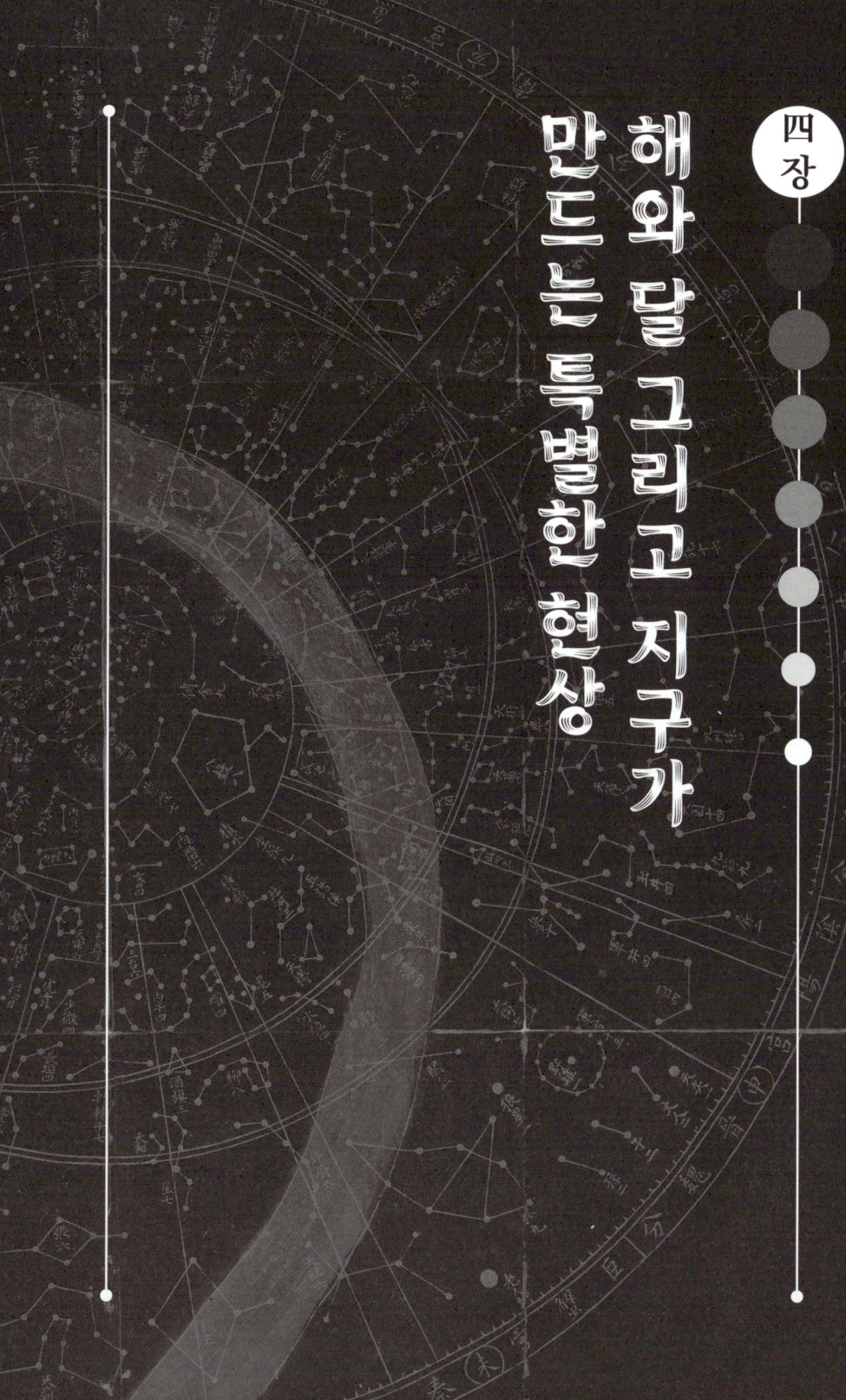

四장

해와 달 그리고 지구가
만드는 특별한 현상

一

해를 가린 달, 일식

일식이 미치는 사회적 효과

해는 달보다 400배 이상 크지만, 지구와의 거리는 달보다 400배 이상 멀기 때문에 지구에서 본 해와 달의 겉보기 지름은 거의 비슷하다. 해를 중심으로 공전하는 지구와 달의 궤도는 거의 평면에 가까운 각도를 이루기에 '해–달–지구' 순으로 일직선을 이룰 때, 궤도의 각도가 완전하게 일치하면 지구의 어딘가에서는 달이 해를 완전히 가린 개기일식을 볼 수 있다. 이때 달이 지구에서 조금 더 멀어지면 미묘한 차이로 반지처럼 빛나는 금환일식으로 보인다. 이처럼 해의 중심과 달의 중심이 완전히 일치해 만나더라도, 달에 의해 가려지는 지구 위 영역은 매우 좁다. 그리고 지구 표면적의 70퍼센트 이상이 해상이기에 최상의 조건에서 관측할 수 있는 장소는 제한적일 수밖에 없다. 여기에 예측이 어려운 날씨 변수까지 고려하면 완전히 가려진 일식을 보기란 쉽지 않다. 그런데 2024년 4월 8일, 보기 힘들다는 개기일식이 미국과

캐나다에서 벌어졌다. 육지를 관통하는 일식이기에 관측 영역이 넓었고, 마음만 먹으면 오랫동안 볼 수 있었다.

그래서 한국에서는 웃돈을 얹고서라도 다녀온 사람들이 있었다. 흥미롭게도 이 천문 현상은 미국의 경제학자들도 주목하였다. 개기일식을 볼 수 있는 지역으로 많은 사람이 이동하면서[1] 지역 경제에 큰 영향을 미쳤기 때문이다.[2] 개기일식을 볼 수 있는 지역의 숙박업체들은 평소 예약률이 30퍼센트 정도였으나, 이 시기에는 90퍼센트가 넘었다. 당연히 이곳으로 가는 항공권은 대부분 매진되었다.[3] 캐나다 일부 지역은 개기일식을 보려는 사람들이 대거 몰릴 것으로 전망하고, 이에 대비하고자 일시적으로 비상사태를 선포하기도 하였다.[4] 경제학자들은 고작 몇 분의 개기일식을 보려고 많은 이들이 몰림으로써 유발된 경제 효과가 무려 8조 원 이상이라고 추정하였다.[5] 달이 해를 가린 현상이 경제적 파급 효과를 일으켰다는 사실은 매우 흥미롭다. 그런데 과거를 조금만 더 거슬러 가보자. 근대 이전 한국에서는 경제에만 국한된 일이 아니었다.[6] 그때의 일식은 경제보다 더 큰 국가라는 차원에서 전방위적으로 영향을 미쳤다.

일식을 관찰하라고 명한 세종

달에 의해 해가 가려지는 현상을 일식이라 한다. 여기서 '식'은 벌레가 잎을 천천히 갉아 먹듯이 해를 잠식해간다는 의미로 벌레 충虫이 붙은 식蝕을 사용하기도 하나, 역사 기록에는 먹힌다는 의미의 식食으로 표현한 것이 더 많이 발견된다. 해를 중심으로 공전하는 지구, 지구를 중심으로 공전하는 달, 이들이 공전하는 과정에서 '해-달-지구' 순서로 일직선상에 배치되는 때가 매달 발생하는데 이를 합삭, 줄여서 삭이라고 부른다. 매달 음력 초하루가 해, 달, 지구가 일렬로 배치되는 날이다. 보통은 지구와 달의 공전 면이 같지 않으므로 해와 달의 위치는 어긋나 있다. 하지만 일정한 주기에 따라 높낮이도 같아져서 일직선에 가까워지게 되면 해가 달에 가려지는 모습을 볼 수 있다.

그러다가 완전히 일직선을 이루는 순간에는 지구와 달의 거리에 따라 해를 완전히 가리는 개기일식이 나타나거나 반지처럼 빛나는 금환일식이 생긴다. 특별한 경우에는 개기일식과 금환일식이 함께 생기는 혼성일식hybrid eclipse이 발현되기도 한다. 이처럼 해와 달의 중심부가 겹치면 둘의 중심 위치가 만나 형성된 식이라 하여 중심식이라 한다. 중심식은 지구상에서 볼 수 있는 영역이 매우 좁고 제한적이다. 반면에 더 넓은 지역에서 부분적으로 가려진 해의 모습을 마주할 수 있는데 이를 부분일식이라 한다.

전통 천문학에서는 일식이 시작되면 해가 이지러지기 시작한다고 하여 초휴初虧라 하였다. 해를 가리는 정도가 최대인 순간을 식심食甚이라 하였으며, 식이 끝나서 본래 모습으로 돌아오는 순간을 복원復圓이라 하였다. 달에 가려지는 정도를 식분食分이라 하는데, 이는 현대에도 비슷한 개념으로 사용하고 있다. 여기서 식분은 해의 지름과 달에 의해 가려지는 지름의 비로 결정된다. 예를 들어 현대 천문학에서는 해와 달 모두의 지름을 1이라고 가정하였으나, 전통 천문학에서는 10분이라 하였다. 이에 달에 가려지는 정도가 현대 천문학으로 0.5라면, 전통 천문학으로는 5분이다. 이는 전체 면적의 50퍼센트를 가린 것이 아니라 태양의 반지름만큼 달이 가렸다는 의미이다.

해가 뜨거나 지는 순간에도 식은 진행 중일 수 있다. 역사 기록에서도 이런 상황을 종종 마주하는데, 해가 지평선 위로 떠오르거나 지는 순간에 이미 식이 진행되고 있다면 이를 대식帶食이라 하였다.[7] 일부 기록에서는 대식의 모습을 버드나무 잎과 닮았다고 표현하기도 한다.[8] 태양의 일부분을 달이 가림으로써 나타난 모습, 곧 원과 원이 교차하여 형성된 부분이 마치 버드나무 잎사귀처럼 보였기 때문으로 해석된다. 한 예로 1428년 4월 14일 일식 때, 세종은 삼각산(북한산) 정상에 올라가 아침에 발생할 일식을 확인하라고 명하였다.[9] 이는 대식 상황을 직접 관측하기 위한 조치였다. 해가 뜨고 지는 순간에는 빛의 대기 통과 깊이가 길어져서 붉은 노을이 형성되곤 한다. 노을이 형성되는 정도의 고도 각도는 약 5도로 알려져 있고, 시간으로 환산하면 약 30분간 볼 수 있는 현상이다. 이때 해는 빛의 세기가 많이 약해졌기에 맨눈으로 해 윤곽을 보기는 어렵지 않을 것이다. 높은 곳에 올라가야만 지평선 위로 떠오르면서 진행 중인 일식을 살필 수 있기에 이러한 명령을 내린 것이다.

한국사에 나타난 일식

세계 육지 면적 중 한반도가 차지하는 비율은 약 0.15퍼센트에 불과하다. 하지만 우리 역사서에 남은 일식 기록은 다른 나라와 비교해도 손색이 없을 정도로 충실하다. 이러한 자료가 우리의 기록으로 남아 있다는 사실은 역사학적으로나 천문학적으로 그 의미가 상당하다. 그러나 이 기록을 현대 천문학에서 활용하려면 신중해야 한다. 물론 일부 연구자들은 독자적으로 관측하여 나온 결과로 보기도 하고, 나아가 한국 천문학의 우수성을 드러낸 결정적 단서로 삼기도 한다. 그러나 여기에는 맹점이 있으니, 우수성을 강조하기 위한 해석의 모든 전제 조건에는 '관측 활동'이 반드시 수반되어야 한다는 것이다. 하지만 일식에 관한 기록을 살펴보면 계산을 통해 일식을 예상하고 대비하는 모습을 공공연하게 찾을 수 있다. 즉 우리가 일식에 관한 역사 기록을 살펴볼 때는 일식에 관한 모든 기록이 관측 활동에 따라 수반된 결과물이라고 단정하기는 무리라는 점을 염두에 두어야 한다.

삼국 시대부터 독자적 관측이 수행되었다는 주장과 함께 일식 기록을 분석하여 최적의 관측지를 찾아 그 관련성을 찾아보는 연구가 비교적 최근까지 이루어졌다. 역사 기록에서 가장 중요했던 천문 현상 중 하나인 일식을 천문학적으로 분석한다는 것은 그 의미가 남다르다. 더욱이 한국 천문학의 우수성을 강조하고자 역사 기록을 살핀다는 점에서 사람들의 많은 관심을 끌 수도 있다. 물론 이러한 연구의 배경에는 삼국 시대의 일식 기록이 중국의 기록을 인용한 것이라는 주장이 오래전부터 제기된 터라 그에 대한 반발 심리가 강하게 작용했는지도 모른다. 그러나 역사적인 사실관계를 고려하지 않고 천문학적 계산과 그로 인한 결과에만 집중하여 삼국 시대의 일식 기록이 독자적 관측에 따른 것이라는 비약적 해석으로 이어진 점은 아쉽다. 특히 기록이 갖는 정체가 관측에 의한 것인지 아니면 계산에 의한 결과물인지 면밀한 검토가 없는 상황에서 역사 기록과 현대 계산의 비교만으로 관측이라 단정한 것은 왜곡된 해석으로 이어질 수밖에 없다.

그러면 한국의 역사서에 남은 기록과 현대의 계산을 비교해보자. 필자는 최근 2024년까지 지난 630년간 한양(서울)에서 발생한 일식을 계산하였고, 총 253건이 발생한 것으로 확인하였다.[10] 특히 중심식은 총 5회 발생하였는데, 개기일식은 총 3회로 1397년 5월 27일과 1824년 6월 27일, 1852년 12월 11일에 있었고, 금환일식은 총 2회로 1445년 5월 7일과 1615년 3월 28일에 있었다. 그렇다면 역사서에서는 이날의 일식을 어떻게 기록했을까?

1397년 5월 27일 일식은 특별한 설명이나 묘사 없이 개기일식이라는 기록만 있다.[11] 1445년 5월 7일 일식은 완전하게 가리지 않은 갈고리 모양 같다고 묘사하였다.[12] 이 묘사는 금환일식이 벌어지기 직전의 초승달 모습이거나, 일식 과정 중 달 가장자리 표면의 분화구로 빛이 부분적으로 새어 나오면서 구슬처럼 반짝이는 현상인 '베일리의 구슬'[13]을 목격하고 기록한 것일 수도 있다. 1615년 3월 29일 일식은 기록에서 확인되지 않는다. 절반도 가리지 않았던 1470년 6월 29일 부분일식도 날이 흐리고 비가 와서 살필 수 없었음에도 기록되었다.[14] 그런데 1615년의 일식은 현대의 계산으로 금환일식이 거의 확실하나 어떠한 연유로 기록이 남지 않았는지 알 수가 없다. 1824년 6월 27일 기록은 개기일식의 진행 방향이 개략적으로 확인되는데, 초휴는 서쪽, 복원은 동쪽에서 진행되었다고 전한다. 또한 이날의 식분이 함께 기록되었으니 10분 13초였다.[15] 전통 천문학에서 해를 완전히 가렸을 때 10분이라고 하니, 뒤에 13초가 붙은 것은 해보다 달이 약간 컸다는 의미로 이해할 수 있다. 하지만 해를 완전히 가린 상태에서 달이 얼마나 더 크게 초과했는지는 관측으로 파악하기가 어렵다. 게다가 이때의 식분에 초 단위가 기록되었다는 점에서 관측된 값이 아닌 계산된 결과로 짐작할 수 있다. 마지막으로 1852년 12월 11일 일식은 개기일식임에도 불구하고 별다른 내용 없이 일식으로만 기록되었다.[16]

관측된 기록인가, 계산된 결과인가

현대 계산으로는 부분일식이지만 역사 기록에는 개기일식으로 기록된 경우가 종종 발견된다. 예를 들어 1460년 7월 18일 일식[17]은 현대 계산으로는 식분이 0.905인 부분일식이나 기록에는 개기일식이라 명시되었다. 당시 한양에서 일식을 살필 수 없다면 다른 지역에서 일식을 살펴 식분을 보고하라는 명령이 있었다.[18] 그렇다면 한양에서의 식분이 0.905라도 다른 지역에서 관측된 결과를 반영했을지 모른다. 실제로 이때의 일식은 한양에서는 0.905였으나 한반도 최북단인 함경도에서는 개기일식을 볼 수 있었던 것으로 확인된다. 또 다른 주장으로는 전통 천문학에서 개기일식이란 0.8 이상의 식분을 갖는 모든 일식을 통칭한다는 것이다.[19] 관련하여 1697년 4월 21일 일식[20]은 0.827의 식분으로 계산되었으나 개기일식으로 기록되었다는 점에서 그 근거가 된다. 그러나 일반적으로 0.85의 식분부터 '한낮에 그늘진 느낌'이 시작되는 경계선으로 보고 있다. 이때부터는 사람들도 해의 밝기에 무언가 영향을 미쳤다고 느낄 수 있으나 대부분은 여전히 모르고 지나칠 것이다. 그러므로 0.85보다 범위를 확장한 0.8부터 개기일식의 범주로 포함한다는 것은 천문학적 측면에서 보건대 석연치 않다. 물론 현대의 계산이 과거의 식분을 정확히 계산할 수 없다는 점에서 오차의 가능성도 배제할 수 없다. 그런데 1647년 1월 6일에 발생한 일식[21]은 상황이 많이 다르다. 현대의 계산으로는 한양에서 전혀 볼 수 없음에도 불구하고 개기일식이라 기록된 것이다. 그나마 볼 수 있던 곳을 찾는다면 강원도와 경상도 지역의 동해안에 접한 곳으로 기껏해야 식분이 0.1에 불과한 부분일식이었다. 그렇다면 그들은 왜 보이지도 않았던 일식을 개기일식으로 기록했을까?

1429년 8월 30일에는 구름이 끼고 날이 어두워서 하늘을 살필 수 없었지만, 일식하는 날이었기에 왕이 구식례를 진행하였다.[22] 그런데 이날은 한양에서 일식이 전혀 보이지 않던 날이다. 현대 계산에 따르면 이날의 일식은 시베리아와 북미 서부 지역에서 볼 수 있었다. 지구 자전 속도의 오차를 고려해도 지리적 거리 차이가 커서 실제 관측 가능성은 거의 없다. 이 기록에서 알 수 있는 것은 일식의 실제 발생 여부를 확인하지 않더라도 계산에 의존하여 구식례를 진행했다는 사실이다. 비슷한 사례는 다수 있다. 그럴 때마다 왕과 신하들은 구식례를 해야 하는지를 두고 논의했었던 것으로 보인다. 물론 그들이 일식의 발생 여부를 의심했었는지는 알 수 없다.

하지만 모든 기록이 계산에만 의존한 것은 아니다. 일식에 관한 보고 중 1596년 9월 22일 일식[23]은 흥미로운 내용을 담고 있다. 이날의 식분은 현대의 계산으로 0.943이다. 꽤 많은 부분을 가렸으나 중심식이 아닌 부분일식으로 추산된다. 아마도 사람들은 초승달처럼 변한 태양을 마주했을지도 모른다. 그런데 이날의 역사 기록은 개기일식이라 전하며 낮이 어두워지고 별이 보였다는 설명으로 기록되어 있다. 당시 중심식의 경로를 현대의 계산으로 추산해보면 서해상에서 내려와 목포와 제주를 걸쳐 개기일식이 보였을 것이다. 이외 한반도 내륙은 중심식의 경로에서 벗어났으나 대부분은 식분이 0.9 이상으로 한낮에 그늘진 정도였을 것이다. 이 일식이 보였을 때는 임진왜란 시기로 각종 개인 문집에서도 이날의 상황을 확인할 수 있다. 남쪽 해상을 지킨 이순신李舜臣, 1545~1598의 《난중일기亂中日記》에서도 이날에 "일식이 있었다"는 짧은 기록이 있다. 마찬가지로 남원에서 의병장으로 활약한 조경남趙慶男, 1570~1641의 《난중잡록亂中雜錄》에서도 이날에 목격된 일식이 기록되었는데, 낮에 발생한 일식으로 별을 헤아릴 수 있었다는 설명이 명시되었다. 현대의 계산으로 검토해보면, 당시 남원의 식분은 0.973으로 한양보다 어둡게 느껴졌을 것이다. 0.98의 식분부터는 일부 밝은 천체가 보일 수 있는데, 이 시기에 해 부근에는 금성, 화성,

수성, 토성이 있었으니 조경남은 이들 행성을 보았을 가능성이 있다.

사람들은 해가 절반만 가려져도 해에 이상이 있다는 것을 쉽게 알아챌 수 있다고 생각하는 경우가 많다. 하지만 해가 달에 4분의 3이 가려져 빛의 입사가 25퍼센트 수준으로 감소해도 해의 밝기 변화를 느끼기란 쉽지 않다. 달이 해를 순식간에 가리는 것이 아니라 서서히 잠식하기에 해의 밝기가 감소할 때, 우리의 눈도 동공을 서서히 확장하며 밝기에 적응한다. 그래서 그 변화를 단번에 알아채지 못한다. 절정에 가까워져야 주변 환경의 색들이 흐려지면서 변화를 느끼게 된다. 해의 99퍼센트가 가려지면 빛의 세기는 1,000룩스 정도로 감소한다. 이는 낮에 구름이 짙게 낀 채로 비가 내릴 때의 밝기 정도이다[24]. 그러다가 99퍼센트에서 100퍼센트로 넘어가는 순간에 갑자기 어두워진다고 느낀다. 이것은 어두워진 것에 눈의 적응 속도가 따라가지 못해서 그럴 뿐, 실제로 개기일식 순간 빛의 세기는 시민 박명과 비슷한 수준으로 알려져 있다.[25]

해가 뜨기 직전의 새벽이나, 해가 진 직후의 초저녁을 통칭하여 박명이라 하는데, 이는 일출 전과 일몰 후에도 빛이 남아 있는 상태를 뜻한다. 박명은 크게 세 단계로 구분하는데, 오늘날에는 태양의 고도에 따라 구분한다. 지평선 아래로 6도까지를 시민 박명, 6도에서 12도까지를 항해 박명, 12도에서 18도까지를 천문 박명이라 한다. 이때 시민 박명은 일출 전과 일몰 후 약 30분간 지속되는데, 책을 읽고 사물을 구분할 수 있어 야외활동이 충분히 가능한 밝기이다. 개기일식의 순간도 이때의 밝기와 비슷하다. 심지어 청명한 밤하늘에 밝은 보름달이 뜬 정도의 어두움이 개기일식의 절정에 발생한 어두움보다 10배 이상 어둡다.[26] 그러므로 개기일식 순간에 맨눈으로 볼 수 있는 천체는 1등급 이상의 밝은 별이나 태양계 내 오행성이 전부일 것이다. 이처럼 개

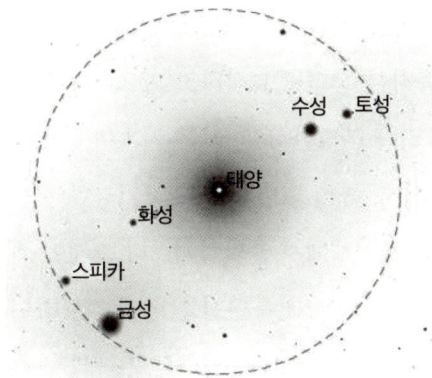

1596년 9월 22일 정오 무렵, 식분이 0.9 이상으로 가려지기 시작하는 시점의 하늘 모습이다. 태양을 중심으로 각거리 20도 이내(원형 점선)에 금성(-4.4등급), 수성(-1.2등급), 토성(1.1등급), 화성(1.7등급), 그리고 처녀자리의 알파별인 스피카(0.9등급)가 위치하고 있다. 이날 일식 때 사람들이 보았다고 기록된 별은 이 천체들이었을 수 있다.

기일식 순간에도 완전히 어두워지지 않는 이유는 달이 해를 완전하게 가렸다 해도 가려진 해 둘레로 여전히 발하고 있는 코로나의 빛이 지구에 영향을 미칠뿐더러, 중심식의 폭이 불과 200킬로미터 내외이기에 그림자 중심 영역 바깥에서 유입되는 빛의 영향을 무시할 수 없기 때문이다. 그렇다면 앞서 말한 1596년 9월 22일 일식에서 의병장 조경남이 보았던 별은 무엇일까?

역사서에 기록된 일식은 모두 실제로 발생한 것이 아니다. 아무리 오차의 변수를 고려한다 해도 보기 어려운 일식이 기록되어 있고, 날이 흐려서 살필 수 없었다고 기록하였으나 실상은 맑다고 한들 볼 수 없는 경우도 있다. 이외에 지하地下, 지중地中에서 발생한 일식도 발견되는데, 이들 모두 볼 수 없는 일식임에도 기록된 것이다.[27] 그러함에도 불구하고 일식에 관한 기록은 모두 통상적으로 관측 기록이라고 부른다. 물론 관측을 위해 금강산이나 삼각산(북한산)으로 관원을 보낸 기록이 확인되고,[28] 일식을 관측하는 장면도 묘사하고 있으니 관측이 없었다고 단정할 수는 없다. 그러나 분명한 것은 모든 기록이 그러하지 않다는 사실이다. 이러한 점에서, 특히 역법으로 계산 가능한 천문 현상 기록은 무조건 관측 결과라는 전제에서 출발하기보다 그것이 계산에 의한 결과물인지, 실제 관측에 의한 기록인지를 함께 검토하여 합리적인 결론에 이르는 것이 바람직하다. 이에 필자는 기록의 관측 여부에 의문을 품고, 그 실마리를 하나씩 풀어가는 과정이야말로 한국사의 천문 기록을 진정으로 소중히 여기는 태도라고 생각한다. 고대 사람들이 하늘을 바라보며 남긴 기록을 현대의 천문학에 무리하게 결부시켜 해석하는 것이야말로, 오히려 '진짜 천문 기록'의 의미를 과소평가하는 결과로 이어지는 것은 아닌지 우려스럽다.

二

지구의 그림자에 숨은 달, 월식

달빛 아래 두 연인의 사랑

조선 후기에 양반들을 주요 인물로 삼아 남녀가 어울려 노는 모습을 주로 그린 화가가 있었다. 그의 삶에 대한 기록은 거의 남아 있지 않으며, 우리는 그의 작품을 통해 그가 어떠한 인물이었을지 추정할 뿐이다. 일부 작품에서는 여성미가 느껴질 정도로 섬세하고 여성의 생활상이 잘 돋보여 남자가 아닌 여성 화가일 가능성도 제기되곤 하였다. 2008년에 방영되었던 〈바람의 화원〉이라는 드라마에서 이러한 설을 바탕으로 허구적 서사를 풀었다. 이 화가는 신윤복申潤福, 1758~1814이다. 그의 작품 중에는 남녀가 어울리는 대표적인 작품이 있으니, 〈야금모행夜禁冒行〉 〈월야밀회月夜密會〉 〈정변야화井邊夜話〉 그리고 〈월하정인月下情人〉이다. 이 그림들은 모두 하늘 배경에 달이 그려져 있다. 그가 섬세하게 그림을 그렸다는 점에서 알 수 있듯이, 그의 작품 속 배경이 되는 풍경은 꽤 사실적으로 묘사되어 있다. 그러한 이유로 그가 그린 달 역시 실제 모습을 반영했으리라는 견해들이 많다. 하지만 달빛 아래 두 연인의 사랑이라는 의미를 가진 〈월하정인〉만큼은 달의 모습이 조금 이상하다. 일반 사람들이 보기에는 그저 달의 모습이겠거니 생각하겠지만, 평소 하늘을 살피고 달을 유심히 보던 사람이라면 뭔가 이상하다고 느낄 수밖에 없을 것이다.

평소에 볼 수 있는 달의 모습이 아니기에 실제 배경이 아닌 신윤복의 상상으로 그려진 달이지 않겠느냐는 의견도 있다. 그러나 이에 반하여 흥미로운 의견이 제기되었다. 바로 〈월하정인〉에 등장하는 달은 달이 지구의 그림자에 먹히는 모습, 곧 월식하는 모습을 그렸다는 주장이다. 이 가설에 대해서는 비판도 있다. 우선 시대적 관점을 고려했을 때, 월식이 진행되었을 시점은 야간 통행이 금지되던 시간이기에 돌아다닌다는 것이 불가능하다는 지적부터, 달의 고도를 그림만으로 판단하기에는 무리가 있다는 의견까지 다양하다. 그러나 흥미롭게도 달의 잠식된 영역과 모양 그리고 방향을 고려하면 1793년 8월 21일 월식[29]과 매우 흡사하다는 사실을 확인할 수 있다. 어쩌면 가능성이 충분한 주장이다. 실제 월식을 그대로 그림에 반영했다고 단정할 수 없겠지만, 월식이란 주장은 생각해볼 여지가 충분하다. 더군다나 지구 그림자에 점점 가려지던 달의 모습을 직접 보고 있던 것이 사실이라면 아마 그 모습은 신윤복에게 더욱더 깊게 각인되었을지 모른다.

월식이란 무엇인가

월식은 달이 지구의 그림자 속으로 들어가서 가려지는 현상이다. 이러한 월식은 일식보다 선명하게 기억에 남을 수 있다. 일식과 달리 월식은 밤하늘에서 비교적 긴 시간에 걸쳐 진행되기에 가려지는 모든 과정을 또렷이 잘 볼 수 있기 때문이다. 해와 달 사이에 지구가 위치하는 시점에 주로 발생하며 보름달이 뜨는 음력 15일 무렵에 위치만 맞아떨어지면 월식을 볼 수 있다. 달이 해를 가려 생기는 일식은 완전하게 가려지는 그림자의 범위가 작다. 하지만 월식의 경우 해를 가린 지구가 달보다 크다. 그만큼 그림자 범위가 넓어서 일식보다 수월하고 상대적으로 많이 발생한다.

지구의 그림자에 달의 일정 부분이 가려지는 현상을 부분월식이라 한다. 부분월식으로 가려지는 부분이 워낙 잘 보이기에 식의 진행 과정을 맨눈으로 또렷이 확인할 수 있다. 그러므로 일식과 달리 부분월식은 흥미롭게 관측할 수 있는 천문 현상이다. 해-지구-달이 일직선을 이루어 지구 그림자 영역에 달이 완전히 들어가면 개기월식이다. 부분월식은 가려지는 영역이 어둡게 보이나, 흥미롭게도 완전히 가려지는 개기월식은 어둡지 않다. 개기월식의 순간에 우리가 달에서 지구를 바라본다고 가정해보자. 해를 등진 지구의 중심은 완전하게 어두워 보일 것이다. 그러나 지구 뒤에 있는 해로부터 오는 빛이 지구 둘레를 덮은 얇은 대기층을 통과하면서 붉은빛을 발하는 반지 형태로 보이게 될 것이다. 여기서 붉은색 빛은 노을과 비슷한 현상이다. 즉 해의 빛이 대기와 충돌하여 산란하면 짧은 파장에 속하는 푸른빛은 바깥쪽으로 흩어지나, 파장이 긴 붉은빛은 지구 본영으로 휘거나 굴절한다. 이때 긴 파장의 붉은빛이 달에 도달하고 그 일부는 달 표면에 반사되어 지구로 돌아온다. 그러면 지구에서는 개기월식 절정에 완전히 어두운 모습이 아닌 검붉은색 달이 보이게 된다. 이렇게 보이는 검붉은 달이 마치 핏빛 같다 하여 서양에서는 블러드문 blood moon 이라 부른다.

월식은 그림자의 경계에 따라 완전하게 가려지는 본그림자 umbral

 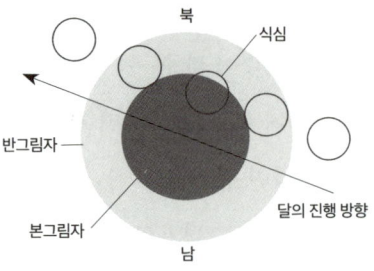

왼쪽 그림은 신윤복의 〈월하정인〉으로 배경에 달이 묘사되어 있다.[30] 그런데 그 모습이 일반적으로 볼 수 있는 달의 가려진 형태와 차이가 있다. 이러한 이유로 부분월식의 가능성이 제기되곤 한다. 이를 1793년 8월 21일 부분월식으로 가정하고 진행 과정을 도식화하면 오른쪽 그림과 같다. 본그림자를 반그림자가 둘러싼 구조이며, 화살표는 달의 이동 경로이다. 달은 먼저 반그림자에 완전히 들어간 뒤, 이어서 본그림자 영역으로 진입한다. 식심 시점, 즉 가장 많이 가려진 순간(당시 23시 20분 무렵)에는 달 표면의 71.2퍼센트가 지구 그림자에 가려졌을 것으로 계산된다. 그림과 완전히 일치한다고 단정할 수 없지만 가려진 방향과 형태, 비율은 대체로 유사하다.

---

shadow와 본그림자 바깥에 둥글게 둘러싼 영역에 형성된 반그림자penumbral shadow 영역으로 구분한다. 불빛 앞에 불투명한 물체가 있다고 가정해보자. 불투명한 물체 뒤에는 빛의 직진 효과로 그림자가 형성된다. 이때 불빛과 불투명한 물체 사이의 거리, 불투명한 물체의 크기에 따라 빛이 전혀 닿지 않는 진한 그림자가 생긴다. 그리고 빛의 직진으로 가려진 주위로 희미한 그림자도 나타난다. 이때 빛에 의해 형성된 사물의 그림자로부터 그 경계를 명확히 구분해 내기란 쉽지 않다. 진한 그림자 주위에 흐린 그림자가 형성되었기 때문이다. 여기서 진한 그림자는 본그림자이고, 흐린 그림자는 반그림자이다. 즉 개기월식이나 부분월식은 본그림자에 의해 형성된 월식이다.

반그림자는 본그림자 둘레에 형성되어 있으므로 개기월식이나 부분월식이 일어날 때면 반드시 반영월식을 거쳐서 시작되고 종료된다. 더욱이 본그림자 둘레에 반그림자가 형성되어 있기에 반그림자에 의해서만 형성된 부분월식이 본그림자에 의해 형성되는 부분월식 못지 않게 자주 발생한다. 다만 그 밝기 변화가 미묘하여 사람들은 식의 여부를 알아채기가 쉽지 않다. 특히 반그림자 영역의 너비는 본그림자의 너비에 비하여 보름달 하나가 겨우 들어갈 정도로 좁으나 아주 드물게 이 사이를 지나간다면 이는 반영개기월식이 된다. 하지만 이 역시 식별하기는 쉽지 않다.

전통 천문학에서는 달이 본그림자에 들어가는 순간을 일식에서 사용하는 용어처럼 초휴라고 불렀다. 또한 달이 그림자에 완전히 가려지는 순간을 식기食旣라 하였다. 개기일식은 최대 지속 시간이 5분을 넘기기 어려우나, 개기월식은 지구 본그림자가 넓어서 90분 이상 이어지는 경우가 흔하다. 따라서 긴 시간 끝에 달이 본 그림자에서 벗어나기 시작하면 빛이 다시 보이는 순간이라 하여 생광生光이라 불렀다. 마지막으로 식이 끝나서 본래 모습으로 돌아오는 순간을 일식에서처럼 복원이라 하였다. 월식도 일식처럼 식분을 언급해 사용하였다. 현대 천문학에서는 반그림자를 활용한 반영식도 월식의 범주에 넣었지만, 전통 천문학에서는 반그림자에 의한 효과는 전혀 반영되어 있지 않다. 앞서 언급했듯이 반그림자에 의한 밝기 변화가 미묘하여 식별이 쉽지 않았던 것이 주된 이유였으리라 본다.

한국사에 나타난 월식

《삼국사기》에는 10세기 이전에 벌어진 다양한 천문 현상이 기록되어 있다. 흥미롭게도 중요한 천문 현상 중 하나인 월식만큼은 기록에서 확인되지 않는다. 10세기 이전 일본과 중국의 역사 기록에서는 월식에 관한 기록이 종종 확인되지만, 유독 한국의 역사서에서는 발견되지 않는 것이다. 기록이 없는 연유는 알려진 바가 없다. 물론 월식에 관한 재이적 해석이 일식보다는 상대적으로 약했기 때문인지도 모른다. 그렇지 않다면 동아시아 천문학에서 한국만이 갖는 독특한 천문학적 관점이 개입되었기 때문일까?

지난 630년간 한양에서 볼 수 있었던 월식은 총 1,028회나 되는 것으로 계산된다.[31] 그중 개기월식은 331회, 부분월식은 353회, 반영월식은 344회이다. 계산상으로 보면 한양에서 벌어진 식의 발생 빈도는 월식이 일식보다 4배 이상 높다. 알려진 바로는 전 지구적으로 1년에 평균 2회의 월식이 발생하고, 많을 때는 5회까지 나타나기도 한다. 달을 완전히 가리는 개기월식은 지구에 의해 형성된 그림자 범위가 일식보다 넓기에 경우의 수가 많고, 같은 지역에서 통계적으로 평균 5년에 2회 정도는 볼 수 있다. 이처럼 월식은 일식보다 마주하기 쉬운 천문 현상이다.

그러나 《조선왕조실록》에는 월식이 기록된 수가 계산된 결과의 약 30퍼센트 수준에 불과하다. 물론 전통 천문학에서는 반그림자에 의한 반영월식은 고려되지 않았으니 이를 제외하고 보더라도 기록과 계산된 결과에는 약 50퍼센트의 차이가 있다. 왜 이러한 차이가 날까? 기록에서는 '월식'과 '개기월식', 두 현상으로 구분하여 기록하고 있다. 현대적 관점에서 직관적으로 보면 부분월식과 개기월식을 각기 지칭한다고 생각할 수 있으나, 조사 결과에 따르면 '월식'이라 기록된 경우에도 상당수가 개기월식이었던 것으로 확인된다. 이는 현대적 용어와 전통적 용어 간에 직접적 대응이 어렵다는 점을 시사하기도 한다.

기록시간	일출-오전	오후-초혼	1경	2경	3경	4경~매상
첫째 날	하번	중번	하번	하번	상번	중번
둘째 날	상번	하번	중번	중번	상번	하번
셋째 날	하번	중번	하번	상번	상번	중번

《서운관지》에 따르면 천문학은 낮과 밤의 시간을 나누어서 세 명이 관측을 수행한다. 이들 세 명은 한 조가 되어 3일간 관측하고 이후 다른 조와 교대한다. 이때 한 조의 세 명에는 상번, 중번, 하번으로 구분된 사람이 배치되는데, 상번은 관상감 정(정3품) 또는 관상감 첨정(종4품), 중번은 관상감 참상(6품 이상), 하번은 관상감 참외(7품 이하)가 맡는다. 표는 첫째 날부터 마지막 셋째 날까지 시간에 따른 관측자 배치를 정리한 것이다.[32] 기록된 시간을 대략 환산하면 일출에서 오전은 6시부터 12시까지, 오후에서 초혼은 12시에서 19시까지로 보면 된다. 그리고 당시에는 밤 시간을 다섯 등분하였는데, 겨울에는 밤이 길고 여름에는 짧아서 등분하면 계절에 따라 간격의 길이가 달라진다. 이에 필자는 대략 1경은 19시에서 21시, 2경은 21시에서 23시, 3경은 23시에서 다음 날 1시, 4경은 1시에서 3시, 5경은 3시에서 5시, 먼동이 틀 무렵인 매상昧爽은 이후 약 1시간으로 고려하였다. 이에 4경부터 매상까지라 함은 1시부터 6시까지로 보면 된다.

더욱 흥미로운 사실은 볼 수 없었던 월식조차 기록되어 있다는 점이다. 1425년 6월 1일 월식은 미시(13시~15시)에 초휴가 시작되었고, 해가 질 무렵에 복원되었다.[33] 식의 발생 시각에서 알 수 있듯이 낮에 발생한 현상으로 월식이 보름일 때 일어난다는 점을 고려하면 이 시각에는 지평선 위에 달이 없다. 즉 전혀 볼 수 없는 상황인데 기록으로 남긴 것이다. 이전 해인 1424년 6월 12일에는 비가 와서 월식을 볼 수 없었다고 기록되었다.[34] 이는 조선의 천문학자들이 미리 계산하여 월식을 예측했음을 보여준다. 그러나 이날의 월식도 1425년의 월식처럼 낮에 발생한 현상이기에 지평선 위에 달이 없었다. 따라서 날이 맑았다 해도 전혀 볼 수 없었던 상황이다. 이 두 사례는 당시 조선의 천문학자들이 월식을 미리 계산했다는 증거로 볼 수 있다. 또한 조선 초에 월식 계산의 정확성이 어느 정도였는지 가늠할 수 있는 중요한 단서이기도 하다.

월식은 일식과 달리 밤에 맨눈으로 관측하기가 수월하다. 조선의 천문학자들은 밤에 조를 짜 하늘을 철저히 살폈기 때문에 밤의 월식은 면밀한 관측이 가능했을 것이다. 그러나 짐작과 달리 그러한 결과를 기록에서 찾기 힘들다. 기록에 명시된 모든 월식 기록이 실제 관측된 것이라면 현대의 계산과 일정한 오차 범위 내에서 실현 가능한 현상으로 모두 판명되어야 한다. 그러나 현대의 계산과 부합하지 않는 기록이 곳곳에서 확인된다. 즉 모든 기록이 실제로 관측한 결과가 아니라는 의미이다. 그렇다면 역사서의 기록은 관측이 아닌 계산에 의한 결과물일 가능성이 크다는 뜻이 아닐까? 이는 조선의 천문학이 관측을 넘어 계산과 예보 체계를 지향하고 있었음을 보여주는 지표가 될지도 모른다. 또한 역사 기록을 해석할 때, 현대의 천체 계산을 통한 기록의 실현율만으로 기록의 진위나 관측 여부를 판단하면 안 된다는 점을 시사하기도 한다.

우리는 어떻게
이해해야 할까

1948년 5월 9일 하늘과 땅에서 벌어진 일

한반도에서 볼 수 있었던 최근의 중심식은 1948년 5월 9일의 금환일식이다. 이때의 금환일식은 한반도의 중부 지방을 관통한 지역에서 볼 수 있었다. 이 일식은 근현대 천문학이 도입된 이후 한반도에서 발현된 대표적인 천문 현상으로서 전문가의 관측이 있었더라면 좋았겠으나, 아쉽게도 당시의 시대적 배경으로는 쉽지 않았을 것이다. 당시 한국은 해방 후 이념 갈등이 최고조에 달했고, 천문학자로는 한국 최초의 이학박사인 이원철과 동경대 천문학과를 졸업한 한 명의 학생만 있던 것으로 알려져 있다. 이날의 일식은 외국의 천문학자들도 주목했고, 여러 국가에서 금환일식을 관측하고자 한국을 방문하였다.[35] 일본의 천문학자들도 일식을 정밀하게 관측했던 사례가 없었기에 주목했다. 하지만 해방 이후 한국과 일본의 국교는 단절되어 일본인의 한국 방문은 허락되지 않았다. 이후 일본의 연구자들은 미국의 연구자들이 주도한 관측 팀의 도움을 받아 관측 자료를 받았고, 이를 분석해 동경에 설치된 천문 기준점이 어긋났다는 사실을 발견한다.[36] 천문 기준점에서 일정 간격에 따라 장기간 별을 관측하면 지구의 지각 변화 여부까지 확인할 수 있기에 기준점의 정밀도는 매우 중요하다. 1948년 5월 9일 금환일식은 그러한 기준점의 차이를 발견하는 데 기여한 셈이다.

사실 1948년 5월 9일은 한국의 근현대 역사에서 중요한 날이 될 뻔하였다. 우리가 교과서에서 배웠던 한국 최초의 총선거가 예정되었던 날이었기 때문이다. 그런데 일생에 한 번 보기도 어렵다는 금환일식이 이날에 나타난다는 소식이 있었고, 선거일은 다음 날인 10일로 연기되었다.[37] 해가 달에 전부 가려져 절정의 순간에 이르면 이미 예상하고 있던 전문가마저 전율을 느낄 정도로 웅장하고 고귀한 모습이었을 것이다. 하물며 전혀 몰랐던 일반 사람들은 금환일식을 보고 어떻게 느꼈을까?

과거에는 두려움이 컸을 것이다. 하늘의 아들인 천자, 곧 왕을 중심으로 구성된 지배층은 구식례라는 제사로 식이 종결되도록 하였다. 지극히 자연스러운 천체역학 현상으로서 식이 시작되고 종결되지만, 피지배층인 일반 사람의 눈에는 왕이 해를 복원시키는 모습으로 보였을 것이다. 그것은 왕이 곧 하늘의 아들이라는 인식을 다시 한 번 각인시키는 고도의 정치적 기술이었다. 이러한 사건을 통해 백성의 마음까지 지배하였는지 모른다. 만약에 일식이 있던 5월 9일에 예정대로 선거를 치렀다면 어떠했을까? 아마도 그날의 현상 때문에 이상한 소문이 돌거나 샤머니즘이 섞인 정치적 해석으로 제대로 된 선거가 되지 못했을지 모른다. 우리 역사 기록에서는 일식에 관한 현상을 정치 사상적으로 해석한 경우를 쉽게 발견할 수 있다. 더군다나 일식이나 월식의 발생 여부를 계산으로 알고 있었어도, 그 발생 배경에는 하늘의 뜻이 있다고 해석한 이중적 관점이 공존하였다. 우리는 이러한 기록들을 어떻게 이해해야 할까?

관측된 기록인가

1428년 4월 14일 세종은 삼각산 정상에 올라가 다음 날 아침에 해가 뜨면서 벌어질 일식을 관측하도록 명하였다.[38] 1440년 3월 2일에는 금강산 일출봉에 올라가 일식을 살펴 그 상황을 보고하도록 하였다.[39] 이 두 상황은 모두 높은 곳에 올라가 아침에 벌어질 일식을 관측했다는 공통된 특징을 보여준다. 전통 천문학에서 말하는 해가 뜨거나 질 무렵에 발생하는 일식, 곧 대식을 관측하기 위한 것임을 알 수 있다.

1603년 5월 11일 기록에는 구식을 진행하는 과정이 명시되었는데, 각종 구식례 물품의 배치와 모습이 설명되면서 동이에 물을 담는 내용이 나온다.[40] 그 쓰임새를 명확히 알 수는 없지만, 동이에 담긴 물을 통해 수면에 비친 일식을 간접적으로 살피지 않았을까 생각해본다.[41] 실제로 1735년 10월 16일에 수면에 반사되어 비친 모습으로 일식의 진행 과정을 살폈다는 기록이 있다.[42] 일식뿐 아니라 월식도 수면에 비추어 살폈는데, 그 이유는 빛을 똑바로 보지 않기 위함이라고 밝히고 있다. 동아시아에서 해는 왕을 상징한다는 점을 고려했을 때, 왕을 어찌 감히 직접 쳐다볼 수 있는가를 우회적으로 표현한 것이다. 그러나 바람이 불면 물이 흔들려 수면이 고르지 못하기에 관측에 문제가 발생하곤 하였다. 이와 관련하여 1742년 6월 3일 일식에서는 바람이 불고물이 출렁거려 관측에 방해가 생기니 망원경의 일종인 규일경을 사용하여 관측하였다.[43] 하지만 1745년에 영조는 규일경을 통해 해를 직접 보는 것은 좋지 못한 무리들이 위를 엿보게 하는 것이므로 아름다운 행동이 아니라고 하면서 이를 깨뜨려버렸다.[44] 이는 수면에 비추어 일식이나 월식을 살핀 것이 빛을 감히 똑바로 보지 않기 위함에 있다는 것과 같은 맥락이라 볼 수 있다. 이외에 검은색 돌인 오석으로 안경을 만들어 식을 살피기도 하였다.[45]

이처럼 실제 관측의 흔적은 분명히 역사 기록에 존재한다. 어디서 식을 관측했고, 어떻게 식의 과정을 살폈는지 비교적 자세하게 명시된 기록을 찾을 수 있다. 하지만 이러한 기록만으로 모든 일식을 관측했다고 보는 것은 타당할까? 《삼국사기》의 일식 기록이 '독자적 관측' 활동이라고 주장하는 연구자들이 내세우는 대표적 근거가 실현된 비율이다. 중국의 일식 기록은 한나라 때 78퍼센트, 이후로는 63퍼센트에서 75퍼센트 수준으로 낮아지고, 심지어 일본의 경우는 7세기에서 10세기 사이의 기록이 35퍼센트에 불과하나, 《삼국사기》의 기록은 80퍼센트에 이른다는 점을 강조한다.[46] 이러한 실현율로 한국의 일식 기록은 독자적이라고 주장한다. 하지만 이것은 결과만 보고 과정을 단정하는 비약적 해석이다. 수학 시험에서 학생이 작성한 답이 모범 답안과 유사하다 해서 문제를 올바르고 정확한 과정으로 풀었다고 단정할 수 있을까? 결과만으로는 과정이 올바르거나 독자적이라고 장담할 수 없다. 누군가의 것을 받아썼는지, 무작위로 찍었는데 우연히 맞았는지 결과만으로는 전혀 알 수 없다. 현대의 계산을 통해 검토해보니 유사한 결과가 나왔으니 당시에 관측한 결과라고 단정한다면 논리적으로 불완전한 추론이다.

오래전부터 전해져오는 일식의 주기성을 오늘날에는 사로스 주기 Saros cycle라 부른다. 이 주기로 식의 발생 일자를 예상할 수 있지만, 지구 자전 속도라는 변수로 일식이 나타날 장소는 고정되지 않는다는 문제가 있다. 앞에서 살펴본 각 국가의 역사 기록에서 확인되는 일식 의 실현율을 지구상 어딘가에서 보였을 것이라는 전제로 계산해보면

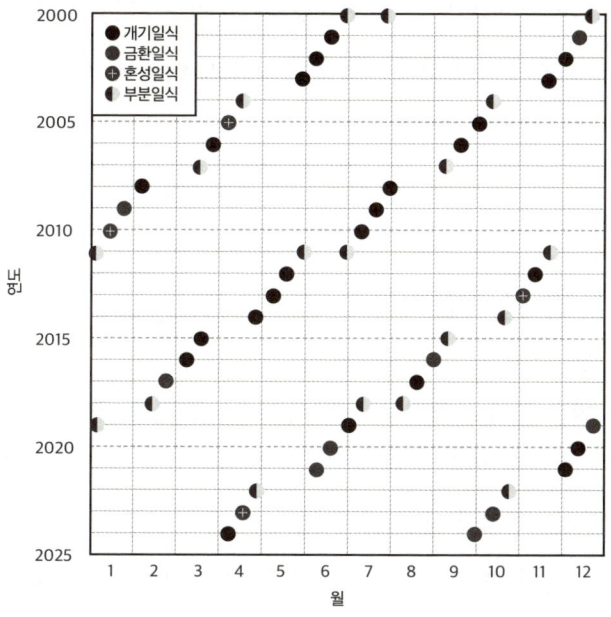

2000년부터 2024년까지 25년간 발생한 일식의 형태와 날짜를 좌표에 기입해서 보면 주기적 특 징이 뚜렷이 나타난다. 일식은 매년 약 11일씩 앞당겨지며, 약 6개월 간격으로 반복된다. 하나의 사로스 주기는 약 18년 11일 8시간으로, 이 주기에 따라 유사한 형태의 일식이 다시 출현한다. 예를 들어 2006년 3월 29일 개기일식은 정확히 18년 11일 8시간 후인 2024년 4월 8일에 발생한 것 을 도표에서 확인할 수 있다. 도표에 일식만 표시했지만 월식 또한 사로스 주기를 따른다. 핼리는 사로스 주기가 월식과 무관하다고 생각하였다. 그래서 일식과 관련한 용어로서 사로스를 사용하 였으나, 1756년 프랑스의 천문학자 기욤 르 장티 Guillaume Le Gentil, 1725~1792가 오류를 지적하였 다. 그래도 사로스라는 명칭은 지금도 그대로 쓰이고 있다.

모든 기록이 실현 가능한 것으로 산출된다. 즉 특정 국가로 구분한 실현율에서는 지역적 차이가 분명히 나타났지만, 지역적 한계를 벗어나 전 지구로 실현율을 넓히면 그날 어딘가에서는 일식이 목격되었을 것이다. 그렇다면 역사서에 나타난 일식과 월식 기록은 관측 기록보다는 계산의 관점에서 접근해야 합리적이지 않을까? 필자는 이러한 기록들과 일련의 결과들을 종합하여 역사서의 일식과 월식 기록은 관측된 결과가 아닌 역법으로 계산된 결과물일 가능성이 더 크다고 판단한다. 그리고 이것이 우리가 기록을 해석할 때 반드시 고려해야 할 출발점이라고 생각한다.

계산된 결과인가

하늘에는 눈에 보이지 않지만 해가 지나는 길인 황도와 달이 지나는 길인 백도가 있다. 황도와 백도는 약 5도 어긋나 기울어져 있어서 대부분 서로 겹치지 않고 위아래로 지나가곤 한다. 그러나 어쩌다가 교점에 가까워지면 식이 발생하게 되니, 관측자 시점에서 교점을 중심으로 약 15도 이내의 각거리에서부터 식을 볼 수 있게 된다. 만약 교점에서 완전하게 만나면 해와 달의 중심이 만나는 중심식이 발현된다. 이러한 황도와 백도의 교점은 두 곳이기에 적어도 1년에 두 번은 식을 볼 수 있다. 언제부터인지는 알 수 없지만 고대 사람들은 이러한 사실을 관측을 통해 이해했던 것 같다. 그리고 주기성을 고려하여 식을 예측했던 것 같다.

황도에서 해가 교점을 지나 다시 교점에 이르기까지 346.6일이 걸린다. 이를 교점년draconic year이라 한다. 우리가 자주 들어본 태양년

(365.2422일)은 춘분점을 기준으로 길이를 잰 것으로 교점년과는 차이가 있다. 달은 교점을 지나 다시 교점에 이르기까지 27.2일이 걸린다. 이제 해와 달이 교점에서 만났다고 가정해보자. 다음 교점에서 만나려면 얼마나 시간이 지나야 할까? 해와 달의 교점 주기로부터 최소공배수를 구하면 된다. 결과적으로 6,585.3일이 산출되고, 환산하면 18년 11일 8시간이다. 이러한 주기성은 핼리혜성의 주기를 예측했던 천문학자 에드먼드 핼리가 1715년 영국의 남부 지방을 관통한 일식을 계산한 것을 계기로 사로스 주기라 명명하였다. 여기서 사로스라는 말은 신바빌로니아 제국을 세운 칼데아인Chaldean의 숫자 단위라는 설도 있고, 일식이 하늘을 마치 쓸어버리는 듯하다고 하여 그리스어로 쓸어버린다는 의미의 사로 Saro, σαρῶ가 어원이 되었다는 주장도 있다. 비록 18세기 초에 붙여진 명칭이지만, 사로스의 초기 개념은 칼데아인에 의해 제안된 것으로 알려져 있고, 이러한 방법론은 히파르코스와 프톨레마이오스를 거치면서 구체화된 것으로 전해진다. 이는 기원전부터 식을 계산하고 예측했다는 의미이기도 하다.

중국의 역사서 가운데 요순 시대에서 주나라까지 왕들의 훈계와 신하들의 진언, 왕과 신하들 사이의 담화를 담은 《서경書經》이 있다. 이 책에는 일식과 관련하여 다음과 같은 내용이 기록되어 있다. "시간을 앞서서 예보한 자는 죽여서 용서하지 말고, 시간에 못 미쳐 예보한 자도 죽여서 용서하지 않는다." 고려 시대인 1358년과 조선 시대인 1473년의 일식 기록을 살펴보면 천문학자들의 죄를 묻고 처벌하려는 신하들의 주장에 이 내용이 인용되었다. 1358년의 일식은 날이 흐려서 관측할 수 없던 상황이었음에도 관련 관원(천문학자)을 처벌해야 한다는 말과 함께 이러한 인용이 언급되었다.[47] 1473년의 일식은 현대의 시각으로 단 2시간 정도 오차가 있었을 뿐인데 당시 대표적인 성리학자였던 신숙주申叔舟, 1417~1475가 이 내용을 인용하면서 관원을 국문해야 한다고 강하게 건의한 내용이 기록되어 있다.[48] 다행히 이 두 사건은 왕의 판단으로 무마되었으니, 1358년의 일식은 전라도에 사는 어떤 자가 일식을 보았다고 하여 처벌을 면했고, 1473년의 일식에서는 성종이 직접 나서서 국문에 관한 건의를 재고하라 명함으로써 흐지부지되었다.

이 일련의 사건은 일식이라는 천문 현상이 정치적으로나 사상적으로 얼마나 중요했는지를 보여주며 동시에 이미 해와 달의 운동을 충분히 이해하고 식이 일어나는 날을 계산했음을 분명히 알려준다.[49] 나아가 이러한 사건에서 공통되게 인용된 문구의 배경이 《서경》이라는 점에 미루어보건대, 기원전에도 충분히 식 계산을 수행할 수 있었음을 짐작하게 한다.

조선 초에는 일식과 월식을 예보할 때 대명력과 《칠정산》(내편과 외편)으로 각각 계산하였고, 시헌력을 수용한 17세기 중반 이후부터는 시헌력이 추가되어 총 네 개의 방법론이 적용되었다. 예보를 위한 시간과 식분에 관한 결과는 초 단위까지 계산할 수 있었고, 그 결과는 왕에게 보고되었다. 여기서 초 단위 간격이라 하면, 해와 달 지름의 1/10,000 간격만큼 꽤 정밀하게 계산할 수 있었다는 것이다. 흥미롭게도 일부 기록에서는 계산 결과를 기반으로 가려지는 정도가 1분 미만인 경우, 곧 전체 지름에서 10퍼센트 미만이면 식에 관한 보고를 하지 말라는 왕의 명령이 있었다. 세종은 1분 미만의 식분 값이 나오면 보고하지 말라 하였고, 성종도 공분식(1분 이내의 초 단위 식분)은 그 차이가 미묘하니 알리지 말라고 하였다.[50] 하지만 1분 미만의 식분이거나 한양에서는 전혀 볼 수 없는 경우에도 기록된 사례가 역사서에서 종종 발견된다. 반대로 현대 계산으로는 식분이 5분 이상이거나 금

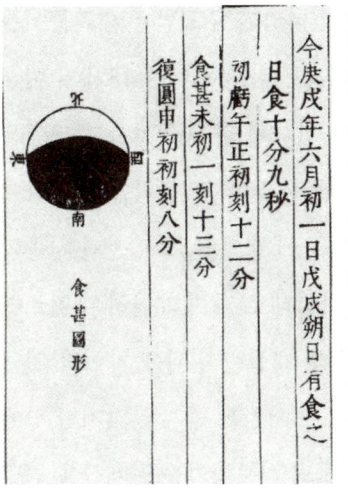
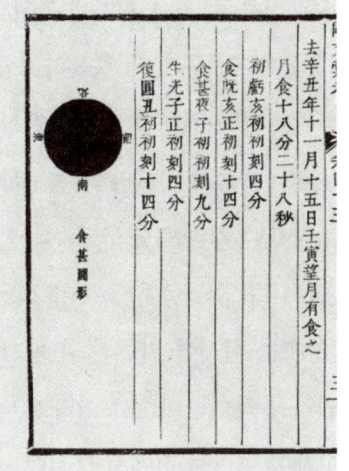

《동문휘고》에는 식에 관한 기록이 글과 그림으로 함께 수록되기도 했다. 왼쪽 그림은 1730년 7월 15일(음력 6월 1일) 일식이다.[51] 기록된 일식의 식분은 10분 9초, 식의 시작(초휴)은 오정 초각 12분(12시 12분), 최대식(식심)은 미초 1각 13분(13시 28분), 식의 종료(복원)는 신초 초각 8분 (15시 8분)이다. 그림은 식심 시의 모습을 묘사했으나, 실제 기록상의 식분보다 작은 8분 정도로 표현되어 있다. 현대 계산으로 검토하면 이날 한양에서의 식분은 약 0.9였던 것으로 파악된다(당 시 북경은 약 0.83).

오른쪽 그림은 1722년 1월 2일(음력 11월 15일) 월식이다.[52] 이때 식분은 18분 28초, 식의 시작 은 해초 초각 4분(21시 4분), 본 그림자에 가려지기 시작한 시간은 해정 초각 14분(22시 14분), 최대식은 자초 초각 9분(23시 9분), 다시 빛이 드러난 시각은 자정 초각 4분(0시 4분), 식의 종료 는 축초 초각 14분(1시 14분)이다. 기록에 따르면 이날의 월식은 개기월식이었고 그림에서도 전 면이 가려진 모습이다. 이 자료는 외교문서에 포함된 정보로 당시에 일식과 월식 예보가 예측되 어 보고되었다는 사실과 그 결과를 관계자들 사이에 공유되었음을 잘 보여준다.

환일식이 벌어졌을 것으로 파악되어도 기록으로 확인되지 않는 사 례도 상당수이다. 이러한 점을 보건대 적어도 역사서의 기록만큼은 관측보다 계산에 의한 결과가 반영되었다고 보는 쪽이 더 합리적으 로 보인다.

이와 관련하여, 조선 후기에 조선과 청나라가 주고받은 외교문서를 엮은 《동문휘고同文彙考》에 주목하고자 한다. 이 문서에는 18세기 이후 조선과 청나라의 천문학자들이 일식과 월식에 관한 정보를 주고받은 내용이 담겨 있다. 청나라의 천문학자들은 일식과 월식을 계산하여 비교적 자세한 결과를 조선의 천문학자들에게 보냈고, 조선의 천문학자들은 보내준 값들을 참조하여 그들 나름대로 다시 계산하여 비교하였다. 영조는 이러한 일련의 과정 가운데 계산한 결과에 차이가 있는지 확인하곤 하였는데,[53] 차이가 있더라도 처벌은 받지 않았지만 왕에게 보고해야 했다는 점에서 보건대, 조선의 천문학자들은 계산을 면밀히 해내야 한다는 무언의 압박을 받았을지 모른다. 그러함에도 불구하고 계산의 차이는 빈번하게 나타났고, 결국에 영조는 역법의 개선이 필요하다고 인지하였다. 이에 북경에 천문학자들을 파견하여 계산법을 배워 오도록 하기에 이른다.[54] 이는 오늘날 국가 간 과학기술 분야 우수 연구 인력들이 서로 교류하는 것과도 유사하다. 기록에 따르면 이러한 파견은 19세기 말까지도 계속되었다.

정치적 수단이었는가

기록을 살펴보면 흥미로운 사실 하나가 드러난다. 일식의 발생에는 규칙성이 있다는 점을 지배층은 알고 있었다는 것이다. 본래 정해진 자연의 법칙이 있다는 말과 함께 현상의 주기성을 인정하고 있음을 기록을 통해 확인할 수 있다. 그러한 그들에게서 모순되는 상황이 목격되는데, 왕이 몸과 마음을 바르게 하고 단련하면 일어나야 할 일식도 일어나지 않을 수 있다는 발언이 그러하다.[55] 심지어 세종은 이 말이

옳다고 논평까지 하였다.[56] 이에 역대 왕들은 식이 발생하였을 때 바른말을 구하거나 반찬의 가짓수를 줄이고, 불필요한 사업을 정지하였으며, 형벌을 멈추거나 짐승의 도살을 금지하는 등 직접적인 행동으로 본인이 반성하고 있음을 보여주고자 하였다.[57]

그들은 일식이나 월식이 계산으로 예측 가능한 천문 현상임을 분명히 알면서도 그 발생 원인을 재이적 관점으로 돌리고, 정치 사상적으로 해석하고자 했다. 그래서 복잡 미묘하면서도 흥미롭다. 음이 양을 이긴 변고이기에 작은 변고가 아니라는 점을 강조하면서, 이러한 원인에는 왕을 가려서 어둡게 하는 자가 있으니 주의해야 한다거나, 군자의 도가 무너지고 소인의 도가 일어나기 때문에 발생한 것일 수 있으니 왕은 덕을 갖고 정치에 힘써야 한다는 주장으로 압박하기까지 하였다.[58] 식을 예측하기 위한 계산의 정확성은 차치하더라도 지배층은 피지배층에게 정치적으로 보여주기식 행동을 수행함과 동시에 지배층 내에서는 상대방을 견제하기 위한 용도로도 사용한 것이다. 즉 천문학적 계산과 재이론적 해석이라는 서로 다른 두 관점은 대립이 아닌 공생 형태로서 전통 천문학 속에 공존하였다.

그런데 오늘날 우리는 이러한 역사 천문 기록을 하나의 관점에서만 해석하려는 경향이 있다. 누군가는 다른 국가의 기록을 참조했고 정치적 목적하에 인위적으로 선별한 기록이라고 한다. 다른 누군가는 독자적 관측의 흔적이라고 강조하면서 자랑스럽고 우수한 천문 기록이라고 주장하기도 한다. 그러나 필자가 살펴본 일식과 월식에 관한 기록들은 양면의 관점이 모두 반영되어 있음을 보여준다. 계산을 통해 예보하였고, 산에 올라가서 식을 살피기도 하였으며, 수면에 비친 빛을 통해 식의 과정을 관측하기도 하였다. 더욱이 그 원인과 배경을 정치 사상적으로 해석하고자 했다. 결국 모든 관점은 공존했다. 둘 중

하나여야 한다는 이분법적 관점에서 벗어나 다양한 관점을 인정한다면 어떨까? 흑과 백으로 구분된 세상보다는 다양한 색깔로 어우러진 세상이 진실에 더 가깝지 않을까? 그것이 고대 사람들이 하늘에서 찾고자 한 의미를 더 잘 이해할 수 있는 태도가 아닐까?

기록으로 남은 하늘의 별

一

돌에 새긴 하늘,
〈천상열차분야지도〉

아무도 몰랐던 두 개의 석판

창경궁 중심에는 가장 오래된 정전으로 알려진 명정전이 있다. 그 뒤의 바닥에는 두 개의 넓은 석판이 있었는데, 길게 늘어진 추녀 아래 자리하여 갑작스레 내린 비를 피하기 좋은 장소이면서 햇볕이 따가울 때면 그늘이 지어져 시원한 장소가 되었다. 석판의 너비는 한 가족이 도시락을 펴놓고 둘러앉아 있기에 적당한 자리였다고 한다. 처음 그 석판을 마주했을 때는 오랫동안 방치된 모습이 못내 안타까워 화가 났었지만, 한편으로는 그 위에 모래를 뿌리고 벽돌을 밀며 노는 아이들의 모습까지 보았다는 홍이섭洪以燮, 1914~1974 선생의 이야기를 들으며 그저 허탈한 웃음을 지을 수밖에 없었다고 전상운全相運, 1928~2018 선생은 전했다.[1]

한국의 과학사를 세계에 알리는 데 공헌한 전상운 선생은 이 두 석판과의 첫 만남을 이렇게 회고하였다. 한때 그저 방치되었던 추녀 아래 두 석판은 이제 한국을 대표하는 과학 문화재가 되었다. 더 나아가 만원권 지폐에 담겨 우리 민족의 과학적 성과를 상징하는 배경으로 자리 잡기까지 하였다. 이 석판은 〈천상열차분야지도 天象列次分野之圖〉이다. 태조 때 처음 만들어졌고, 숙종 때 다시 제작되어 오늘날 두 개의 석판으로 남아 있는 이들은 이름 그대로 하늘의 모습을 순서에 따라 배열해놓은 과학 문화재이다.

1395년 태조 4년에 검은색 돌에 하늘을 새겨 넣은 이 천문도는 처음에 경복궁 안에 있었다. 그러나 임진왜란과 병자호란을 겪으면서 불타버린 경복궁 폐허 안에 그대로 방치되어 있었던 것 같다. 이후 숙종 13년인 1687년에 이민철 李敏哲, 1631~1715이 〈천상열차분야지도〉의 탁본을 참고하여 새로운 돌에 다시 새겨 넣었다. 그 후 영조 때, 태조 때 만든 석각 천문도가 경복궁에서 발견되고, 이에 흠경각 안에 두 석각 천문도를 보관하게 된다.

일제강점기를 거치면서 두 석각 천문도가 어떻게 이동되었는지 정확히 알려지지는 않았지만, 전상운 선생의 글을 참고하면 적어도 지난 50년 전까지만 하여도 외부에 그대로 방치되었던 것으로 보인다. 이후 태조 때 만든 석각 천문도는 덕수궁 궁중 유물전시관으로 옮겨지고, 숙종 때 것은 세종대왕 기념관으로 보내진다. 그리고 다시 한 번 이동하여 현재는 국립고궁박물관에 두 석각 천문도가 함께 보존되어 있다. 기록에 따르면 세종 때도 석각 천문도를 만들었던 것으로 확인되지만 그 실체가 분명하지 않다.[2] 다만 태조 때 제작한 검은색 돌에 새긴 석각 천문도가 한쪽 면이 아닌 양쪽 면에 새겨져 있다는 점에서 한쪽은 세종 때 채워진 것일 수 있다는 가설이 제기되기도 하였다.

〈천상열차분야지도〉는 조선의 건국 초기인 태조 4년에 제작된 것으로 세계에서 두 번째로 오래된 석각 천문도로 알려져 있다. 1,467개의

왼쪽은 1395년, 검은색 돌 위에 새긴 석각 천문도(태조본)이고, 오른쪽은 1687년에 다시 제작한 석각 천문도(숙종본)이다. 태조본은 세월의 흐름만큼이나 마모와 균열이 심하게 남아 있으며, 숙종본은 표면과 윤곽이 비교적 선명하게 보인다. 조선 전기에 제작된 태조본 〈천상열차분야지도〉와 조선 후기에 복각된 숙종본 사이에는 별자리 배열이나 구성에서 차이가 없다. 이는 〈천상열차분야지도〉가 단순한 관측 자료를 넘어 강한 상징성을 지닌 천문도임을 방증한다.

별과 은하수가 그려져 있고, 1년 내내 별이 보이는 북극 주변 하늘을 주극원이라 하여 천문도 중심에 원형으로 구분하여 표기하였다. 또한 가상의 경계선인 천구의 적도와 황도를 서로 어긋나게 그려서 표시하였다. 나아가 동아시아 전통 별자리 체계인 28수를 각 별자리들이 차지하는 너비에 따라 주극원부터 지평선에 해당하는 천문도의 바깥 원까지 선으로 이어 그 영역을 분명하게 구분하였다.

　황도 12궁이 황도대 둘레를 따라 배치된 12개의 대표 별자리를 의미하듯이, 28수라 함은 달이 지나는 길인 백도대 둘레를 따라 배치된 28개의 대표 전통 별자리로 볼 수 있다. 그러나 전통 천문학에서 하늘에는 28개의 별자리만 있는 것이 아니다. 동아시아에서는 시대에 따

이들 〈천상열차분야지도〉는 모두 목판본으로 알려져 있다. 왼쪽부터 순서대로 고궁박물관(고궁 384),[3] 규장각(고축 7300-3),[4] 서울역사박물관(서울역사 002674)[5]에 소장 중인 것들로 보존상태가 좋다. 고궁박물관 소장 〈천상열차분야지도〉는 1571년(선조 4년) 제작으로 추정하나 명확하지 않다. 〈천상열차분야지도〉는 민간에서도 원하는 사람들이 있었기에 목판본 외 필사본이 존재한다. 〈천상열차분야지도〉의 외형은 거의 유사하나 크기나 모양, 채색 여부에서 차이가 나타난다(유물번호: 고궁 384(좌), 고축 7300-3(중), 서울역사 002674(우)).

라 약간의 차이가 있겠으나 대략 300개 내외의 별자리로 구성되어 있었다. 하나의 별로 형성된 독립된 별도 있지만, 두 개 이상의 별들로 이루어진 경우는 선을 이어서 별자리임을 알 수 있도록 하였다. 이처럼 별이 그려진 천문도는 〈천상열차분야지도〉의 한가운데에 배치되어 그 중요성을 분명하게 보여주고 있다. 이 천문도 바로 상단에는 구분된 경계선에 따라 글씨가 새겨져 있는 작은 원이 있다. 이것은 중성도라 부르는 원이다. 중성도는 철저한 계산으로 정리된 결과물로 알려져 있는데, 새벽과 초저녁에 남중하는 별들이 무엇인지 24절기에 따라 구분하여 기록으로 남긴 것이다.

천문도를 중심으로 상단과 하단에는 해와 달 그리고 28수에 관한 간단한 설명과 함께 동아시아의 전통 우주관이 정갈하게 적혀 있다. 또한 28수의 위치와 천문도가 만들어진 배경이 명시되어 있다. 이는 〈천상열차분야지도〉가 갖는 상징적 의미를 유추해볼 수 있다는 점에서 중요한 기록이라 할 수 있다. 이처럼 〈천상열차분야지도〉는 현존하는 유물이면서 관련 기록이 상당수 잘 보존되어 있다. 이런 점에서 첨성대와는 다르게 그 학문적 가치를 충분히 논할 수 있는 역사적 자료이다. 하지만 천문도에 새긴 별의 배치를 통한 천문도의 기원과 연대추정에 대해서는 여전히 논란이 있다. 바로 그 지점에서 이 유물은 과학사적 탐구의 대상으로서 지금까지 계속 조명되고 있다.

고구려인가, 고려인가

〈천상열차분야지도〉는 19세기 말 조선에 있던 프랑스 공사관 통역관에 의해 국외에 처음 소개되었다.[6] 구체적인 조사와 논의는 미국의 선교사이자 천문학자인 칼 루퍼스W. Carl Rufus, 1876~1946에 의해 이루어졌다. 그는 《해동잡록》〈권근전〉에 수록된 〈양촌도설〉에 "려계병란 麗季兵亂"에 석본이 강에 빠졌다는 기록으로부터 '려계'를 고구려가 멸망한 시기인 672년 무렵으로 해석하였다. 이로 인해 그는 〈천상열차분야지도〉의 모본은 고구려의 천문도에서 비롯되었다고 단정했다.[7] 그의 주장을 영국의 과학사학자인 조지프 니덤Joseph Needham, 1900~1995이 그대로 받아들였다.[8] 니덤은 세계에 동아시아의 과학사를 알리는 데 공헌한 전문가로 그가 루퍼스의 결과를 그대로 수용함으로써 〈천상열차분야지도〉는 고구려의 천문학을 보여주는 자료로 세계에 알려진다.[9]

루퍼스의 주장은 초반에는 추정에 불과했을지 모른다. 하지만 전해지는 일련의 과정에서 비판적 검토 없이 그대로 수용된 것으로 보이고, 지금은 의도치 않게 기정사실이 되어버렸다. 이뿐 아니라 국내의 연구자들도 일부 연구자를 제외하고는 이러한 주장에 별다른 의심을 품지 않고 수용함으로써 암묵적인 동의를 하게 되었다. 나아가 당나라로부터 고구려에 전해진 천문도라는 의견이 더해지면서 〈천상열차분야지도〉의 기원을 두고 확증편향에 빠진 듯했다.[10] 결과적으로 〈천상열차분야지도〉의 고구려 기원설은 오랜 기간 학계를 비롯해 대중의 담론에 이르기까지 모두 사실처럼 받아들여졌다.

그러나 〈천상열차분야지도〉를 논할 때 분명히 해야 할 점이 있다. 어느 기록에서도 이 천문도와 관련하여 고구려에 대한 언급이 확인된 바 없다는 사실이다.[11] 그러함에도 불구하고 이 천문도는 오랫동안 고구려의 유산으로 여겨져왔다. 그 배경은 루퍼스를 비롯한 일부 초기 연구자들의 해석에 있다. 그동안의 연구들은 루퍼스를 시작으로, 고구려의 천문학이 조선까지 이어졌다는 전제하에 논의가 이루어진 경우가 대부분이다. 일부 연구자는 고구려에서 기원했다고 강조하면서 한국의 천문학사가 꽤 오래전부터 높은 수준이었다는 근거로 삼기도 하였다. 나아가 중국에서 기원했다고 알려진 동아시아 전통 별자리 체계가 사실은 고구려에서 유래했을지 모른다는 가능성까지 제기되었다.[12]

비록 〈천상열차분야지도〉(14세기 후반)가 중국의 〈순우천문도淳祐天文圖〉(13세기 중반)에 이어 두 번째로 오래된 석각 천문도이지만, 천문도에 반영된 하늘의 모습만큼은 고구려(기원전 1세기부터 기원후 7세기까지)라는 점을 강조하면서 가장 오래전의 하늘을 반영한 천문도는 사실 한국의 역사에서 찾을 수 있다는 것을 은연중에 보여주고 싶었던 것이 아닐까?[13] 필자는 이것이 어쩌면 학문 외적인 민족사적 연속성에 대한 기대감과 결합되면서, 하나의 역사 계승 담론으로 굳어진 측면이 있는 것은 아닌지 생각해본다.

하지만 이러한 관점과는 다른 주장이 최근에 제기되기 시작하였다. 천문도의 기원이 고구려가 아니라 고려일 수 있다는 것이다. 가장 먼저 피휘避諱에서 그 근거를 찾을 수 있다. 하늘의 아들인 천자, 곧 왕의 이름과 같은 한자가 있으면 이를 삼가기 위해 음이 비슷한 글자를 모두 피하거나 뜻이 통하는 다른 한자를 사용하는 등, 전혀 다른 한자를 사용하는 행위를 일컬어 피휘라 한다. 동아시아 전통 별자리에는 건성建星이란 이름을 가진 것이 있는데, 흥미롭게도 〈천상열차분야지도〉에는 입성立星이라 기록되었다. 건과 입은 한자가 다르지만, 그 뜻은 통한다. 즉 고려의 태조인 왕건의 이름과 건성의 건이 같은 한자를 사용하니 이러한 이유로 피휘의 흔적일 수 있다는 주장이다.[14] 물론 이 주장에도 반론의 여지가 있다. 《고려사》에는 건성이 수차례 등장하니, 피휘라는 주장 자체가 기본적으로 성립되지 않는다는 의견이다.[15] 이와 관련하여 《조선왕조실록》에서도 건성과 입성은 혼용되어 사용되고 있음을 확인할 수 있다. 어쩌면 피휘에 관한 주장은 명확하지 않을 수 있다.

문헌학적 해석의 측면에서도 고구려보다는 고려일 가능성에 무게를 두고 있다. 루퍼스는 '려계'를 고구려 말이라 해석하였지만, 통상적으로 고구려 말이 아니라 고려 말로 해석해야 한다는 의견이다.[16] 이뿐 아니라 고려에서는 개성 첨성대를 운용했다는 역사적인 사실과 더불어 고려 말에는 국가 천문기관인 서운관이 운영되고 있었기에 철저한 천문 관측이 가능했으리라는 짐작도 고려의 기원설을 주장하는 근거가 된다. 특히 고려의 역사를 기록한 《고려사》에는 천문 기록이 상당

수 정리되어 있으니, 이 역시 고려의 기원설에 힘을 보탠다.

최근에는 〈천상열차분야지도〉에 명시된 황도 12궁의 한자명에 고려 기원의 근거가 있다는 주장도 나왔다. 황도 12궁은 기원전 6세기 또는 기원전 7세기 무렵에 바빌로니아에서 유래되어, 기원전 2세기 즈음 그리스에 정착되었다고 본다. 이후 인도에 전해져 점성술의 한 요소로 사용되다가 6세기 무렵 불교와 함께 중국으로 전해졌는데, 이때 확인된 황도 12궁의 한자명은 한 글자로 명시되었다. 10세기를 기준으로 황도 12궁의 명칭은 한 글자에서 두 글자로 변모하는데, 〈천상열차분야지도〉에 명시된 황도 12궁의 명칭과 일치한다.[17] 이러한 점을 고려하면 고구려가 멸망한 후 3세기가 훌쩍 지난 고려 시대에 이르러 천문도가 만들어졌을 가능성이 다분하다. 물론 이러한 단어의 개수 체계의 변화를 단정하기에는 근거가 부족하다. 이러한 가설은 여전히 추가 사료 검증의 대상이라 할 수 있다.

명문에는 '평양성'이라는 표현이 등장하기 때문에 이를 근거로 고구려와 직접 연결 지으려는 해석도 있다. 그러나 평양성을 단순한 지리 정보로 보기보다는 새 왕조가 자신을 어떤 역사 계통에 잇고자 했는지를 드러내는 상징적 장치로 이해할 여지도 크다. 다시 말해 〈천상열차분야지도〉에서 평양성을 앞세운 것은, 이 천문도가 고구려에서 만들어졌음을 알리려는 표시라기보다 조선의 건국이 일정한 정통성의 계보 위에서 이루어졌다는 인식을 강조하려는 선택으로 볼 수 있다는 것이다.[18] 이런 점들을 고려하면 〈천상열차분야지도〉의 제작 시기와 기원을 하나의 연대나 한 왕조의 이름으로 고정하려 하기보다는, 이 천문도가 하늘의 질서를 빌려 새로운 왕조의 정체성과 역사 계승 의식을 어떻게 연출하고 있는지를 읽어내는 시각이 더 중요하다고 생각한다.

	양	황소	쌍둥이	게	사자	처녀	천칭	전갈	궁수	염소	물병	물고기
~10세기	羊	牛	嬰	蟹	獅子	女	秤	蝎	弓	磨蝎	瓶	魚
10세기~	白羊	金牛	陰陽	巨蟹	師子	雙女	天秤	天蝎	人馬	磨蝎	寶瓶	雙魚

황도 12궁의 명칭을 10세기 이전(~10세기)과 10세기 이후(10세기~)로 구분하여 살펴보면 표와 같다. 10세기 이전에 황도 12궁은 사자나 염소를 제외하면 모두 한 글자로 이루어진 한자로 기록되었으나,[19] 세기 이후에는 모든 황도 12궁이 두 글자의 한자로 바뀐다. 이는 〈천상열차분야지도〉에 명시된 황도 12궁을 표현한 단어들과 일치한다. 물론 〈천상열차분야지도〉를 만들면서 중성기가 새로이 계산되어 반영되었듯이, 황도 12궁의 명칭도 새롭게 바뀐 명칭으로 대체되었을 가능성을 무시할 수 없다.

필자는 〈천상열차분야지도〉의 천문 계산을 책임진 류방택柳方澤, 1320~1402이 고려의 충신이었다는 점도 생각해볼 여지가 있다고 본다. 류방택은 천문과 역법에 능했던 고려의 천문학자이다. 그러한 그가 고려 멸망 후 조선이 세워지자 직을 모두 내려놓고 고향인 서산으로 내려갔다. 그런데 천문도를 만들고자 했던 조선은 류방택의 도움이 필요했을 것이다. 그리고 그의 조선에 대한 감정을 왕조 교체의 주역들은 잘 알고 있었을 것이다. 그들은 결국 천문도 제작에 류방택을 합류시켰다. 그렇다면 류방택은 어떠한 마음으로 〈천상열차분야지도〉를 만들었을까? 새로운 시대를 연 조선을 향한 뜨거운 기대감으로 천문도를 만들었을까? 아니면 망해버린 고려를 향한 충성된 마음과 슬픔으로 천문도를 만들었을까?

어쨌든 그는 고려 말에 역법을 다루고 하늘을 살피던 천문학자로서, 자신에게 가장 익숙했던 고려의 천문학으로 조선의 천문학을 시작했을지 모른다. 역사적 전환기에 서 있던 한 과학자의 내면을 명확히 알 수는 없다. 하지만 그의 참여는 고려와 조선 천문학의 연속성을 시사하는 증거가 된다.

연대 추정에 숨은 비밀

그동안 일부 연구자들은 〈천상열차분야지도〉가 고구려의 천문도이면서, 하늘을 살펴 측정한 소위 관측된 결과라고 보았다. 그리고 그러한 전제하에 석판에 새긴 별들의 위치를 읽어내 천문학적으로 분석한 다양한 결과들이 제시되었다. 1세기부터 14세기까지, 다양한 시기를 제안한 연구들이 이어졌다.[20] 이러한 연구들은 역사 기록을 자료화하여 수학적 및 천문학적 방법론을 적용하였다는 점에서 나름대로 의미가 있는 분석들이라 할 수 있다. 특히 분석에 사용된 계산 방법은 신뢰할 수 있는 절차에 기반한다. 그러나 과연 이러한 방법론을 〈천상열차분야지도〉의 기록에 적용해도 타당한지는 한 번쯤 생각해볼 필요가 있다.

우선 〈천상열차분야지도〉의 작도법은 일반적이지 않다. 천문도의 중앙이 북극이고, 가장 외형에 둘러 있는 원이 지평선이다. 그러므로 별의 위치를 좌표에 맞춰 표기하면 우리가 알고 있는 겉모습과 달리 왜곡된 모습을 보인다. 즉 극에 가까워질수록 본래 모습보다 더 조밀하게 표기될 것이고, 지평선에 가까워질수록 별자리의 외형은 넓어지게 되는 것이다. 하지만 〈천상열차분야지도〉에 기록된 별자리들은 그 외형이 밤하늘에서 실제 볼 수 있는 겉보기 모습과 같다. 그 말인즉슨 〈천상열차분야지도〉는 모든 별이 각각 제 위치에 정확하게 맞도록 새겨진 천문도가 아니라는 것이다. 이는 별의 위치가 정밀한 좌표 기반의 천문 자료라기보다 시각적 상징이나 도상적 표현에 가깝다는 점을 시사한다.

더군다나 분석을 위해 천문도에 새겨진 별들의 위치를 읽어낼 때, 그 과정에서도 불가피한 오차가 발생할 수 있다. 특히 극에 가깝게 그려진 별을 읽어낼 때는 1밀리미터만 실수해도 오차는 도 단위 이상 생길 수 있다. 혹시나 당시 사용된 관측기기의 정확성을 알 수 있다면 연대 추정에 도움이 되겠으나, 역사서를 아무리 살펴보아도 천문도 제작에 사용된 천문 기술력이 어느 정도인지 짐작할 단서가 확인되지 않는다. 즉 관측 정확성 자체를 검증할 수 있는 기반이 부족하다는 것이다.

관측기기를 통한 정확성 추정은 차치하더라도 천문도의 별들은 그 자체가 왜곡이기 때문에 다양한 방법론을 적용하고 수학적으로 철저하게 계산하여 결과를 산출한들 과연 천문도에 새겨진 밤하늘의 별들이 언제 관측되었는지, 나아가 시기를 유추할 근거가 될 수 있는지는 의문이다. 물론 이러한 오차를 감수하면서도 연대를 추정하려는 연구자들의 노력은 천문학적으로나 역사학적으로 사료의 실체를 밝히려는 '도전'이라는 점에서 높게 살 만하다. 하지만 이렇게 산출된 결과로부터 시기를 추정하는 것이 기존 역사관을 고려하지 않고 왜곡된 해석을 만들어낸다면 우리는 이 결과를 어떻게 받아들여야 할까?

필자는 아무리 과학적인 방법론을 사용하여 산출한 객관적 결과라하더라도 역사적 사실관계를 고려하지 않고 비약적으로 해석된다면 '도전'이라는 의미가 오히려 퇴색하는 것이 아닐지 우려스럽다. 그동안 연대 추정과 관련한 연구자들의 결과를 보건대, 그들의 연구 결과는 하나로 일치되지 않았다. 다양한 방법론으로 연대를 추정하여 각

기 다른 결과들이 제시되었다는 점과 이미 잘 알려진 역사적 사실관계
와도 그 연결 고리가 어긋난다는 점을 고려한다면 〈천상열차분야지도〉
의 연대 추정은 해결해야 할 과제가 아닌, 불확실성을 띤 형이상학적
자료라고 봐야 할 것이다.

별 크기와 밝기의 관계

우리나라의 〈천상열차분야지도〉는 중국의 〈순우천문도〉와 달리 별
마다 크기가 다르게 새겨졌다는 특징이 있다.[21] 예를 들어 지평선 가
까이에 그려진 노인성老人星(용골자리 알파별, 카노푸스, -0.7등급), 사공司空
(남쪽물고기자리 알파별, 포말하우트, 1.2등급)이 크게 그려져 있고, 천랑天狼
(큰개자리 알파별, 시리우스, -1.4등급), 직녀織女(거문고자리 알파별, 베가, 0등
급), 대각大角(목동자리 알파별, 아크투루스, -0.1등급)의 별들도 상대적으로
크게 묘사되었다. 또한 북두칠성도 주변의 다른 별보다 상대적으로
눈에 띄게 그려졌음을 확인할 수 있다.

이러한 경향은 실제 별의 밝기에 대응하여 의도적으로 크기를 달리
하여 천문도에 묘사했음을 뜻한다. 실제로 일부 연구자들은 별의 크
기와 밝기 사이에는 상관관계가 존재한다고 보고하고 있다. 이는 이
천문도가 단순한 상징적 표현을 넘어 실제 하늘의 특성을 반영하려
는 시도였다는 점에서 천문학적 의미가 강조된다. 그리고 한국 천문
학의 우수성을 뒷받침하는 또 하나의 상징이자 근거가 되었다.

하지만 석연치 않은 부분이 곳곳에서 확인된다. 모든 별이 이 기준
에 따라 일관되게 표현된 것은 아니라는 사실이다. 오늘날 오리온에
해당하는 삼수參宿 아래쪽 지평선 가까이에 보면 천시天屎라는 별이 있

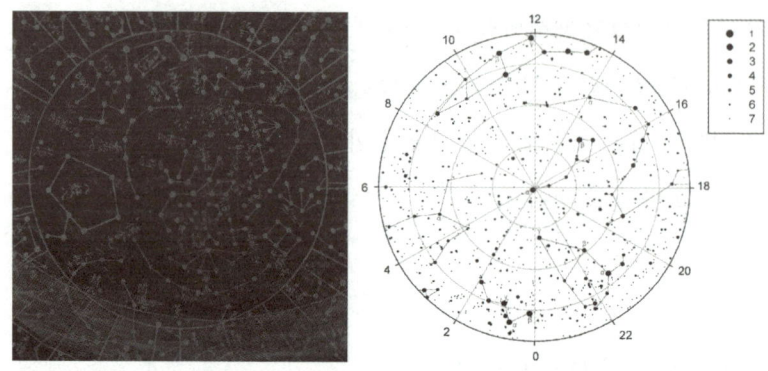

왼쪽은 〈천상열차분야지도〉[22]에서 자미원 중심의 주극원 영역을 발췌한 것으로 동아시아 전통 별자리의 배치를 잘 보여준다. 오른쪽은 동일한 영역, 특히 주극원 영역에 맞추어 현대 관측 자료인 히파르코스[23] 관측 목록 값을 사용하여 재구성한 별자리로, 별의 밝기에 따라 원의 크기를 달리 표시하였다. 두 그림의 상단을 보면 북두칠성의 위치를 확인할 수 있는데, 비교적 크고 뚜렷한 별이기에 식별이 쉬울 것이다. 다만 모든 별에 일관된 등급－크기 간 비례가 적용된 것은 아님에 주의해야 한다. 세월의 마모로 인한 변형도 있겠지만, 필자는 상징성(주요 별자리의 핵심성)이 별 크기 묘사에서 편차를 만들었다고 생각한다.

는데, 이 별은 5등급 밝기를 가졌음에도 상대적으로 크게 그려진 것을 확인할 수 있다. 심지어 하늘에서 가장 밝은 별로 알려진 천랑보다도 크다. 또한 카펠라(마차부자리 알파별, 0.3등급)나 프로키온(작은개자리 알파별, 0.3등급) 등 열 손가락 안에 드는 밝기의 별들이 천문도에서는 주변의 별들과 큰 차이가 없는 평이한 크기로 그려져 있다. 즉 밝은 별이라고 해서 일관되게 크게 그리거나, 흐린 별이라고 해서 상대적으로 작게 그린 것은 아니라는 점이다. 이것은 단순한 원칙만으로 별을 표현하지 않았음을 방증한다. 물론 이러한 불일치에 대하여 일부에서는 별의 밝기가 과거와 달랐을 가능성, 예컨대 장주기 변광성이나 별 진화의 흔적일 수 있다는 추정도 한다. 하지만 이러한 짐작은 어디까지

나 추정에 불과할 뿐 명확한 설명이 되지는 못한다.

물론 외부에 방치된 석각 천문도였기에 세월에 따른 마모 정도를 고려해야 한다. 즉 별의 크기가 본래보다 흐려지거나 확대되어 보일 수 있다. 그러나 이 역시 모든 왜곡을 설명하기에는 충분하지 않다. 이러한 이유로 필자는 별의 크기가 다양한 이유를 다른 관점에서 접근할 필요가 있다고 생각한다. 고대 사람들이 하늘을 살펴야만 했던 결정적 이유가 무엇인지 생각한다면 천문도에 새겨진 별의 크기가 다른 이유를 설명할 수 있지 않을까?

별의 크기는 반드시 물리적 밝기와 일치할 필요가 없으며, 시대적 관점에서 천문관과 상징성에 따라 의도적으로 차등 표기되었을 가능성이 크다. 즉 밝은 별이기 때문에 크게 그린 것이 아니라, 하늘의 뜻을 해석하기 위한 중요도에 따라 별의 크기를 달리 구분했을 수도 있다는 것이다. 동아시아 전통 별자리의 기본 체계인 28수를 생각해보자. 28수를 이루는 별들은 모두 밝은 별로 구성되어 있지 않음에 주목할 필요가 있다. 물론 밝은 별일수록 식별이 쉽다는 이점으로 그 중요도가 높아질 여지는 충분하다. 하지만 동아시아에서는 밝은 별이라고 무조건 우선순위에 두지 않았다.

〈천상열차분야지도〉는 단순한 하늘의 지도가 아니다. 우주의 질서를 묘사한 천문학적 흔적이며 국가 통칭의 상징이기도 하였다. 그렇다면 밝기보다 의미와 상징적 중요도에 따라 별의 크기를 달리했을 가능성이 충분하다. 다시 말해, 크게 그려진 별은 더 밝았기 때문이 아니라, 하늘의 메시지를 해석하는 데 더 중요하다고 여겨졌기 때문일 수 있다. 그러므로 천문도의 별 크기를 해석할 때는 천문학적 관점만으로 분석하는 것은 적절치 않다. 다양한 관점으로 판단하는 것이 타당하다.

그들은 왜 돌에 하늘을 새겨야 했는가

물론 상징성은 주요 요소이지만, 거기에만 국한되지는 않는다. 조선에서는 〈천상열차분야지도〉를 혜성을 비롯한 천체의 위치를 가늠하고 살피는 데 활용한 것으로 확인된다.[24] 게다가 1629년 5월 15일에 관상감에서 천문도의 별이 실제 하늘에서 보이는 것과 그 위치 간에 차이가 있으니 1년 동안 관측을 통해 검토하겠다고 인조에게 요청하였다.[25] 이에 허락을 받고 진행한 것으로 보인다. 그리고 1년 뒤인 1630년에는 관상감에서 1395년부터 이어진 이 천문도가 오래되어 차이가 나니 새롭게 계산할 필요가 있다고 건의하였다.[26] 이처럼 〈천상열차분야지도〉는 실제 관측에 사용되었다는 점에서 그 천문학적 기능을 부정할 수 없다.

그렇다고 〈천상열차분야지도〉를 순수하게 관측만을 위한 목적으로 만들었다고 볼 수 있을까? 주목할 점은 〈천상열차분야지도〉 제작에 참여한 인물이라 해서 모두가 천문학자는 아니었다는 사실이다. 특히 그들 중 권근權近, 1352~1409은 성리학자로서 하늘을 관측하던 천문학자가 아니라 하늘의 뜻을 해석해 통치 이념을 담는 지식인이었다. 이처럼 류방택을 비롯한 천문학자들만 참석한 것이 아니라는 점은 왕조의 정당성을 하늘의 질서로 정당화하려는 목적 아래 만들어졌음을 시사한다. 관련하여 〈천상열차분야지도〉에는 만들어진 목적과 배경이 간결하게 서술되어 있으니, 조선이라는 새 왕조가 하늘의 뜻에 의한 것이므로 그 정통성이 분명하다는 것을 공표하기 위함에 있다고 보고 있다. 이에 개국 초, 국가 사업으로서 천문도를 만든 것이다.

천자는 하늘의 뜻을 받들어 인간 사회를 통치해야 한다. 하늘의 뜻을 잘 알기 위해서는 하늘을 잘 살펴야 하니, 돌에 하늘을 새긴 것은

곧 하늘을 잘 살펴서 이 나라를 잘 이끌겠다는 상징적 의미이며, 이것
이 제작 연원에 담겨 있다고 볼 수 있다. 이는 고려 멸망 후 새로 만들
어진 조선 왕조의 정당성을 확보함과 동시에 하늘의 뜻을 이어받은 정
통성까지 있다고 천문도를 통해 드러낸 것이다.

"하늘을 받드는 정치에서는 천문을 관측하고 시간을 알리는 것보다
앞서는 것이 없다. 위로는 하늘을 공경하고, 아래로는 하늘의 뜻을 받
아서 백성의 일에 힘쓰면 요순 시대처럼 융성하게 될 것이다." 권근은
이러한 말을 〈천상열차분야지도〉에 남겼다. 요순 시대와 비견되고자
하는 기원과 함께 조선을 이끌 지배층의 포부를 보여주기 위해 천문
도를 제작했다는 것을 상징적으로 보여준다. 같은 이유로 〈천상열차
분야지도〉의 제작은 피지배층인 백성에게서 지지를 얻기 위한 고도의
정치 행위였다고 볼 수 있을 것이다.

〈천상열차분야지도〉는 현존하는 것만으로도 자랑스러운 한국의 천
문 유산이다. 동아시아의 전통 별자리 체계가 잘 반영되어 있고, 서양
에서나 확인될 줄 알았던 황도 12궁의 적용도 나타난다. 이것만으로
도 우리의 〈천상열차분야지도〉의 천문학적 가치가 충분히 입증되며,
역사학적으로도 훌륭한 의미를 담고 있다. 그러나 최고最古와 최고最高
에 매몰된 무리한 해석이 지금도 매체를 통해 무분별하게 전달되고 있
다. 이것은 유물에 대한 자랑스러운 마음과는 결이 다르다. 〈천상열차
분야지도〉를 검토했던 초창기 대부분의 연구는 '이것은 무엇을 의미
할까?' '왜 그러할까?' 같은 의문으로 문제를 풀어갔다. 그런데 언제부
터인가 왜 이러한 연구를 해야 하는지는 드러나지 않고, 이전 질문에
서 보였던 학문적 태도는 '얼마나 대단하고 훌륭한가?'라는 감탄으로
바뀌고 있다. 당연히 중국보다 오래전 하늘의 모습이어야 하고, 그보
다 특별해야 한다는 확증편향에 빠진 모습이 각종 대중매체를 통해 무

분별하게 퍼지고 있다. 이는 우리의 천문도를 과학 유산이 아닌 국가 자존심의 상징물로 소비하게 만드는 행태이다. 오히려 그 안에 담긴 역사적 맥락과 과학적 복합성을 흐리는 일이다. 이처럼 정치적인 측면에서만 보이는 이데올로기적 담론의 산물을 〈천상열차분야지도〉를 바라보는 관점에서도 마주하다 보면 "누구를 위한 역사인가?"라는 젠킨스Keith Jenkins, 1943~의 질문처럼 누구를 위한 〈천상열차분야지도〉인지 묻고 싶어진다.

二

숫자로 기록한 하늘의 별 목록

별의 위치를 측정한다는 것

지구가 한 바퀴 도는 것을 자전이라 한다. 자전을 각도로 환산하면 360도이고, 시간으로 환산하면 하루이다. 즉 1회전(=360도)에 하루(=약 24시간)가 소요된다. 이것은 1시간에 15도, 4분에 1도를 움직이는 것이다. 이번에는 공전을 생각해보자. 지구가 태양을 중심으로 한 바퀴 도는 것을 공전이라 한다. 공전은 1년(=약 365일)이 걸린다. 환산해보면 하루에 1도 조금 못 미치게 움직이는 셈이다. 오늘 22시에 어떤 별이 자오선 위에 있었다면, 내일 밤에는 하루가 더 지난 시점이 되니 약 1도를 이동했을 것이고, 이를 시간으로 환산하면 4분과 같으니, 이 별은 4분 정도 이른 21시 56분에 자오선에 놓였을 것이다. 이처럼 한 바퀴의 개념을 각도와 시간으로 표기할 수 있다. 이를 좌표 개념에 적용하면 경도로 사용할 수 있고 시간으로도 표기할 수 있다.

동아시아에서는 별의 위치를 어떻게 측정하고 결정했는지에 대해

명확하게 알려진 바가 없다. 하지만 유럽과 이슬람 문화권에서는 별의 위치를 측정하기 위해 관측기기를 자오선에 일치하도록 고정하여 관측하였다. 별이 자오선을 지나가는 순간에 고도를 재어 위도를 측정하고, 동시에 경도도 함께 측정하는 것이다. 이때 경도는 시계를 사용하여 측정하니 시계의 정밀도는 곧 경도의 정밀도와 연결된다. 다시 말해 측정하고자 하는 별이 자오선에 놓였을 때의 시간이 몇 시 몇 분이냐에 따라 경도가 결정되는 것이다. 어떤 별이 자오선을 지나는 순간의 시간을 측정해보니, 춘분점(=경도 0도) 이후로 5시간 30분이 지났다면 이 별의 경도는 5시 30분이고, 이를 각도로 환산하면 82.5도(= 5시 30분 = 5.5시. 1시간에 15도이므로 5.5시×15도 = 82.5도)가 된다.

관측기기가 정밀하고 시계로 초 단위까지 잴 수 있다면, 그만큼 별의 위치는 더 정확해질 것이다. 이러한 방법으로 여러 차례 진행하여 측정한 관측값을 평균하면 오차가 감쇄되니, 최종적으로 별의 위치를 결정할 수 있다. 이처럼 측정한 위도와 경도는 좌표 체계를 황도 기준으로 삼느냐, 적도 기준으로 삼느냐에 따라 값이 다르게 나타난다.

또한 이렇게 측정한 별들은 밝기가 다양할 테고, 그 정도에 따라 구분하고 정리하면 비로소 별 목록의 형태를 갖추게 된다. 지금은 정량적으로 등급을 정의하여 1등급에서 6등급 간의 밝기가 약 100배 차이가 나게끔 한다. 이를 포그슨의 법칙Pogson scale이라 부른다. 여기서 밝기를 뜻하는 등급 개념을 처음 사용한 사람은 그리스의 천문학자 히파르코스Hipparchos,'Ιππαρχος, 기원전 190~120로 알려져 있고, 그의 영향을 받아 만들어진《알마게스트》의 별 목록에서 이를 확인할 수 있다. 이처럼 현대 천문학이 별의 위치와 밝기를 중요 정보로 삼아 목록화하고 정리한 것을 일컬어 별 목록星表, star catalogue이라 한다.

《칠정산외편》의 별 목록

측정된 결과를 정량적으로 담아낸 별 목록은 현대 천문학에도 상당히 의미 있는 자료이다. 천문학적 분석을 통해 당시의 관측 기술력을 가늠해볼 수 있고, 현대의 별 목록과 비교 대조함으로써 역사 기록에 언급된 별이 오늘날 어떤 천체인지 식별할 단서가 되기도 한다. 이러한 자료는 한국의 역사서에서도 찾을 수 있다. 그중 조선 초에 편찬한

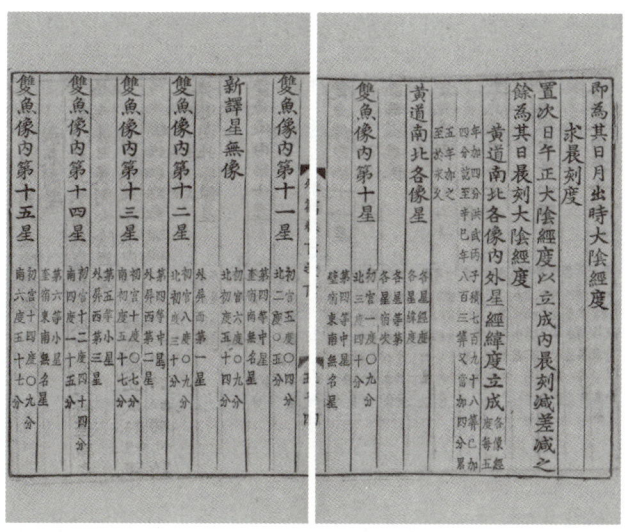

《칠정산외편》에 수록된 성표인 '황도남북각상내외성경위도입성'의 첫 부분이다. 표 상단에는 별자리 이름과 그 별자리를 구성하는 별 번호가 기재되어 있으며, 아래에는 황경과 황위 값이 이어진다. 다음으로 여섯 단계(1~6)로 구분된 밝기와 세 단계(대중소)로 구분된 밝기가 표시되어 있다. 마지막으로 각 별에 대응하는 동아시아 전통 별자리의 별이 연결되는데, 대응하는 별이 없으면 가장 가까운 거리의 전통 별자리의 명칭과 함께 이름 없는 별, 즉 무명성으로 기록하였다. 동일한 성표는 중국에 남아 있는 명나라의 천문 서적인 《칠정추보七政推步》와 일본에서 소장하고 있는 《회회력법》에서도 찾을 수 있다.

역법서인 《칠정산외편》에 수록된 '황도남북각상내외성경위도입성'이라 부르는 꽤 긴 이름을 가진 목록은 한국 천문학사에서 가장 오래된 별 목록으로 알려져 있다. 동아시아 전통 좌표 체계는 적도 좌표 체계에 기반하나, 흥미롭게도 이 별 목록은 황도 좌표 체계를 사용한다. 또한 밤하늘 전체에 배치된 별들을 모두 정리한 것이 아닌 황도대를 중심으로 황위 ±10도 이내 별들만 선별해 정리했다는 점도 독특하다. 이를 보건대 단순히 별들을 나열하여 정리한 것이 아닌 특별한 목적을 가진 자료임을 짐작할 수 있다.

이 별 목록이 수록된 《칠정산외편》은 조선 초에 만들어진 역법서로 이슬람 문화권의 천문학 지식이 반영된 《회회력법回回曆法》을 편집한 것이다. 여기에는 해와 달, 오성의 위치를 계산하는 방법이 명시되어 있다. 나아가 이러한 위치를 적용하여 해와 달이 교차하여 발생하는 일식과 월식 그리고 달, 오성, 별들이 겉보기에 서로 얼마만큼 떨어져 있느냐로 구분한 능범 현상까지, 이러한 모든 것을 계산하는 방법이 서술되어 있어 주목할 필요가 있다. 이 별 목록은 바로 이 능범 현상과 관련한 항목에 수록된 자료로서, 별의 일반적인 위치 파악보다 능범 현상의 계산에 활용된 실용 중심의 천문 자료였음을 시사하기 때문이다.

특히 《칠정산외편》이 이슬람 문화권의 천문학 지식이 반영된 만큼 별 목록에도 그 영향이 미쳤으리라 짐작한다. 물론 일부 연구자는 《회회력법》이 편집된 시기를 기준으로 명나라에서 새롭게 관측한 결과가 이 별 목록일 것이라고 주장하기도 한다.[27] 하지만 별 목록에 수록된 별의 위치 오차를 살펴보면 평균 약 49분의 차이가 있다.[28] 이는 보름달의 겉보기 지름이 약 30분(=0.5도)이라는 점을 고려하면, 별 목록의 위치 오차는 결코 작다고 할 수 없다. 즉 새롭게 관측한 결과물이라고 하기에는 석연치 않은 오차이다. 그러므로 관측치가 아닌 세차를 보정하여 편집한 결과물일 가능성이 크다. 더욱이 기록된 별들의 위치 오차 분포는 세 개의 군집을 형성하면서 분산되어 나타난다. 이는 별 목록이 하나의 자료가 아닌 적어도 세 곳의 장소에서 관측된 자료이거나, 정체를 알 수 없는 세 개의 별 목록을 혼합하여 편집된 결과물일 수 있음을 보여준다.

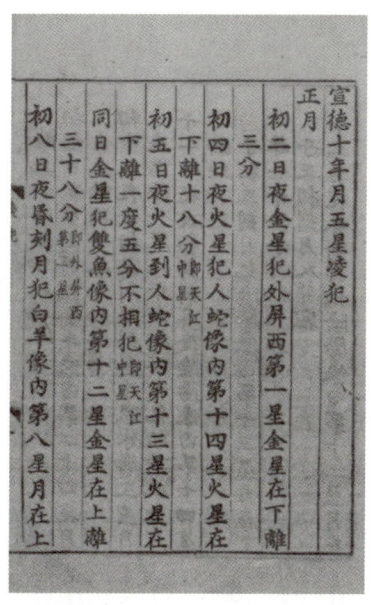

《선덕십년월오성능범》의 일부로 월일에 따라 달과 오행성이 어떤 별과 어느 거리에서 만나는지 정리한 기록집이다.[29] 여기에 상범(엄, 범)과 불상범(출, 행, 동도, 도, 퇴도)으로 구분하고 각거리 값을 기록하였다. 연구자들은 이 기록이 미리 계산한 결과물이라고 본다. 이로 인해 《조선왕조실록》에 기록된 각거리와 관련한 능범 현상들(상범과 불상범)은 실제 관측이 아닌 계산에 의한 결과물일 가능성이 제기된다. 한편 여기에 반하는 연구가 최근 발표되었다. 한국의 역사서에 기록된 각거리와 관련한 능범 현상들을 현대 계산을 통해 분석하여 천문학적 활용의 가능성을 논의한 흥미로운 연구이다. 다만 역사서의 기록이 실제 관측 활동이 수반된 결과물인지를 두고 면밀한 검토가 충분히 이루어지지 않은 점은 매우 아쉽다.

《칠정산외편》의 별 목록은 황위 ±10도 이내 277개 별을 선별하여 정리한 것이다. 이 황위 ±10도 범위는 달과 오성이 지나가는 영역에 속한다. 즉 달과 오성이 어떤 별과 얼마만큼 가까워지느냐에 따른 능범 현상을 파악하기 위한 것과 밀접한 별 목록이라 할 수 있다. 별 목록에 명시된 별의 명칭들은 주로 별자리 이름과 별자리를 구성하는 별의 번호로 구성되는데, 이때 별의 번호가 연속적이지 않다. 이는 전체 하늘의 별을 정리한 별 목록으로부터 철저히 황위 ±10도 이내 별들만 선별한 2차 목록임을 시사한다.

이 별 목록과 관련한 자료로 《선덕십년월오성능범》이라는 서적이 있다. 1435년(세종 17년) 한 해 동안에 달과 오성이 어떤 별과 얼마나 떨어져 있는지 천체에 따라 구분하여 월별로 정리한 1년간의 능범 현상 기록집이다. 관측된 기록으로 보기도 하나, 거기서 나타나는 오차의 분포 특징을 보면 계산에 의한 기록일 가능성이 크다고 본다.[30] 이처럼 동아시아에서는 능범 현상과 관련한 재이 현상을 민감하게 주시하였다. 즉 사상적 해석에 의거하여 동아시아에서 세차 보정과 함께 선별 작업이 후속으로 이루어졌을 가능성이 있다. 역법에 수록되어 달과 오성 등의 천체와 비교를 위한 계산 수단으로 사용되었기에 천문학적으로 상당히 의미가 있는 자료이다. 그러나 이 자료의 활용 목적이 순수한 천문학적 이유보다는 재이적 해석과 더 밀접하다는 점은, 일식과 월식을 예측할 수 있었다 해도 그 원인을 하늘의 뜻으로 해석했던 사실과 연결된다. 별 목록조차 사상적 해석 체계에 통합되었다는 사실은 조선 초기의 천문학이 과학과 정치 그리고 이념적 해석이 결합된 복합적 구조였음을 보여준다.

하늘의 별을 비춘 《성경》

한국사에서 가장 오래된 별 목록을 조선 초에 편집한 《칠정산외편》
에서 찾을 수 있었다면, 가장 늦게 만들어진 별 목록은 1861년에 완
성한 남병길南秉吉, 1820~1869의 《성경星鏡》에서 찾을 수 있다. 일반적으
로 별 목록은 별 이름, 경도(적경 또는 황경), 위도(적위 또는 황위), 등급
의 순서로 구분하여 표 형태로 정리한다. 하지만 《성경》은 이러한 일
반적인 별 목록과 그 구성 방식에 있어 차이가 있다. 우선 좌표 체계가
그렇다. 일반적으로 적위와 황위는 중심대를 기준으로 북쪽과 남쪽
으로 구분하고, 각 극으로 갈수록 위도 값이 커지도록 체계가 설정되
었다. 즉 북극은 +90도, 중심대는 0도, 남극은 -90도가 된다. 그러나
《성경》에서 별의 위도 값은 거극도라고 부르는 동아시아 전통 좌표 체
계를 사용하였다. 거극도는 북극으로부터 떨어진 거리를 각도로 표기
한 것이다. 즉 북극은 0도가 되고, 중심대는 90도가 되며, 남극은 180
도가 된다. 이와 같은 좌표 체계는 역사 기록에서 종종 발견할 수 있으
니, 객성 또는 혜성 등의 위치를 설명할 때도 거극도 값이 사용되었다.
이러한 좌표 체계 방식은 〈천상열차분야지도〉에서도 확인할 수 있다.

19세기 중반은 서양 과학의 유입으로 전통 지식 체계가 흔들리던
시기였다. 그러나 남병길의 《성경》은 동아시아 전통 좌표 체계의 기
록 형식을 고수하였다. 더욱이 이러한 자료의 정리 방식이 표의 형태
를 취하지 않고 《보천가》나 《천문류초》처럼 서술식이라는 사실이 흥
미로우면서도 의아하다. 이러한 이유로 《성경》은 별 목록보다는 항성
자료집이라는 표현이 더 적절하다는 견해도 있다.[31] 이처럼 《성경》의
좌표 체계와 구성 방식은 옛것을 취하고 있다. 하지만 별의 위치만큼
은 당대 최신 자료를 사용하였고, 한반도에서 볼 수 없는 남반구의 별

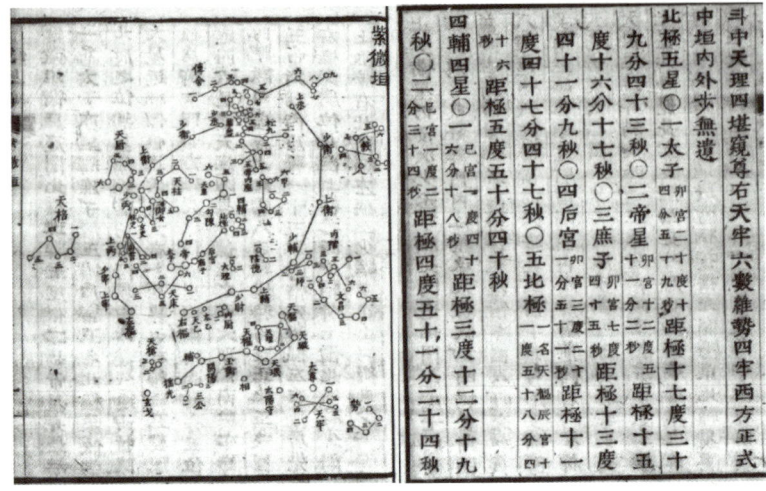

이 그림은 《성경》의 일부로 3원 28수 체계에서 자미원에 해당하는 부분을 발췌한 것이다. 왼쪽 그림은 자미원의 영역과 여기에 속하는 별자리들을 그림으로 보여준다. 오른쪽은 그림에 나타난 별자리에서 각 별자리를 구성하는 별들의 번호와 위치를 기록한 것이다. 별의 등급은 별도 항목으로 구성해 정리되어 있다. 한반도에서 볼 수 없는 남반구 별자리도 《성경》 후반부에 별도 항목으로 정리되어 있다. 각 별의 위치에는 거극이라는 표현이 사용되는데, 이는 위도 값을 의미하는 동아시아 전통 좌표 체계이다. 전반적인 구성이 《보천가》처럼 그림과 함께 별의 정보가 서술되어 있으며, 동아시아 전통 방식을 고수하려는 의도가 엿보인다. 그러나 입력된 정보에는 최신의 값이 적용되었고, 심지어 한반도에서는 볼 수 없는 남반구 별자리까지 포함되었다. 이러한 점에서 《성경》은 전통 방식을 유지하면서도 근대적 자료를 반영한 흥미로운 천문 자료집이라 할 수 있다.

자리가 별도로 정리되어 있다. 전반적으로 《성경》은 전통을 유지하려는 측면과 최신의 정보를 반영하려는 측면이 각기 더해져 별의 정보를 독특한 구성으로 담아냈다.

《성경》은 남병길이 별들을 하나하나 관측하여 정리한 결과물이 아니다. 청나라의 《의상고성속편》에 수록된 별 목록을 참고한 것이다.

1844년을 기준으로 정리한 《의상고성속편》의 별 목록에서 17년의 차이를 고려하여 1861년으로 세차 보정을 해 편집한 것이 《성경》이다. 세차란 지구 자전축의 흔들림으로 인하여 별의 위치가 아주 천천히 이동하는 현상이다. 게다가 각각의 별은 겉보기 위치가 시간에 따라 변하는데, 이에 따른 움직임을 고유 운동이라고 한다. 세차와 고유 운동은 작은 값을 가지고 있어서 수년의 시간으로는 큰 차이를 보이지 않지만, 수십 년 이상 지나면 도 단위의 오차를 만들어낼 수 있다. 그러므로 세차와 각 별의 고유 운동을 고려하여 보완하니, 이를 세차 보정이라 한다.

이러한 과정을 하나씩 진행하는 것이 복잡할 수 있는데, 다행히도 《의상고성속편》의 별 목록에는 각 별마다 적도 세차라는 항목이 표로 정리되어 있다. 이 값을 활용하면 연수에 따라 더하고 빼 세차 보정을 쉽게 할 수 있다.

《성경》의 기록을 검토해보면 남병길은 세차 보정을 충실하게 잘 이행한 것으로 보인다. 그런데 여기서 나아가 이를 동아시아 전통 방식의 체계로 변환하여 서술식으로 정리하였다. 남병길의 정확한 속내는 알 수 없다. 하지만 《성경》을 통해 별 목록으로서의 활용 가치나 기능만 강조하려 한 것 같지는 않다. 조선 후기에 들어 외부의 다양한 문화와 지식이 유입되는 과도기적 환경에서 남병길은 전통을 유지하면서도 최신의 정보를 충분히 반영할 수 있다는 점을 《성경》을 통해 보여주고자 한 것이 아닐까?[32] 《성경》은 전통을 계승하면서도 서양 지식의 수용 가능성을 보여주는 과도기의 산물이었던 셈이다.

그들의 목적

17세기 이후 유럽의 천문학자들은 경쟁적으로 정밀한 별 목록을 만들기 시작한다. 문명권과 대륙권이 본격적으로 긴밀하게 연결되기 시작한 대항해 시대가 절정에 이르면서, 항로를 개척하고 정확한 경도를 측정하기 위해서는 별 위치의 정확성이 중요했기 때문이다. 특히 관측기기의 개선과 시계의 정밀도가 그 계기가 되기도 하였는데, 이는 곧 관측의 정확성 향상에 영향을 미쳤고, 별 목록의 정밀성을 높인 배경이 되었다.

경쟁적인 관측을 통해 더 정밀한 별 목록이 만들어지면서 유럽의 천문학자들은 각 별이 가진 고유 운동의 흔적을 발견하였다. 별의 고유 운동을 정확히 알면 세차 보정의 정확성도 올라간다. 이렇게 정확한 상수를 파악하는 과정에서 관측 기술의 개선이 이루어지니 이는 곧 현대 천문학으로 이어지는 통로가 되었다. 즉 유럽에서는 별 목록이 개선되는 과정에서 현대 천문학으로 발전한 것이다.

하지만 조선을 포함한 동아시아에서는 혁신적 개선은 이루어지지 않았던 것으로 보인다. 선교사들이 중국에 들어와 만든 별 목록을 살펴보면 별의 위치 오차는 18세기 이후로 뚜렷하게 개선된 흔적이 없다.[33] 심지어 남병길의 《성경》은 본래 자료인 《의상고성속편》의 별 목록보다도 위치 오차가 크다. 17년에 불과한 세차 보정이지만 보정 과정에서 발생한 약간의 누적 오차가 정확성을 낮춘 것이다. 같은 맥락에서 훨씬 앞선 시기로 거슬러 올라가 보면 《칠정산외편》의 별 목록에 기록된 별 위치 오차는 보름달 한 개 반이 들어갈 정도로 크다. 그렇다 해도 능범 현상 예측을 위한 계산 자료로 사용되었다는 점을 보건대 조선의 천문학자들에게는 어느 정도의 오차는 문제가 되지 않았던 것으로 보인다. 별 목록을 대하는 목적과 태도가 유럽의 천문학자들과는 달랐다는 의미이다. 미리 계산할 수 있는 현상임에도 그 발생 배경과 원인을 사상적으로 해석했던 태도가 별 목록에도 마찬가지로 적용된 것이 아닐까?

한국 천문학사에서 별 목록의 흔적은 여럿 발견되지만, 우리 선조들이 직접 관측하여 만든 별 목록은 아직 알려진 바가 없다. 천문역산에 관하여 정리한 《동국문헌비고》〈상위고〉와 황윤석의 《이수신편》에서 동아시아 전통 별자리인 28수의 대표 별과 1등급 별을 한데 묶어 정리한 별 목록이 확인되나, 이들 역시 《의상고성》에서 선별하여 그대로 발췌한 정리본이다.[34] 물론 세종 때 28수의 별을 관측했다는 설명이 기록으로 확인되나,[35] 수시력의 값을 확인하기 위한 용도였던 것으로 보고 있다. 다양한 천문 현상이 기록으로 남아 있고, 역법으로 다양한 계산을 하여 결과물을 만들어냈으며, 관측기기를 만들어 운용하였고, 더욱이 여러 종류의 천문도를 제작하였는데, 한국만의 별 목록이 여전히 발견되지 않는다는 점은 의미심장하다. 별 목록의 부재는 한국의 전통 천문학이 어떠한 목적과 연결되는지 생각해볼 여지를 마련해주기 때문이다.

필자는 이러한 점에서 조선의 천문학자들은 '정밀한 하늘의 재현'보다 '하늘의 질서 해석'에 더 중점을 두었던 것이 아닐까 생각해본다. 유럽에서의 별 목록은 관측 기술의 진보를 이끌며 현대 천문학으로 나아가는 토대가 되었다. 반면에 조선에서는 그것이 사상적 질서의 일환으로만 기능했다. 물론 별 목록을 연구했던 필자로서는 독자적 관측 흔적이 있는 자료가 여전히 발견되지 않고 있어 아쉽다. 한국의 천문학사에서도 한국만의 별 목록이 발굴되기를 소망한다.

三

하늘을 구분한 체계

별자리 체계에 대한 굳은 관념

동아시아에서 별자리에 대한 관념이 언제부터 시작되었는지는 아직 명확히 알려진 바가 없다. 그러나 중국의 역사서에는 상당히 이른 시기부터 별자리에 대한 기록이 나타난다. 대표적인 예로 공자孔子, 기원전 551~479가 정리하여 편찬한 《서경書經》에는 〈요전堯典〉이라 하여 요임금에 관한 내용이 별도로 서술된 부분이 있는데, 이곳에 몇 개의 별자리가 나온다. 특히 동아시아의 주요 전통 별자리인 28수에 해당하는 허虛와 묘昴가 언급되어 있어서, 일부 연구자는 기원전 1,000년도 훨씬 전에 28수 체계가 구축되었다고 주장하기도 한다.[36] 하지만 몇 개의 별자리가 문헌에 등장했다고 당시에 체계가 확립되었다는 증명이 되지는 못한다는 견해가 대부분이다. 물론 기원전에 출판된 여러 옛 문헌들에 28수에 관한 글들이 종종 등장하는 것을 보건대, 적어도 별자리와 28수 체계에 관한 관념이 그래도 꽤 오래전부터 시작되었다고 짐작한다.

동아시아 전통 별자리 체계는 한漢나라의 전한前漢 시기에 더욱 구체화되었다. 전한의 무제武帝, 기원전 156~87가 집권하던 때에 사마천司馬遷, 기원전 145~?이 편집한 《사기史記》에는 중국 천문학에서 별자리를 처음 정리한 〈천관서天官書〉가 포함되어 있다. 여기에 600여 개 별과 이들로 구성된 90여 개 별자리가 정리되어 있다. 사람들은 주로 별과 별자리에 주목하고, 그 개수와 모양에 집중하는 경향이 있다. 하지만 가장 먼저 주목해야 할 것이 있으니, 이 내용이 기록된 천문서를 왜 〈천관서〉라고 부르는지 그 이유이다.

여기서 '관官'은 하늘의 별자리를 지상의 인간 사회와 결부시켜, 사람의 직분에 따라 관직이 있듯이 별자리에도 높고 낮음이 있다는 상징성을 부여한 것으로 보인다. 천구의 북극 주변을 하늘의 왕이 거처하는 공간이라고 의미를 부여하였는데, 지상에서도 왕을 보좌하는 관료들이 주변에 있듯이, 북극 중심부터 그 둘레의 별들에 해당 관직을 명명한 것이다. 천부天棓처럼 왕을 호위하는 무사도 배치되었고, 하늘의 법을 계획하고 집행하는 여섯 개 관부를 상징하는 문창文昌도 있음을 확인할 수 있다.

이처럼 북극 주변을 중심으로 하여 동서남북 방향에 따라 경계를 구분하고, 각 방향마다 수호하는 사신을 배치하였다. 특히 이전에 완성된 것으로 알려진 28수, 곧 동아시아의 대표적인 전통 별자리인 28개 별을 네 방향에 따라 구분하여 한 방향에 일곱 개 별을 배치했다. 이렇게 일곱 개의 별이 각 사신을 이루면서 별자리들이 배치되고 상징적 의미가 부여되면서 동아시아 전통 별자리의 기본 체계가 형성되었다.

한나라의 제도가 정비되면서 후한後漢의 장형張衡, 78~139과 왕번王蕃, ?~? 등 천문학자들이 보다 진보된 관측으로 천문학 수준을 높였다. 이러한 연유로 별자리의 종류와 개수가 증가했으리라 추정한다. 이후에 진晉나라의 천문학자 진탁陳卓, 230~320이 그동안 보고된 자료들을 한데 모아 별자리 그림을 하나 그렸다. 그는 오吳나라의 천문과 역법의 자문 역할을 맡은 태사령이란 지위를 가지고 있었고, 진나라 초까지 하늘을 살폈던 인물로 별자리와 관련한 자료들을 꽤 수집하고 소장했으리라 짐작되는 인물이다. 이때 진탁이 제齊나라의 천문학자 감덕甘德, ?~?의 《감씨성경》, 위魏나라의 천문학자 석신石申, ?~?의 《석씨성경》, 은殷 왕조에 활동했다고 알려진 천문학자 무함巫咸, ?~?의 《무함성경》의 별자리들을 종합하여 1,464개 별로 이루어진 283개 별자리를 그렸다는 내용만 《진서晉書》의 〈천문지天文志〉에 기록으로 전해진다.

이후 수隋나라의 단원자丹元子, ?~?[37]가 《보천가步天歌》를 편찬하니, 이는 시의 형식으로 작성된 별자리에 관한 설명서이다. 송宋나라의 역사가이자 《통지通志》의 저자인 정초鄭樵, 1104~1162는 《보천가》에 관하여 글 속에 그림이 있다고 칭찬한 바 있다. 이처럼 별자리가 배치된 위치와 별자리를 구성하는 별들의 개수 등이 비교적 자세하고 쉽게 서술되어 있음을 알 수 있다.

특히 이때부터 별자리의 명확한 분류가 엿보이는데, 북극 주변에 자미원紫微垣을 두고, 하늘의 적절한 위치에 태미원太微垣과 천시원天市垣을 배치하여 삼원三垣을 성립한 것이 그러하다. 또한 북극의 자미원을 중심에 두고 전체를 28개 영역으로 구분하였다. 즉 전체 하늘을 3원 28수라는 체계로 확립한 것이다. 전통 천문학에서 말하는 동아시아 전통 별자리 체계인 3원 28수는 곧 《보천가》에서 온 것이다.

3원 28수 체계는 이후 중국에서 거의 변함없이 유지되었고, 한국과 일본에도 영향을 미쳤다. 그렇게 한국 천문학사에서 동아시아 전통 별자리 체계인 3원 28수는 완전한 형태로 자리 잡았다. 《삼국사기》

나 《고려사》에도 이들 체계로 구성된 별자리가 언급되었다. 조선 초에 만들어진 〈천상열차분야지도〉도 3원 28수 체계가 반영되었고, 조선의 천문학자 이순지李純之, 1406~1465가 편찬한 점성술적 해석이 담긴 《천문류초》도 같은 형식을 취하여 서술되었다. 특히 조선의 천문기관인 관상감에서 관원을 뽑을 때 필수 시험과목으로 활용한 것도 3원 28수 체계가 들어간 《보천가》이다.

이 체계는 조선 후기까지 영향을 미친다. 이준양李俊養, 1817~?이 편집한 《신법보천가》와 1861년에 만든 남병길의 《성경》이 이를 방증한다. 주목할 점이 있다면 《보천가》 이후에 확립된 동아시아 전통 별자리 체계는 15세기 이후 이슬람 문화권의 천문학 지식이 유입되고, 17세기 이후 유럽의 천문학 지식이 유입되는 과정을 거치고도 손상되지 않았다는 점이다. 오히려 조선에서만큼은 근현대 천문학이 유입되기 전까지 거의 그대로 유지하고자 했다.[38] 이처럼 동아시아 전통 천문학에서 별자리는 단순한 천문 정보의 집합이 아니라 정치와 질서, 상징과 사유가 결합된 복합적 산물로 인식되었다. 이러한 관점은 근대 이전까지도 별자리 체계를 해석하고 활용하는 방식에 깊이 반영되었다.

3원

3원은 자미원, 태미원, 천시원의 세 영역을 총칭하는 말이다. 여기서 원垣은 여러 별을 길게 연결하여 담장처럼 둘러싼 영역으로, 다른 별자리들과 구별된다는 의미에서 붙인 표현이다. 이 세 영역은 왕이 인간 사회를 통치하는 개념을 하늘에 투영한 것으로, 태미원은 왕이 정사를 살피는 장소이고, 자미원은 왕이 기거하는 공간이며, 천시원은 왕이 다스리는 일반 백성의 영역을 상징한다.

세 영역 중 왕이 정사를 살피는 태미원이 문헌에서 가장 먼저 언급된다. 태미원의 경계를 형성하는 담장은 왕을 보필하는 가신들로서 장군, 대신, 법을 집행하는 자들로 배치되었다. 중앙 정면에는 태미원으로 들어가는 입구인 단문端門이라 부르는 통로가 있다. 안쪽 중심부로 조금 더 들어가면 다섯 별로 구성된 오제좌五帝座가 있다. 오제좌는 흥미롭게도 오행과 관련 있으며 황제를 중심으로 네 개의 별이 둘러싼 형태이다. 창제, 적제, 흑제, 백제로 창은 푸른색, 적은 붉은색, 흑은 검은색, 백은 흰색을 상징하고, 가운데 황제의 황이 누런색을 의미함으로써 이 다섯 별은 오방색을 표방한다.

뒤쪽으로 천자를 호위하는 랑위郎位가 있고, 랑위 옆에는 이들을 이끄는 장군인 랑장郎將이 있다. 천자를 보필하는 삼공三公, 천자의 뒤를 이을 태자, 사랑받는 신하인 행신幸臣과 궁을 안내하고 시종으로 일하는 종관從官까지 왕을 보필하는 인물들이 배치되었다. 이외에도 정사를 베푸는 공간인 명당明堂과 천문 관측을 수행하는 영대靈臺 등 다양한 별자리들이 채워졌는데, 이들 모두 왕의 정사와 관련한 것들이다.

특히 직책과 관련한 별자리들은 한나라의 사상가들이 만든 주나라의 이상적인 관직 제도가 반영되었다고 보기도 한다. 주나라의 관직 제도는 역사 기록으로 명확히 알려진 바가 없다. 전한 말기에 왕망王莽, 기원전 45~23은 주공周公, ?~?이 성왕成王, ?~?을 도와 주나라를 세웠다는 이야기에 매료되었고, 주나라의 관직 제도에 관심을 가져 하늘에 주나라의 관직 제도를 투사했다는 견해도 있다.[39] 또한 이러한 주장을 뒷받침하는 데 활용된 별자리가 명당과 영대라는 별자리로, 이들이 우주의 질서와 조화를 묘사한 공간이라는 점에서 주나라의 전통을 본떠 추가

돼 구성되었을 가능성도 있다.

천시원은 말 그대로 하늘의 시장을 의미한다. 일반 백성의 삶이 고스란히 반영된 공간으로 일상사와 관련한 물건이 별자리에 배치되어 있다. 이 담장을 이루는 별들은 한나라의 지방 이름을 따서 명명된 것으로 보인다. 서쪽에는 송宋, 남해南海, 연燕, 동해東海, 서徐, 오월吳越, 제齊, 중산中山, 구하九河, 조趙, 위魏, 동쪽에는 한韓, 초楚, 량梁, 파巴, 촉蜀, 진秦, 주周, 정鄭, 진晉, 하간河間, 하중河中이 배치되었다. 이에 지방 이름을 토대로 천시원이 만들어진 시기는 전한 말기로 본다.[40]

천시원의 담장을 이루는 별들이 지역의 이름과 연결된다는 사실은 천시원이 분야와 관련성이 있음을 의미한다. 이처럼 천시원은 하늘의 시장이지만, 왕의 권력이 반영된 영역임을 지명으로 이루어진 담장을 통해 이해할 수 있다. 천시원에 속한 전통 별자리인 두斗와 곡斛은 각각 곡식의 양을 공평하게 하는 일과 곡식의 양을 재는 일을 의미하니, 이는 곧 세금과 관련한 표준 측정의 근거이자 이를 관리했던 자를 하늘의 시장에 배치한 것으로 보인다. 그런데 그 옆으로 종정宗正, 종인宗人, 종성宗星 등 왕실과 관련한 직책들이 보인다. 이러한 면에서도 천시원이 백성의 공간이면서 왕의 주관하에 있던 영역임을 별자리를 통해 다시 한 번 강조한 셈이다.

북극을 중심으로 담장이 경계를 이루며 둘러싼 형태가 있으니, 이것은 자미원이다. 하늘에서 북극은 1년 내내 별들이 보이는 곳이기에 동아시아 전통 천문학에서 중요한 영역이다. 이에 북극 주변으로 궁전을 묘사하였는데, 왕의 권위를 드러내는 사상이 강조되면서 자미원의 궁전은 더 정교해지고 하늘의 궁전으로서 그 권위를 강조하는 방향으로 발전했다. 특히 자미원의 궁전은 하늘 전체를 통제하는 중심 기관이었기에, 〈천관서〉에 묘사된 3원 중 자미원만큼은 그 체계가 비교적 잘 확립되었음을 확인할 수 있다. 이러한 위계는 북극성과 연결되는 다섯 별의 배치로 구체화되는데, 가장 밝은 것은 왕을 상징하는 제帝, 나머지 별들은 후궁候, 태자太子, 서자庶子, 그리고 하늘의 축이라 하는 천추天樞이다. 여기서 천추는 실제 북극을 가리키기에 실제 별이 아니었을지도 모른다는 의견이 있다.

자미원의 뒷문으로는 하늘의 강을 건너 왕의 궁전이자 조상의 사당이 있는 실室(영실)로 가는 마차 길인 각도閣道가 있다. 이때 북두北斗를 왕의 마차로 사용하는데, 이는 하늘 전체를 통제하겠다는 상징적 의미가 담겨 있다. 이처럼 왕의 권력을 완벽하게 정립하고자 왕실과 관련한 직책, 기관, 시설 등을 별자리로 배치하였다.

우리가 자미원에서 주목해야 할 별자리가 있으니 천황대제天皇大帝이다. 천황대제는 하늘(天), 왕(皇), 위대한(大), 군주(帝)의 네 단어가 조합된 별자리이다. 이는 신성하고 고귀한 단어들만 선별하여 조합한 것으로 상징성을 높인 별자리를 표현하기 위한 이름이다. 이외에도 다양한 직책들이 별자리로 배치되었다. 그러나 북극 주변에 산재한 별들은 그다지 밝지 않다(5장 1절 주극원 그림 참고). 물론 북극 주변을 둘러싼 자미원이 1년 내내 보이는 곳이라는 천문학적 상징성은 분명히 있다. 밝은 별이 거의 없음에도 다양한 별을 무리하게 배치한 데는 하늘의 통치를 이어가겠다는 의지와 의도 때문이 아닐까?

28수

고대 사람들은 하늘의 움직임을 관찰하기 위한 지표로서 28개 별자리를 선별하여 정리했다고 알려져 있다. 바빌로니아와 인도의 점성술을 보면 달의 경로에 따라 28개(초기에는 27개였으나 나중에 한 개가 추가된 것으로 알려지고 있다) 별자리를 배치한 사례가 있다. 이는 동아시아의 전통 별자리 체계인 28수와 유사하다. 물론 나크사트라^{Naksatra}라고 부르는 인도의 28개 별자리는 28수와 구별되어야 하겠지만, 이 둘은 비슷한 개념을 가지고 있다는 의견도 있다.[41]

이와 관련하여 니덤은 중국 점성술이 바빌로니아의 영향을 받았을 것이라는 견해와 함께, 28수 체계가 외국에서 유래되었다는 의견을 내기도 하였다.[42] 하지만 중국의 옛 문헌에서도 28수와 관련한 별자리가 언급되고, 별자리의 구성과 운용 체계가 바빌로니아나 인도의 별자리와는 구별되는 특징들이 있다. 따라서 동아시아의 전통 별자리 체계인 28수는 고대 중국에서 독립적으로 구축되어 발전했다는 의견이 지배적이다.[43]

28수는 동아시아 하늘에서 가장 초기의 별자리나 다름없다. 그러므로 동아시아 전통 별자리 체계에서 가장 기본적이면서도 중요한 틀을 형성한다고 볼 수 있다. 나아가 28수의 수^宿는 상대적 위치를 기록하기 위한 기준 체계를 형성하였다. 별자리 28개를 선별하여 대표성을 부여한 배경은 앞서 언급했듯이 위치 지표를 위한 것으로서 달의 운동 주기와 관련 있는 것으로 알려져 있다. 항성월(=27.3일)에 따라 달이 하나의 별자리마다 머무른다는 개념으로 구분하였고, 이러한 머무름을 일컬어 수라 명명했다는 것이다. 따라서 동아시아 전체 별자리는 300여 개로 많지만, 그 가운데 대표적인 역할을 하는 것은 28개 별, 곧 28수이다. 28수는 달이 머무르는 곳을 집으로 비유하여 28사^舍라 부르기도 한다.

한나라 무렵에 이르러 28수는 네 영역으로 구분된다. 구분된 각각의 영역에는 신성한 동물이 배치되어, 동서남북의 방향성까지 부여되었다. 동아시아의 율력 체계에서는 우리에게 친숙한 동물들로 구성된 땅을 지키는 12지신으로 방위를 설정하였다. 반면에 하늘에는 28수를 네 방향으로 구분하여 나누고, 각 방향에 일곱 개 별을 배치하여 방향별로 상징하는 상상 속 동물들인 사신을 배정하였다. 그만큼 하늘이란 공간은 신성한 영역이었다.

이에 구축된 동쪽 하늘은 청룡, 남쪽은 주조(또는 주작), 서쪽은 백호, 북쪽은 뱀의 머리와 거북이 등을 가진 현무이다. 이처럼 옛 문헌에는 하늘의 별자리에 상징성을 부여하여 불렀기에, 오늘날 그 별자리를 식별한다는 것은 단순한 일이 아니다. 기록으로 남은 별자리의 이름에서부터 그 의미와 실체가 모호하기 때문이다. 이런 이유로 별자리에 관한 현대의 천문학적 연구는 별 목록 등 제한된 기록으로만 가능하다. 그러므로 위치가 수치로 제시된 기록이 아닌 경우에는 주로 점성학적 관점에서 파생되었다고 볼 수 있다. 이러한 관점에서 보면, 별과 별을 선으로 연결해 부여한 별자리 명칭은 상징적 의미를 통해 일정한 규칙성을 드러낸다. 이에 관한 대표적 사례가 일곱 개 별을 묶어 만든 사신의 형상이다.

사신의 형상 가운데 동쪽 하늘을 차지하는 것은 청룡이다. 흥미롭게도 이 일곱 개 별의 배치와 이들로 형성된 용의 모습이 정확히 일치한다. 각角, 항亢, 저氐, 방房, 심心, 미尾, 기箕로 구성된 일곱 개 별은 각기 청룡의 뿔, 목, 가슴, 배, 심장, 꼬리, 항문과 대응한다. 특히 심장을 의미하는 심에 주목할 필요가 있다. 기록에 따르면, 은나라 시대에 황혼 무렵 동쪽 지평선 위로 이 별이 나타나면 한 해가 시작되고 봄이 온 것으로 보았다. 이 시기에 풍년을 기원하는 제사가 이루어졌는데, 그날 용이 동쪽 지평선 위로 전부 드러나면 진행되었다고 한다. 이러한 기록을 기반으로 은나라 시대부터 28수와 사신의 관계가 정립되었다는

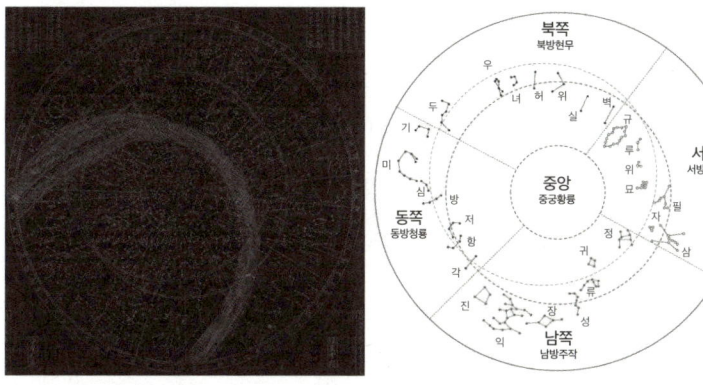

왼쪽은 탁본한 〈천상열차분야지도〉의 천문도, 오른쪽은 왼쪽의 천문도에서 28수를 그대로 따와 추출한 그림이다. 동아시아 전통 별자리는 전승과 시기에 따라 수와 경계가 조금씩 달라지지만, 대체로 300여 개에서 변동이 있었던 것으로 짐작한다. 이 중 28개 별자리가 선택되어 상징성이 부여되었다. 28수는 일곱 개씩 묶여 네 방향의 사신과 결합되어 배치된다. 동쪽은 청룡, 서쪽은 백호, 남쪽은 주작, 북쪽은 현무와 대응한다. 주극원에 해당하는 중앙은 별개의 영역으로 취급되어 황룡과 연결한다. 이처럼 중앙까지 고려하면 오방위가 되는데 가운데는 황색, 동쪽은 청색, 서쪽은 백색, 남쪽은 적색, 북쪽은 흑색이 되니, 이를 일컬어 오방색이라 한다. 결국 천문도에서 볼 수 있는 28수 체계는 동양 철학에서 우주 만물의 양상을 다섯 가지로 압축하여 설명하는 오행 사상과 관련된다. 이는 〈천상열차분야지도〉의 체계가 천문 관측과 사상의 결합이라는 해석학적 틀에서 이해할 필요가 있음을 시사한다.

주장도 있다.[44]

　남쪽 하늘에 배치된 일곱 개 별은 붉은 새인 주작과 관련한다. 이 일곱 개 별은 정井, 귀鬼, 류柳, 성星, 장張, 익翼, 진軫이다. 초기 기록에 따르면 류, 성, 장, 익의 네 개 별만이 새의 일부를 나타낸 것으로 묘사되었다. 이후 시대가 흐르면서 점진적인 의미 부여를 통해 정은 머리, 귀는 눈, 류는 부리, 성은 목, 장은 위장, 익은 날개, 진은 꼬리가 되어 구체적인 새의 모양이 되었다.

주작도 청룡과 마찬가지로 풍년을 기원하는 사신으로 해석되었다. 갑골문에 하늘의 새에 관한 기록이 남겨져 있다는 점에서 꽤 오래전부터 풍년 기원의 대상인 상징적 사신이었으리라는 견해도 있다. 시간이 흘러 청룡은 왕(남성), 주작은 여왕(여성)으로서 강조되었는데, 이는 남성과 여성의 조화로 이어지고, 나아가 우주의 조화를 상징하는 철학적 의미 부여로 연결되었다.[45]

서쪽 하늘에 배치된 일곱 개 별은 하얀 호랑이인 백호로 대응한다. 〈천관서〉에서는 자觜는 머리, 삼參은 몸으로만 묘사되었으나 한나라 시대에 이르러 일곱 개 별을 이용한 구체적인 묘사가 기록되었으니 규奎는 꼬리로, 루婁, 위胃, 묘昴, 필畢의 네 개 별은 몸체, 자는 머리로, 삼은 앞발로 대응하면서 호랑이의 모습을 갖추게 되었다. 일부 고분에서는 청룡과 함께 묘사된 백호 형상이 발견되는데, 이를 이유로 28수보다 사신이 먼저 형성되었다는 견해도 있다. 일부 연구자는 동쪽의 청룡과 서쪽의 백호가 각기 봄과 가을을 상징하는 하늘의 신으로서 오래전부터 형성되었고, 후대에 이르러 여름을 상징하는 남쪽의 주작과 겨울을 상징하는 북쪽의 현무가 합류되면서 사신이 완성되었다는 의견을 내기도 했다.[46]

한나라 시대에 거북이 모양이 강조되면서 북쪽 하늘에는 두斗, 우牛, 녀女, 허虛, 위危, 실室, 벽壁이 어우러져 현무라는 이름이 붙은 사신이 배치되었다. 중국에서는 거북이가 오래전부터 신성한 동물로 추앙되었고, 점복과 천문적 길흉 해석의 상징으로도 쓰였다. 그런데 한나라 시대에 구현된 현무는 거북이로 이루어진 단일 생물체가 아니라 뱀이 합쳐진 형태이다. 이와 관련하여 그리스신화에도 머리는 사자, 몸통은 염소, 꼬리는 뱀으로 이루어진 키마이라 $Xi\mu\alpha\iota\rho\alpha$ 또는 Chimaera라는 상상속 동물이 등장한다. 키마이라는 나중에 키메라 Chimera의 어원이 되는데, 두 개 이상의 다른 유형의 생물이 합쳐진 것을 지칭하며, 그리스 신화뿐 아니라 인도 신화에서도 등장한다. 즉 현무는 사신에 드러난 문화적 교류의 흔적일 수 있다.

사신들의 기원을 전반적으로 살펴보면 꽤 오래전부터 별자리와 사신 간에 연관성이 있었다고 짐작된다. 하지만 28수 체계를 정립한 시기를 고려한다면, 한나라 이후에야 사신과 연결되었다고 보는 것이 타당하다. 더욱이 하늘의 별자리를 3원 28수로만 구분한 데 그치지 않고, 방위에 따라 사신을 배치하고, 오행설과 대응하여 색상까지 부여한 점을 보건대, 하늘을 향한 형이상학적 관념의 사유가 점진적으로 제도화되었을 것임을 시사한다.

28수의 기원을 두고 다양한 분야의 연구자들이 논의했지만 여전히 일치된 결론이 없다. 그러나 그 기원을 떠나 28수를 사용하여 태양, 달, 행성의 위치를 표시하려 했다는 점은 별자리를 활용한 위치 표시가 비단 동아시아만의 생각이 아니었다는 사실에 주목할 필요가 있다. 이러한 시도로 만들어진 것이 별 목록이라는 점을 고려하면, 전통 천문학과 역법의 완성에 있어 별자리 체계의 구축은 어쩌면 매우 기본적인 과정이었다고 해도 과언이 아닐 것이다. 약간의 차이가 있겠으나 한국, 중국, 일본의 동아시아 국가들은 계절의 순서가 거의 같다. 그래서 중국에서 구축되고 확립된 28수 체계를 한국과 일본이 수용하여 적용하는 데에 문제가 없었을 것이다. 오히려 각 국가에서 문화에 따라 진화할 수 있었고, 나름의 사상적 개념을 부여하고 상징성을 극대화하는 방향으로 전승되었으니, 이는 역사적 측면에서 의미가 있다.

별자리 체계에 관한 동서양의 차이

현재 국제천문연맹IAU에서 지정한 전 하늘의 공식 별자리는 88개이다. 서양의 역사를 살펴보면 별자리가 100개를 넘긴 적이 드물다. 그러나 동아시아에서는 시대에 따라 약간의 차이가 있으나 300개 내외로 서양보다 세 배 이상 많다. 동아시아에서 유독 별이 잘 보여서도, 뛰어난 관측 기술력을 보유해서도 아니다.

가장 큰 차이는 별자리 구성 방식에 있다. 동아시아에서는 적은 수의 별로도 별자리가 되었으니, 심지어 하나의 별만으로도 독립된 별자리가 부여되었다. 또한 등급에 대한 관념에서도 차이가 확인된다. 《보천가》에는 밝기에 따른 구분이 명시되어 있지 않지만, 《칠정산외편》의 별 목록을 보면 항성의 밝기를 대, 중, 소의 세 개로 구분하는 것을 확인할 수 있다. 그러나 서양에서는 약 2,000년 전부터 밝기를 여섯 개로 구분하여 명시하였다. 이뿐 아니라 서양에서는 밝은 별의 경우 독립된 이름이 붙기도 하였다. 물론 동아시아에서도 상징적인 별의 경우 견우, 직녀, 천추 등 별칭이 붙었으나 그것은 단지 밝기 때문만이 아니었다. 동아시아에서는 밝다는 이유만으로 기준 별이 되지 않았으니, 대표적인 예로 28수를 이루는 별이 반드시 밝은 별로만 구성되지 않았다는 점이다. 오히려 동아시아에서는 밝기와 상관없이 상황과 위치에 따라 중요하게 다루었음을 천문도와 별 목록 곳곳에서 보여준다.

이처럼 별자리의 명칭과 개수에서 나타나는 차이는 문화적 관점과 관련 있다고 볼 수 있다. 앞에서 설명했듯이, 중국의 전통 천문학 서적인 〈천관서〉의 '관'이 가진 의미에 주목할 필요가 있다. 하늘의 별을 인간 사회와 결부시켜 해석했음을 잘 보여주기 때문이다. 제도, 문물, 관직, 생활용품 등 인간 사회의 것들을 형상화하여 하늘에 투영하였다. 심지어 우리가 하찮게 여길 수 있는 화장실과 대변, 죄수를 가두는 감옥이나 시체도 하늘에 별자리로 배치되었다. 하지만 서양의 별자리는 그 절반 이상이 신화나 전설을 기반으로 배치되었다. 상징적 인물이나 의미 있는 사건의 핵심 물건 등 소위 고귀하다 할 수 있는 것들이 하늘에 배치되었다. 그러한 이유로 서양의 별자리는 별자리 명칭에 맞게 형상화하여 별자리 지도를 그리는 경우가 대부분이나, 동아시아의 전통 별자리는 형상화하여 그려진 경우가 거의 없다. 대신 글로써 별자리의 위치를 표현하였다.

동서양을 막론하고 하늘은 신성하고 신비로운 공간으로 여겨졌다. 그러나 별자리를 보는 방식에서는 분명한 차이가 나타난다. 이는 천문학적 이유라기보다는 문화적 관점의 차이가 더 긴밀하게 작용한 결과라고 볼 수 있다. 동아시아에서 하늘이란 서양과 달리 인간 세계와 밀접한 곳이면서, 하늘의 뜻을 인간사에 투영하여 살펴봐야 할 공간으로 이해되었다. 그러한 사상이 동아시아 전통 별자리 체계인 3원 28수에 고스란히 반영되었다. 그러하기에 우리 전통 천문학의 전반적 사상이 인간과 관련할 수밖에 없다.

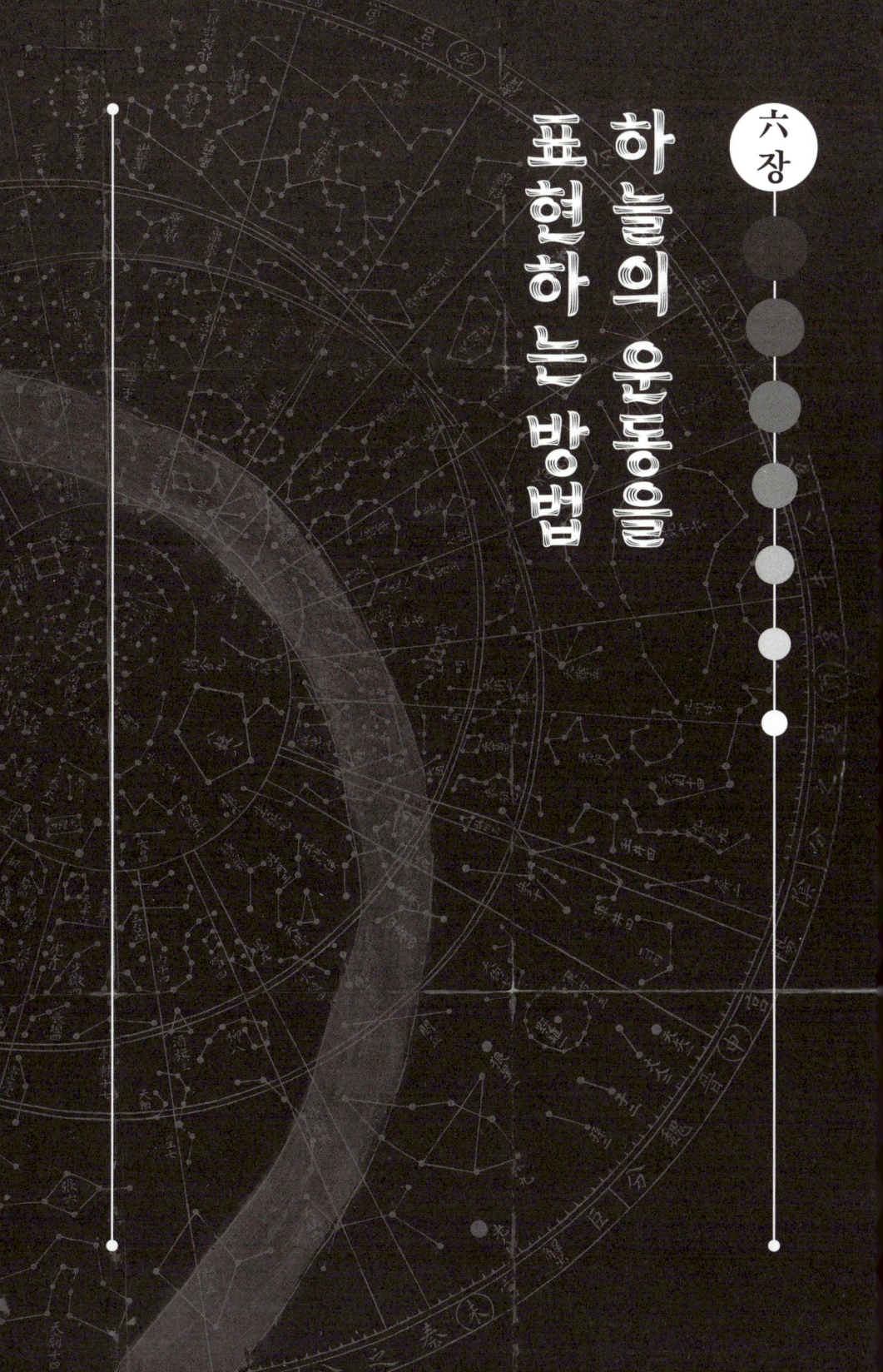

六장

하늘의 운동을
표현하는 방법

一

역법의 천문학적 요소

여전한 달력의 인기

매년 12월이면 다양한 기관에서 다음 해 달력을 배포하기 시작한다. 특히 은행이나 우체국 등 금융기관에서 제작한 달력은 언제부터인가 구하기가 쉽지 않다. 2023년 말 금융권에서만 약 600만 부의 달력이 제작되어 배포되었지만, 짧은 기간에 소진되면서 품귀 현상까지 일어났었다.[1] 이는 단순히 실용성 때문만이 아니다. 돈과 관련된 기관에서 만든 달력을 걸어두면 재물 복이 들어온다는 속설이 사람들의 심리를 자극했기 때문이다. 이러한 현상은 중고거래 플랫폼에서도 확인된다. 금융기관의 달력은 웃돈이 붙어 판매되기도 한다. 나아가 한국은행과 한국조폐공사에서 배포하는 달력의 효험이 더 높다는 속설까지 더해지면서, 이곳에서 만든 달력을 구하고자 혈안이 된 사람들을 온라인에서 볼 수 있다. 물론 과학적 근거가 없는 현대적 미신이지만 그만큼 달력이 단순한 날짜 표기만이 아닌 상징과 기대가 덧씌워진 대상이 되었다는 점이 흥미로울 뿐이다.

　오늘날의 달력은 단지 날짜와 요일을 알려주는 도구에 그치지 않는다. 절기와 기념일, 공휴일은 물론 일부 달력에는 해와 달이 뜨고 지는 시각, 밀물과 썰물의 시간까지 기재되어 있다. 이런 정보는 일상적으로 일반 사용자에게는 크게 필요하지 않을 수 있지만 농업이나 어업에 종사하는 사람들에게는 중요한 참고가 된다. 그리고 달력에 명시된 다양한 정보들은 발행기관의 성격과 수요자의 관심에 따라 결정되기도 한다. 금융기관의 달력에는 금융 관련 정보들이 시기에 맞춰 기입되어 있고, 종교기관의 달력은 자체 행사와 절기를 표기한다. 예컨대 한국천문연구원에서 만든 달력에는 1년간의 주요 천문 현상이 미리 계산되어 제공된다. 달력에는 사용하는 사람의 필요에 따라 그 정보가 담긴다. 그래서 달력을 보면 그것을 사용하는 사람의 일과 관심사도 유추해볼 수 있다.

　이러한 현상은 현대에만 국한되지 않는다. 근대 이전 사회에서도 달력은 단순한 날짜 목록이 아니었다. 하늘의 움직임을 기준으로 만든 계산의 결과물이었다. 24절기는 단순한 계절 구분이 아니라, 태양의 위치를 계산한 결과였고, 삭망월의 구조는 달의 주기적 운동에 대한 이해에서 비롯된 것이었다. 우리가 매일 넘기는 달력 한 장 한 장에는 천문학적 지식과 계산 그리고 사회가 하늘을 이해하는 방식이 고스란히 담겨 있다. 그러니 달력을 통해 하늘을 계산하고 이해하고 통제하려 했던 인류의 노력을, 우리는 지금도 달력을 볼 때마다 마주하고 있는 것이다.

지금도 발행되는 달력, 역서

현재 한국천문연구원에서는 관상감의 전통을 이어 매년 역서를 발행하고 있다. 여기에는 1년의 날 수와 절기, 각종 명절 등이 정밀하게 계산되어 배치되어 있고, 해와 달이 뜨고 지는 시간과 함께 천체의 위치도 정리되어 있다. 근현대 이전에도 유사한 형식의 역서가 꾸준히 제작되었다. 다만 그때는 풍수나 길흉에 관한 주석이 추가되어 있었다는 점이 다르다. 이러한 전통 역서는 일반적인 날짜 이상의 정보를 담은 책 형태를 하여 책력이라 불렸으며, 흔히 역서라는 말로 통칭되었다. 현재 사용하는 달력과는 구성이 다소 다르지만 기능적 측면에서는 크게 다르지 않다. 더구나 지금도 국가기관에서 역서를 발행하고 있으니 어쩌면 우리나라에서 가장 오래된 정기 간행물이라 할 수 있다.

근현대 전 마지막 왕조였던 조선에서 발행한 역서를 살펴보자. 역서는 크게 세 종류로 구분한다. 첫 번째는 《일과력》으로 왕실을 비롯하여 사대부와 일반 백성을 포함한 광범위한 계층에 배포할 목적으로 만들었다. 두 번째는 《칠정력》으로 해와 달, 오성의 매일 위치를 미리 계산하여 정리한 것이다. 세 번째는 '내용삼서'라고도 부르는 《내용삼력》으로 왕실에서만 사용할 목적으로 만든 역서이다. 이 중 《칠정력》과 《내용삼력》은 일반에 배포되지 않았기 때문에 발행 부수가 적었고 현존하는 자료도 극히 드물다. 따라서 전통 역서라고 하면 주로 《일과력》을 지칭한다고 보면 된다.

전통 역서 제작에는 오늘날과 마찬가지로 구면천문학이 적용된 계산이 필수였다. 역서의 내용은 크게 역일과 역주로 구성된다. 역일은 날짜의 기본 구조를 담당하는 항목으로, 음력 한 달의 대소 길이(29일

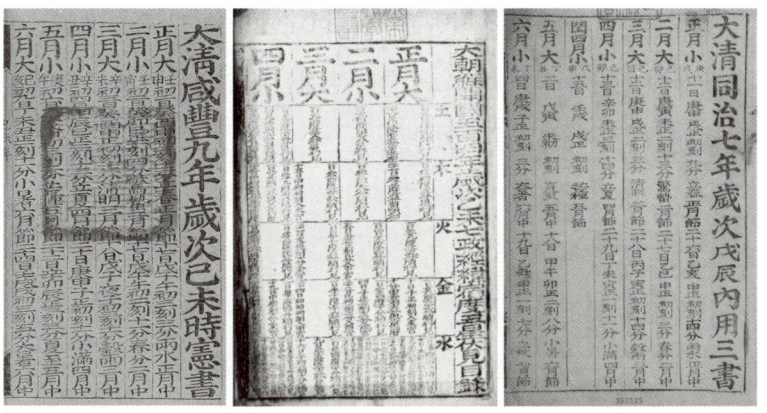

조선에서 발행한 세 종류의 역서. 왼쪽부터 1859년(함풍 9년)에 발행한 《일과력》,[2] 1895년(조
선개국 504년, 고종 32년)에 발행한 《칠정력》,[3] 1868년(동치 7년)에 발행한 《내용삼력》[4]이다.
《내용삼력》은 《일과력》과 구성이 유사하나, 왕실에서 사용하므로 왕실 행사 관련 정보가 추가되
었으며, 인출량이 적었음에도 목판이 아닌 활자로 인쇄해 외형이 상대적으로 고급스럽다. 《칠정
력》은 달과 오행성의 위치를 미리 계산하여 기록한 역서이다. 이처럼 민간에 널리 쓰인 《일과력》
과 달리 《내용삼력》과 《칠정력》은 사용처가 제한되어 인출량이 적었다. 그만큼 현존하는 자료가
드물다(유물번호: 고궁 3973(일과력)).

과 30일) 구분, 24절기 배치, 달이 찬 정도(보름, 상현, 하현, 그믐), 매일 해
가 뜨고 지는 시간을 포함한다. 모두 정확한 천문 계산으로 산출했으
며, 현대의 계산과도 본질적으로 크게 다르지 않다. 반면에 역주는 길
흉, 택일, 방위 등의 정보로 구성되었으며, 일정한 규칙에 따라 배치된
다. 그러나 수학적 계산에 의한 것이 아닌 인위적 규칙을 따른다.[5]

　역서의 구성은 비교적 일정한 체계를 따른다. 맨 첫 장에는 한 해의
정보를 요약한 연간 역일을 표로 정리하였고, 이어서 한 해 동안의 길
흉을 방향으로 표시한 연신방위가 그림으로 묘사되었다. 이후에는 월
마다 구분되어 매일의 역일과 역주가 세부적으로 기재되었다. 이처럼

역서는 단순히 날짜를 표시한 문서가 아니다. 하늘의 움직임을 기반으로 하여 시간과 사회 질서, 즉 수학적 계산과 인위적 체계를 함께 구성해온 전통 과학의 산물이었다.

윤일과 윤년

역서는 자연의 변화를 반영하고자 한 결과물이다. 자연의 변화를 이해하려면 체계적 관찰이 선행되어야 한다. 낮과 밤의 길이, 계절의 변화를 오랜 기간 살피고 기록하면 주기를 식별할 수 있게 된다. 이러한 주기적 변화를 수식으로 변환하여 예측 가능한 방법론으로 구축한 것이 역법이다. 그리고 이 역법을 통해 실제로 발생할 일을 예측하여 결과물을 정리한 것이 역서이다. 그러나 아무리 관측을 면밀하게 한다 해도 그 정확성에는 한계가 있다. 그러한 원인에는 관측의 기술력도 포함될 수 있겠지만, 가장 근본적 원인은 1년의 날 수와 한 달의 날 수가 정수배로 계산되지 않는다는 데 있다. 정수배로 계산된다면 역법을 구축하고 역서를 만들기가 보다 수월했을 것이다. 하지만 그러지 않아 고대 사람들은 고민이 많았을 것이다. 그리하여 규칙을 만들게 되니 그것이 윤일, 윤달, 윤년의 적용이다.

근현대 전에는 음력만 사용하였을 것이라 생각하는 사람들이 많다. 하지만 사실 꽤 오래전부터 음력과 양력을 혼합하여 사용하였다. 전통 역서를 살펴보면 음력을 기준으로 날짜가 배치되어 있지만, 동시에 24절기가 적절한 날짜에 계산되어 배치되어 있음을 확인할 수 있다. 24절기는 음력이 아닌 양력을 기준으로 계산한 결과이다. 음력 날짜와 함께 24절기가 배치되어 있다는 것은 음력과 양력을 함께 사용했음을 명확히 보여준다. 농경 사회였던 조선에서는 24절기를 알아야 대략적인 계절의 변화를 파악할 수 있었으므로 꼭 필요한 정보였을 것이다. 이처럼 음력과 양력을 혼합하여 사용하였기에 이를 두고 태음태양력이라 총칭하기도 한다.

양력과 음력은 해를 기준으로 하느냐 달을 기준으로 하느냐의 차이이다. 지구가 해를 공전하는 기간을 1년이라고 정의한다. 이때 1년은 365일 또는 366일로 구분하는데, 정확하게는 365.2422일(365일 5시간 49분)이다. 이를 12개 달로 적절히 구분하고 정리한 것이 양력 달력이다. 이러한 배치를 적절하게 한들 소수부에 해당하는 0.2422일은 매년 남게 된다. 이 여분의 날이 4년간 누적되면 0.2422×4=0.9688일이 되니, 이는 곧 하루에 버금가는 날 수이다. 이렇게 4년간 누적되어 발생한 하루치의 여분을 2월의 마지막 날로 채우니, 이것은 4년에 한 번 2월에 29일이 생기는 배경이다. 이렇게 추가된 2월의 29일을 윤일이라 부르고, 365일이어야 할 1년의 날 수에 윤일이 추가되어 366일이 되니 그러한 해를 윤년이라 한다. 많은 이가 윤閏이 들어간 윤일과 윤년이 음력에만 적용되는 용어라고 생각하는데, 이는 당연히 양력에서 생긴 것이다.

그러나 4년마다 하루를 추가하더라도, 사실 4년간 누적된 것이 0.9688일이기에 완전한 하루가 아니다. 1-0.9688 = 0.0312일(약 45분)에 해당하는 시간이 4년마다 부족해지는 결과가 된다. 이만큼이 계속 누적되어 400년이 지났다고 가정해보자. 4년간 0.0312일이 생기니 여기에 100을 곱하면 400년 후에는 3.12일의 여지가 생긴다. 이러한 차이를 해결하기 위해 고대 사람들은 규칙을 하나 더 만들었다. 100년, 200년, 300년이 될 때 하루씩 빼주고, 400년이 될 때에는 적용하지 않는 것이다. 이 규칙을 잘 활용하면 400년이 지났을 때 오차가 약 3시간에 불과하다. 약 3,000년이 지나도 오차는 하루에 못 미치므로 실용상 큰 문제는 없다.

사실 365.2422일이란 길이는 오늘날 현대 천문학에서 사용 중인 수치로 그레고리력을 적용한 것이다. 이는 1582년에 제정되어 적용된 값으로 이전에는 율리우스력이라 하여, 기원전 46년에 율리우스 카이사르가 제정하여 수립한 365.25일이 사용되었다. 소수부가 0.25일이라서 4년이 지나면 정확히 하루가 되기에 계산이 편리하였을 것이다. 그러나 실제 차이인 0.2422일과 0.25일 간에는 0.0078일(약 11분)의 오차가 있다. 초기에는 그 차이가 작아서 문제가 되지 않았지만, 128년이 지나면 0.0078×128=0.9984일이 되니 약 하루의 오차가 생기게 된다. 시간이 오래 지나자 사람들은 역일 계산에 문제가 있다는 사실을 알아챘을 것이다. 그레고리력으로 변경하기 전까지 율리우스력을 사용하였으니 거의 1600년 이상 사용한 셈이다. 계산해보면 약 13일의 차이가 발생하였을 것이다. 종교 활동이 중요했던 당시 유럽 문화를 고려한다면 2주에 가까운 오차는 무시할 수 없었을 것이다. 이러한 이유로 과감하게 그레고리력을 도입하게 된 것이다.

윤달

음력은 말 그대로 달의 운동을 기준으로 만들어진 달력이다. 달이 지구를 한 바퀴 돌면서 보름에서 하현, 하현에서 그믐, 그믐에서 상현, 상현에서 다시 보름에 오기까지를 한 달로 삼은 것인데, 삭(그믐)에서 삭까지, 망(보름)에서 망으로 오기까지의 주기라 하여 삭망 주기 또는 삭망월이라고 부른다. 삭망의 간격은 약 29.5일이기에 음력에서는 29일과 30일을 번갈아 사용한다. 더 구체적으로 삭망월은 약 29.53일이다. 즉 한 달이 지날 때마다 0.03일의 여분이 남는다. 33개월이 지나면 0.99일, 곧 하루의 여분이 생긴다. 이를 보완하기 위해 29일인 달 중 하나에 하루를 추가하여 30일을 만들어준다. 이렇게 하면 29일과 30일을 번갈아 사용하는 음력의 총 날 수 354일에 하루가 추가되어 총 355일이 된다.

음력 1년의 날 수(354일 또는 355일)는 양력 1년의 날 수(365일 또는 366일)와 비교하면, 약 11일이 짧다. 이러한 차이를 전혀 고려하지 않으면, 33년이 지났을 때 음력과 양력의 차이는 약 1년에 이르게 된다. 그러므로 음력을 사용하는 문화권에서는 33년이 지났을 때 양력을 사용하는 곳보다 나이를 한 살 더 먹게 된다. 이를 보완하기 위해 고대 사람들은 다시 규칙을 만들었다. 음력과 양력이 1년에 11일만큼 차이가 생기고, 3년이 지나면 33일로 약 한 달의 차이가 생기니 이를 음력에 추가하여 보충하는 것이다. 이러한 방식을 적용하면 19년마다 음력 한 달을 7회 보충해주면 되는데, 이는 음력과 양력의 오차를 적절한 범위 내에서 유지하도록 동기화하고, 계절의 변화에 맞추어 큰 무리가 없도록 조정하는 것이다. 한국을 비롯한 동아시아에서는 이를 치윤법이라 한다. 비슷한 개념이 유럽에도 있었다. 바빌로니아인들이 적용하여 그리스 역법의 기초가 된 이 주기를 현대 천문학에서는 메톤 주기Metonic cycle라고 부른다. 이처럼 보충을 위해 넣은 달을 윤달 또는 윤월이라 하며, 이때 음력에서의 한 해는 한 달이 추가되어 383일 또는 384일이 된다.

본래 음력에서는 1년을 열두 달로 구분하였다. 그런데 음력과 양력의 오차를 동기화하는 과정에서 윤달을 배치해야 하는 상황이 생긴 것이다. 이는 의도하지 않고 만들어진 달이기에, 풍수적 관점에서 윤달은 좋고 나쁨을 떠나 길흉이 개입하지 않는 달이라고 보았다. 그래서 윤달의 배치에는 특별한 의미를 부여하지 않았다. 열두 달을 모두 보내고 필요한 시기에 추가했을 뿐이다. 이에 그해(歲) 마지막(終)에 윤閏달을 배치한다고 하여, 세종윤歲終閏이라 불렀다.

24절기가 확립된 이후 다시 한 번 윤달의 배치를 위한 규칙이 새로 설정되었다. 12개 절기(입춘, 경칩, 청명, 입하, 망종, 소서, 입추, 백로, 한로, 입동, 대설, 소한)와 12개 중기(우수, 춘분, 곡우, 소만, 하지, 대서, 처서, 추분, 상강, 소설, 동지, 대한)로 구분한 기의 구분을 고려한 규칙이다. 여기서 12개 절기와 12개 중기가 합쳐 24개 기를 형성하는데, 오늘날 이를 24절기라 통칭하여 부른다. 그러나 실상은 양력 한 달에 절기와 중기가 각 하나씩 있는 것이다. 여기서 중기는 윤달을 배치하기 위한 음력의 달을 결정 짓는 역할을 한다. 예를 들어, 음력 1월을 배치할 때는 무조건 12개 중기 중 하나인 우수를 품어야 한다. 절기와 중기를 합친 24절기는 양력을 기반으로 한다. 따라서 365일을 24절기로 나누면 약 15.2일이 되니, 두 절기의 간격은 15.2+15.2=30.4일이 된다.

앞서 살펴봤듯이 음력의 평균 한 달은 29.5일이다. 두 절기의 간격과 비교하면 30.4-29.5=0.9일이 되니, 한 달마다 약 하루가 부족하다. 이렇게 부족한 양이 차다 보면 문제가 생긴다. 양력을 기준으로 하면 중기와 중기 사이는 약 30.4일 간격으로 돌아오지만, 음력 한 달의 길이는 평균 29.5일에 불과하다. 그래서 달마다 거의 하루에 가까운 차이가 조금씩 누적되고, 이렇게 간격이 벌어지다 보면 어느 순간 중기와 중기 사이에 달 하나가 절묘하게 들어가는 경우가 생기게 된다. 중기는 음력의 달을 결정 짓는 역할을 하는데, 중기가 없는 달이 발생하니 이를 무중월이라고 부른다. 무중월은 몇 월이라고 부를 수 없기에 그저 윤달이라고 하는데, 규칙에 반하는 것을 보완하고자 이 간격을 윤달로 채워 음력과 양력의 오차를 동기화해주는 역할을 하는 것이다.

만약 음력 2월과 3월 사이에 무중월인 윤달을 배치해야 한다면 이 때 윤달은 윤 2월이 된다. 이처럼 무중월에 윤달을 배치한다는 의미로 무중치윤법無中置閏法이라 부른다. 24절기는 거의 2,000년 전에 확립되었으니, 무중치윤법은 그때부터 오늘까지 이어지는 동아시아의 오랜 전통이라 할 수 있다.

24절기와 72후

지구의 관측자 시점에서 해는 황도를 따라 이동한다. 황도는 적도대를 기준으로 적도대의 북쪽으로 올라가거나 남쪽으로 내려가는데, 북쪽으로 가장 많이 올라갔을 때가 하지이고, 남쪽으로 가장 많이 내려갔을 때가 동지이다. 또한 황도와 적도는 항상 두 곳에서 교차하는데, 해가 그 교차점을 통과하는 순간이 각각 춘분과 추분이다. 하지, 동지, 춘분, 추분까지 이들 모두 24절기에 속하는 지점이다. 이처럼 해의 이동에 의한 높낮이에 따른 위치가 사계절과 관련 있다. 여기서 춘분을 기준으로 하여 15도 간격으로 24개의 가상 지점을 설정하니, 오늘날 우리는 이를 24절기라 부른다. 예를 들어, 춘분은 황경 0도이고, 하지는 90도, 추분은 180도, 동지는 270도이다. 이처럼 24절기는 해의 이동을 기준으로 등분한 지점이며, 음력이 아닌 양력에 따른 것이다.

한국을 비롯한 동아시아에서는 역법의 기준점을 동지로 삼는다. 24절기는 한반도가 아닌 중국 내륙에 있던 주나라 왕조에서 만들었다고 알려져 있고, 더군다나 이미 2,000여 년이 지났기 때문에 한반도의 기상 및 기후와는 잘 맞지 않을 수밖에 없다. 그러나 24절기의 의미가 역법 적용에 있어 의미가 크다는 점은 분명하다. 우선 음력 기반 달력에 24절기를 배치함으로써 대략이나마 계절을 짐작할 수 있다. 그리고 윤달을 배치하는 데 24절기가 기준이 된다는 것도 분명하다.

24절기를 세분화한 것이 72후이다. 1년은 네 계절, 한 계절은 3개월, 1개월은 기(절기와 중기)로 나뉘고, 후는 다섯 날을 차지한다. 즉 세 개의 후가 모이면 15일이 되니, 보름에 해당하는 이 기간이 하나의 기와 같다. 이렇게 24절기에 3후씩 넣으면 총 72후가 된다. 이는 계절의 세부 변화를 더 세밀하게 구분하려는 의도에서 비롯되었다. 72후는 24절기가 성립된 후 만들어졌으나 춘추 시대에 정립된 것으로 알려진 만큼 체계는 꽤 오래전부터 이루어졌다. 24절기와 마찬가지로 72후도 중국 내륙 지방 기후에 따라 성립된 것이기에 한반도 기후와는 잘 맞지 않는다. 그러함에도 불구하고 조선의 《칠정산내편》에 명시되었고 우리나라에 널리 사용된 전통 체계이다. 오늘날에는 거의 사용하지 않아 생소한 용어가 되었지만, 일본이나 중국에서는 여전히 널리 사용하는 익숙한 표현이다.

특히 일본에서는 24절기처럼 72후가 보편적으로 사용된다. 흥미로운 점이 있다면 일본의 72후는 다른 동아시아권과 약간 차이를 보인다는 점이다. 일본에서 사용하는 24절기와 72후는 6세기 무렵 중국에서 전해진 것으로, 17세기에 이르러 당대 일본의 대표적인 천문학자인 시부카와 하루미澁川春海, 1639~1715가 자국 기후와 풍토에 맞추어 완전히 수정하여 지금까지 이어져왔다. 반면에 한국은 중국의 체계를 별다른 수정 없이 계승해왔고, 오늘날의 계절과 절기에는 차이가 있다.

일각에서는 오늘날 기후와 24절기가 잘 맞지 않는 것은 기후변화 때문이며 우리나라의 절기를 지키기 위한 노력이 필요하다고 강조한

	1후 (초후)	2후 (중후)	3후 (말후)
입춘	동풍이 불어 얼음이 녹는다.	겨울잠 자던 벌레가 꿈틀거린다.	물고기가 얼음 아래서 헤엄친다.
우수	수달이 물고기를 잡는다.	기러기가 북쪽으로 날아간다.	초목에 싹이 튼다.
경칩	복숭아꽃이 피기 시작한다.	꾀꼬리가 울기 시작한다.	매가 비둘기로 변한다.[6]
춘분	제비가 날아온다.	천둥이 울리기 시작한다.	번개가 치기 시작한다.
청명	오동나무 꽃이 피기 시작한다.	들쥐가 메추라기로 변한다.[7]	무지개가 나타나기 시작한다.
곡우	개구리밥이 나타나기 시작한다.	비둘기가 날개를 털며 운다.	뻐꾸기가 뽕나무에 내려앉는다.
입하	청개구리가 울기 시작한다.	지렁이가 나온다.	덩굴식물이 자란다.
소만	씀바귀가 무성해진다.	냉이가 죽는다.	보리가 익는다.
망종	사마귀가 나타난다.	때까치가 울기 시작한다.	지빠귀가 소리를 멈춘다.
하지	사슴의 뿔이 떨어지다.	매미가 울기 시작한다.	반하(약초)가 생긴다.
소서	더운 바람이 불어온다.	귀뚜라미가 벽에 기어다닌다.	매가 사나워진다.
대서	썩은 풀에서 반딧불이 나온다.	땅이 젖고 더워진다.	큰비가 때때로 내린다.
입추	서늘한 바람이 불어온다.	흰 이슬이 맺힌다.	매미가 운다.
처서	매가 새를 많이 잡는다.	하늘과 땅이 쓸쓸해진다.	벼가 익는다.
백로	기러기 떼가 날아온다.	제비가 돌아온다.	새들이 먹이를 저장한다.
추분	천둥이 그치기 시작한다.	벌레가 흙으로 굴을 막는다.	물이 마르기 시작한다.
한로	기러기가 손님처럼 모여든다.	참새가 바다에 가 조개가 된다.[8]	국화가 노랗게 핀다.
상강	승냥이가 짐승을 잡는다.	초목이 누렇게 진다.	동면하는 벌레가 땅으로 숨는다.
입동	물이 얼기 시작한다.	땅이 얼기 시작한다.	꿩이 바다에 가 조개가 된다.[9]
소설	무지개가 숨어 보이지 않는다.	천운은 오르고, 지운은 내려간다.	기운이 막혀 겨울이 된다.
대설	할단새가 울지 않는다.	호랑이가 교미를 시작한다.	창포가 돋아난다.
동지	지렁이가 얽혀 있다.	고라니의 뿔이 떨어진다.	샘물이 언다.
소한	기러기가 북쪽으로 돌아간다.	까치가 둥지 틀기 시작한다.	꿩이 울기 시작한다.
대한	닭이 알을 품는다.	매가 하늘 높이 빠르게 난다.	수택이 얼어 단단해진다.

다. 하지만 앞서 말한 대로 우리나라는 일본과 달리 2,000년 전에 만들어진 중국의 것을 그대로 사용하고 있다. 따라서 기후변화와 상관없이 이 구조를 지금도 따르고 있다는 사실 자체가 비판의 대상이 되

어야 할 것이다. 전통 체계를 이어가려는 의지는 분명 중요하다. 그러나 전통과 현대를 함께 아우를 수 있다면 새로운 방향을 제시할 수 있지 않을까? 예컨대 남병길의 《성경》은 구성 방식과 체계는 전통 방식을 따르되 내용은 최신 자료를 반영했다.[10] 우리 선조들이 시도하지 못한 절기의 재정비, 즉 오늘날 한반도 기후에 맞춘 24절기와 72후의 조정이 이루어진다면, 그것은 전통을 무너뜨리는 것이 아니라 전통을 이어가는 진화이자 진일보가 되지 않을까 생각해본다.

二

조선의 역법, 《칠정산》

《칠정산》 완성의 배경

고려 말 충선왕忠宣王, 1275~1325, 재위 1308~1313 시기부터 역일 계산에
는 중국 원나라에서 들어온 수시력을 사용하였으나 일식과 월식, 오
성의 위치 계산에는 여전히 이전부터 사용하던 선명력宣明曆을 따랐다.
조선 초에 천문학자 이순지李純之, 1406~1465와 김석제金石梯, ?~?가 편찬한
《사여전도통궤四餘纏度通軌》[11]에 따르면, 조선은 고려 말에 사용하던 선
명력의 체계를 일정 부분 이어받았으며, 당시 천문학자들이 하늘의 실
제 운행과 맞추고자 선명력의 수치를 임의로 더하거나 빼는 방식으
로 조정하였다. 이를 두고 역법의 근간이 무너진 것이라고 평가하기
도 한다.[12] 이런 임의 조정은 뚜렷한 근거가 반영되지 않고 수행된 것
으로 역법 체계의 일관성과 신뢰성이 훼손된 셈이다. 이때의 변경이
어떠한 결과로 이어졌는지는 알 수 없지만, 변경되었다 한들 정확성은
크게 달라지지 않았으리라 본다.

세종 1년인 1419년에 서운관 영사 유정현柳廷顯, 1355~1426은 역법을 고치고 바르게 잡아야 할 것을 세종에게 요청하였다.[13] 이듬해 성산군 이직李稷, 1362~1431 역시 역법의 교정을 건의하였고, 세종은 제왕의 정치에서 이보다 중요한 것은 없다고 하며 그의 건의를 받아들였다. 이에 따라 예문관의 직제학이던 정흠지鄭欽之, 1378~1439에게 수시력을 조사하고 계산하는 방법을 알아내도록 명하였고, 이후 예문관의 대제학이던 정초鄭招, ?~1434가 수시력에 관한 심화 연구를 수행하게 되었다.[14] 심화 연구가 어느 정도 진척이 있었는지 세종은 수시력과 선명력을 비교하여 교정할 것을 지시한다.[15]

이러한 연구는 점차 가시적 성과로 이어졌다. 1428년 4월 1일 발생할 일식을 앞두고 수시력과 선명력을 적용한 결과가 모두 같은 값으로 예측되었으며, 세종은 이를 확인하고자 삼각산 정상에 올라 아침에 일어날 일식, 곧 대식을 살피라고 지시하였다.[16] 이를 통해 수시력이 단순한 역일 계산을 넘어 일식 계산에도 실질적으로 활용될 수 있음을 보여주었다. 특히 이 시기는 세종이 정흠지에게 수시력의 연구를 지시한 지 10년이 지났을 무렵이다. 이후 1430년에 정초는 수시력을 기반으로 일식과 월식을 모두 계산할 수 있게 되었다고 보고한다.[17] 이에 세종은 추가 과제를 제시하니, 다양한 관측기기를 제작하여 관측하고, 그 값을 계산 값과 비교하도록 명한다.[18]

당시 조선에서는 수시력 기반의《대통력법통궤大統曆法通軌》라는 책이 있었으나 결과에 약간의 차이가 있었다. 이뿐 아니라 이슬람 문화권의 영향을 받아 만든 회회력도 들어오지만 이에 관한 기반이 부족했다. 이러한 이유로 세종은 이순지와 김담金淡, 1416~1464에게 명하여 수시력과 대통력의 차이를 조사하게 하고, 회회력의 계산법을 연구하여 정리하도록 지시하였다. 이러한 결과로 정리한 것이《칠정산내편》과

《칠정산외편》이다. 《칠정산내편》은 수시력과 대통력을 비교 분석하여 정리한 것이며, 《칠정산외편》은 회회력의 계산법을 토대로 필요 부분을 보완한 결과물이다.

《칠정산》이 완성되기까지

《칠정산》(《칠정산내편》과 《칠정산외편》)이 완성된 배경을 살펴보면, 세종은 재위 초기부터 조선의 역법을 세우려는 계획이 있었던 것으로 보인다. 역법 계산의 정확도 검토가 충분히 이루어진 후[19] 각종 관측기기를 만들어서 역법으로 산출한 결과와 비교하고 일련의 과정을 통해 본격적으로 칠정산을 완성하였을 것이다. 특히 관측기기를 만들기 시작했던 이 시기를 일컬어 오늘날의 천문학자들은 세종의 천문 프로젝트 기간으로 묘사하기도 한다. 기록에 따르면 역법 연구가 상당히 진전을 보인 이후 한양의 북극 출지도가 38도 소ﾐ인 것을 확인하게 된다. 여기서 북극 출지도는 현대 용어로 위도에 해당한다. 또한 38도 소의 '소'는 1/4을 의미하기에 38.25도라 할 수 있는데, 이는 360도 기준이 아닌 당시 사용하던 주천도수인 365.25도를 기반으로 표현한 것이므로 환산하면 약 37.7도가 된다.

이때 관측한 38도 소라는 값이 《원사》에 기록된 값과 같음을 확인한 후 이 위도에 맞추어 나무로 간의라는 관측기기를 만들게 되니 이때가 세종 14년인 1432년이다.[20] 간의는 적도대에 수직으로 형성된 원형의 기구와 지평에 수직으로 세워진 원형의 기구가 각각 설치된 하나의 구조물로 적도와 지평 좌표를 동시에 측정하는 관측기기이다. 1432년에 나무로 만든 간의는 몇 개월 후 구리로 주조하여 최종 완성

된다. 1433년에는 간의대로 명명된 40척 높이 석조물 위에 이 간의를 세워 관측을 수행했다.[21]

간의는 《원사》에 그 구조와 제원이 비교적 잘 명시된 관측기기이자, 원나라의 천문학자인 곽수경이 고안하여 관측을 수행함으로써 수시력을 만들게 된 도구로 잘 알려져 있다. 조선에서는 그러한 간의를 소형화하고 개량하여 적도와 지평 좌표 모두 관측하면서 이동성을 높인 소간의를 1434년에 만들었다.[22] 그리고 같은 해에 스스로 종을 친다는 의미의 물시계인 자격루까지 완성했다.[23] 이어서 그림자만으로 시간과 절기를 모두 알 수 있도록 설계된 앙부일구가 만들어져 사람들이 많이 오가는 두 곳에 설치되었다.[24]

1435년에는 그림자를 보다 정교하게 재어 1년의 길이를 정밀하게 측정할 수 있는 40척 높이의 규표가 간의대 옆에 세워졌다. 1437년에는 낮에는 해, 밤에는 별을 관측하여 시간을 측정하는 일성정시의가 만들어지는데, 이는 조선에만 있던 관측기기로 그 구현 방식과 기능적 측면에서 매우 혁신적인 것으로 평가받는다. 다음 해인 1438년에는 경복궁 내 흠경각欽敬閣 안에 자격루와는 그 의도가 사뭇 다른 대형 물시계가 만들어져 설치되었다.[25] 이 장치는 사시사철의 모습과 해와 달이 뜨는 모습까지 자동으로 구현되는 큰 규모의 기계식 물시계이다. 기록으로 자세히 명시되었음에도 여전히 그 구현 방식이나 원리가 명확하게 밝혀지지 않은 물시계로 옥루, 흠경각루, 흠경각옥루 등 다양한 이름으로 불린다.[26] 최근에 복원된 바 있지만 지금도 연구가 진행 중인 흥미로운 기기이다.

이처럼 천문기기들은 세종의 명령으로 수시력에 관한 본격적인 연구가 충분히 끝난 후에 만들어졌다. 이는 관측기기가 역법의 완성을 위해 만들어진 것이 아니라 이미 연구가 끝난 역법의 결과를 검토 보

완하는 수단으로 활용되었음을 시사한다.[27] 특히 물시계는 시간의 흐
름을 나타내는 기계 장치로서 역법의 수치 계산을 검토하기보다는 정
해진 시간에 종을 울리거나 천체 운행을 시각적으로 표현함으로써 역
법을 실행하는 일에 활용되었을 것이다. 나아가 결과의 정당성을 확
보하고 이를 합리화해주는 절차로서 의미가 있었을 것이다.

이와 같은 입장에서 조선 초의 천문학적 활동의 특징을 크게 두 가
지 성격으로 구분해야 한다는 주장이 제안되기도 한다. 이는 이론을
성립하기 위한 이론적 차원의 활동과 이론 완성 후 실천을 위한 실행
적 차원의 활동이다.[28] 조선의 시각 제도를 연구한 연구자들은 한양의
기준 시각은 1434년 자격루가 완성된 이후로 수립되었다는 데 대체
로 동의한다. 따라서 자격루가 완성되기 직전까지 역산에 관한 이론
적 차원의 연구 활동이 있었다고 본다.[29] 그리고 자격루가 완성된 후
에는 시간의 기준이 확립되었기에 이론적 활동으로 구축된 체계하에
밤 시간을 알리거나 역법을 통해 역서를 발행하여 배포하는 실행적 차
원의 활동으로 이어졌다는 주장은 상당히 설득력 있다.

물론 자격루가 완성된 후에도 다양한 의기들이 만들어졌고, 이순지
나 김담 등이 간의를 통해 관측 활동을 지속했으며, 역법과 관련한 다
양한 서적이 교정되어 출판되거나 새로운 내용의 서적이 편찬되었다.
특히 이 시기에 출판된 서적들은 주로 역법과 관련한 이론서나 역주
서, 일식과 월식을 계산하는 풀이 과정이 기록된 것이다. 곧 이론적 차
원에서 파생된 지식을 실행적 차원의 활동으로 전환하기 위한 안정화
과정이라 해석하기도 한다.[30] 이러한 과정으로 완성된 것이 《칠정산
내편》과 《칠정산외편》이다.

《칠정산내편》과《칠정산외편》

대중매체에 공공연하게 올라오는《칠정산》에 관한 글들을 읽어보면,《칠정산내편》과《칠정산외편》은 조선의 독자적 천문 달력 체계이자 국가의 자주성을 보여주는 자주적 역법의 확립을 위한 노력의 흔적으로 강조되고 있다. 역사적 배경을 살펴보면, 천문 관측을 위한 관측기기가 제작되었고, 이순지와 김담이 세종의 명령으로 관측 활동을 실제 수행했으며, 이미 이전에 들여온 역법들을 충분히 검토하고 계산을 위한 각고의 노력을 들여 역법의 기반이 어느 정도 구축되었기에 세종의 명으로 만들어진《칠정산》은 자주적 역법의 근거라고 주장하는 것이다.[31] 이는 동시에《칠정산》완성에 천문 관측기기들의 역할이 중요했다는 것을 방증한다는 의견이 지배적으로 나타난다.[32]

그러나 이런 해석은 다양한 관점에서 재검토할 필요가 있다. 예를 들어, 진나라에서는 위나라의 경초력景初曆을 그대로 가져와 태시력泰始曆이라 이름을 고쳐 사용하였고, 이후 중국 남북조 시대 송나라에서도 이를 그대로 채용하여 영초력永初曆으로 이름만 바꾸어 사용한 사례가 있다.[33] 심지어 명나라의 대통력도 사실 원나라의 수시력을 그대로 사용한 것이나 다름없다. 즉 역법은 과학적 가치 외 정치적 상징성과 연속성을 함께 지닌다는 점에서, 자주성이란 개념은 단선적으로 접근하기 어려운 면이 있다. 어쩌면 역법이 지니는 천문학적 가치보다 정치적 의미가 더 중요하게 작용할 수 있음을 시사한다.

앞에서 설명하였듯이 세종의 명으로 만든 관측기기들은 수시력에 관한 연구가 충분히 논의된 후에 순차적으로 제작되었다는 사실을 생각해볼 필요가 있다. 나아가《칠정산내편》은 한양 기준으로 해가 뜨고 지는 시간의 계산을 제외하고 보면 수시력 계열로 알려진 대통력과

거의 같은 역법이라 보고된 사실도 고려해야 한다. 이 같은 사실은 현대의 연구자들만이 확인한 것이 아닐 것이다. 그러한 이유인지는 몰라도 조선의 천문학자들도 다른 역법의 필요성을 인지했던 것 같으니, 그리하여 이어진 결과가 회회력을 기반으로 한《칠정산외편》의 편찬이지 않았을까?

《칠정산외편》도《칠정산내편》과 마찬가지로 자주적 역법으로 알려져 있다. 그러나 최근 연구는 이에 관하여 신중한 접근을 요구하고 있다. 특히 자주적 역법이란 말이 무색하게 역법서에 명시된 수치표들이 관측자의 위도에 따라 달라지지 않았다는 사실이다. 이러한 문제로《칠정산외편》이 남경南京과 한양의 위도차로 일정 수준의 오차가 발생할 수밖에 없는 구조인 데다가, 달의 황경 오차까지 겹치면서 일식 계산의 정확성에 큰 영향을 미쳤다는 연구 결과가 최근 보고되었다.[34]

그러함에도 불구하고《칠정산외편》의 일식 계산은 당대 다른 역법과 비교하였을 때 상대적으로 정확했다. 이와 같은 이유로 회회력의 수치와 계산 체계가 기본적으로 우수하였고, 조선의 천문학자들이 이를 효과적으로 운용하였다는 사실을 반영한다는 주장도 있다.[35]

여기서 주목할 점은《칠정산외편》이 사용한 보정 값은 남경과 한양의 지리적 경도차를 직접적으로 적용한 것이 아니라 경도차에 따른 태양과 달의 황경 차이를 보정한 수치였다는 사실이다. 즉 천문학적 의미에서의 경도 보정은 단순히 지리적 좌표를 수정하는 작업이 아니라, 천체의 위치 계산에 관여하는 천구 좌표상 보정인 것이다. 이러한 방식은 위도를 반영하지 않더라도 경도차 보정을 통해 비교적 정밀한 결과를 도출할 수 있는 구조로 가능했음을 시사한다. 그러므로《칠정산외편》의 상대적인 정확도는 사실이며, 일정 오차 범위 내에서 실용적 예보 체계로 기능했음은 부정할 수 없다. 그러나 역법 자체의 구조나 계산 과정에서의 기본적 본질은 여전히 회회력의 틀 안에 머물러 있었다.

필자는 수입된 역법을 조선의 천문학자들이 외부 도움 없이 해결했다고 해서 곧바로 독자적 체계로 전환되었다고 평가하는 것은 무리가 있다고 생각한다. 《칠정산》을 보는 정치적 상징성과 과학적 실질성 간의 구분은 고려되어야 하지 않을까? 자주적 역법으로 보는 해석은 그 개념을 세밀하게 정의한 후 논의되어야 한다.

《칠정산》의 의미와 가치

필자는 두 가지 질문을 던져보고자 한다. 첫 번째, 역사적 사실관계를 전혀 고려하지 않고, 한양의 위도를 기준으로 정확한 역일 계산을 했다는 점만 강조하면서 천문학적 우수성을 강조하는 것은 과연 올바른 해석일까?

두 번째, 본국의 수도인 한양을 역법 계산의 기준으로 삼았다는 점만 강조하면서 역법 내부의 본질적 구조나 체계는 전혀 언급하지 않은 채 우리나라만의 자주성이 드러난다고 주장하는 것은 과연 타당할까?

《칠정산》은 세종대 천문학의 집대성이자, 조선의 시간 체계를 확립하는 데 중요한 전환점이 된 역법서이다. 그런데 오늘날 이 칠정산을 두고 자주적 역법의 상징이라는 해석이 과도하게 강조되는 경향이 있다. 예컨대 한양의 위도를 역법의 기준으로 삼았다는 점을 강조하면서 과학적 우수성과 자주성을 주장하는 해석은 주의해야 한다. 실제로 이 책의 구성 원리나 계산 체계는 대부분 수시력과 대통력 그리고 회회력의 틀을 따른다. 그 내부 구조를 면밀히 따져보지 않고, 표면적인 기준점으로 자주성을 강조하는 해석은 과학사적 근거가 충분하지 않다.

세종의 명으로 조선의 천문학자들이 수시력을 연구하였고, 관측기기를 만들어 이를 검토하였으며, 각종 역법과 관련 서적들을 교정하거나 편찬하는 등 전방위적으로 천문 활동을 수행하였다. 즉《칠정산》은 단순한 수용이 아니라 연구, 관측, 편찬이 결합된 종합적인 학술 활동이었다. 이처럼 오랜 기간 조선의 천문학자들이 연구를 수행하였기에 천문학적 지식으로는 역법의 근본적 한계를 극복하지 못했다고 생각되지는 않는다.

필자는 시대적 관점에서 조선이라는 나라가 갖는 당시 명나라와의 관계라는 근본적인 제약, 곧 정치적 이유로 이를 극복하지 않으려 했던 것이 아니었을까 생각해본다. 물론《칠정산》의 가치를 올바르게 평가하기 위해서는 우리 선조들이 지식의 한계로 못한 것인지 아니면 정치적 배경하에 자주성을 지나치게 드러내지 않으려 했던 것인지를 고민해봐야 한다.

그렇다면 우리는《칠정산내편》과《칠정산외편》의 편찬을 무의미한 결과물로 보아야 할까?《칠정산》은 조선이 시각 제도를 정립하고 시간과 계절의 흐름을 체계적으로 관리하면서 역서를 제작하고 보급하는 체계를 구축하는 데 핵심 기반을 마련하였다. 더욱이《칠정산외편》은 회회력의 천문학적 요소들이 조선의 역법 체계에 반영되었다는 점에서 역사적 가치가 크다. 그러나 이보다 분명한 것은《칠정산》이 한국 천문학사에 미친 영향력이다.《칠정산》을 만드는 과정에서 역법을 연구하였고, 그로 파생된 천문 관측기기 제작과 각종 다양한 천문 서적의 발행은 당대의 지식적 진보를 이끄는 성과를 이루었다. 실제로《칠정산》은 조선 후기까지도 사용된 만큼 오랜 기간 조선 천문학에 영향을 끼쳤다.

나아가 표면적으로는 명나라와의 관계를 고려할 수밖에 없었음에도 조선만의 시간 규범을 실행하고 안정화하는 데 있어 《칠정산》의 역할이 작지 않았다.[36] 이것만으로도 그 의미와 가치가 확립되었다고 해도 과언이 아닐 것이다. 결국 《칠정산》의 의미는 어떠한 역법들이 사용되어 만들어졌는지 또는 자주성의 여부로는 평가할 수 없다. 《칠정산》은 외래 과학 지식을 수용하면서도 이를 시대적 관점에서 정치적 현실과 조화롭게 융합한 결과물이면서, 당시 세종과 천문학자들을 비롯한 지식인들이 지향하였던 정확성과 실용성, 국가적 시간 체계를 구축하고자 했던 목표성이 집약된 복합적 산물이기 때문이다.

三

역법으로 만든 역서

국가만이 만들 수 있는 역서

조선 시대에 가장 많이 인쇄되어 배포된 서적으로 역서를 꼽을 수 있다. 조선 후기에 이르면 한 해에 40만 부 가까이 발행되어 보급된 것으로 알려져 있다.[37] 이처럼 대량의 역서를 오직 하나의 국가기관, 즉 조선의 천문기관인 관상감이 독점하여 제작하고 배포하였다. 오늘날에는 한국의 천문기관인 한국천문연구원이 매년 공식 역서를 발행하지만, 달력의 제작과 판매는 누구나 가능하다. 이는 역서의 핵심 정보를 공개하고 있기 때문이다. 그러나 과거에는 만들고 판매하는 모든 권한이 국가에 귀속되어 있었으며, 국가의 공식 천문기관인 관상감이 도맡았기에 이를 사적으로 제작하여 배포하면 중죄로서 큰 벌을 받았다.

그 대표적 사례가 1777년 정조 1년 말에 발생한 역서 위조 사건이다. 이 사건에서 이동이李同伊라는 죄인은 역서를 위조하여 판매한 죄목으로 사형을 선고받았다. 놀라운 점은 같은 날 사형을 선고받은 이들 중 한 명은 살인범, 다른 한 명은 왕이 거처하는 곳에서 칼을 뽑아 위협을 가할 수 있었다는 죄목의 죄인이었다. 이들과 함께 사형에 처할 뻔한 이동이의 죄목은 단지 역서를 위조했다는 것이었다. 결과적으로 정조는 모두 유배형으로 감형하였지만,[38] 이 사건은 역서를 위조하는 행위가 단순한 인쇄물 불법 위조가 아닌 국가 권위에 대한 중대한 도전으로 간주되었음을 보여준다. 이처럼 역서가 중시된 이유는 그 자체가 역일과 역주로만 이루어진 단순한 달력이 아닌 왕권과 국가 통치의 상징이었기 때문이다.

동아시아에서 왕은 천자, 곧 하늘의 아들로 여겨졌고, 하늘의 운행을 관찰하고 그 뜻을 따르는 것이 통치자의 권리이자 핵심 의무였다. 이러한 전통은 하늘을 살펴 시간을 알려준다는 의미의 관상수시라는 말로 요약할 수 있다. 이 일들을 수행하기 위해 하늘을 살펴 주기성을 파악하고 방법론을 구축하니 이것이 곧 역법이며, 역법을 통해 역일을 계산하고 풍수에 대입하여 역일에 따른 역주를 담아내니 이것이 역서이다. 즉 역서는 단순한 달력이 아니다. 하늘로부터 권력을 부여받은 자가 이를 증명하고자 하늘의 운행을 살펴 하늘의 뜻을 이해하고, 그러한 이해를 사람들에게 전하는 것이다. 단순한 편의성의 문제가 아닌 상징성이 개입되어 있다는 것이다.

역법으로 만든 역서가 한 해의 흐름을 정확히 반영하였다고 증명되면 왕과 국가가 하늘의 뜻을 잘 따르고 있음을 보여주는 것이다. 그러면 왕의 통치 정당성까지 확보된다. 따라서 역서를 만들어서 배포하는 것은 국가 권위가 바로 세워졌음을 의미하며, 국가 권력의 힘과 당위성까지 입증하는 일이므로 매우 중요했다. 이것이 국가기관이 역서를 독점한 배경이다.

오늘날에는 역서의 제작과 배포를 누구나 자유롭게 할 수 있다. 하지만 1년의 양력과 음력의 날 수, 절기의 배치, 공휴일 배정은 한국천문연구원의 공표를 따라야 한다. 이는 천문법이라는 국가 법률로 정해진 사항이다. 즉 민간의 제작과 배포의 자율성은 있지만 만드는 기준과 공식 공표 권한은 여전히 국가에 있어 그 상징성은 여전하다. 이는 전통 시대의 관상감이 담당하던 기능을 오늘날 한국천문연구원이 이어받고 있다는 의미이다.

한국 천문학사에서 정확히 언제부터 역서 제작이 시작되었는지는 명확하지 않다. 그러나 고려에 이미 국가 천문기관이 존재했으며, 조선의 천문 제도가 고려의 정통성을 계승했다는 기록이 있으니 적어도 이 시기에는 역서가 만들어져 보급되었을 것이다. 역서는 과거와 현재를 잇는 국가 시간 체계의 상징이자 과학과 정치의 경계에 있는 복합적 매체이다. 더욱이 그 제작 주체가 국가라는 사실은 그 상징성과 정치성을 더욱 분명하게 드러내준다. 이처럼 역서가 가진 의미를 살피기 위한 다양한 관점이 존재하지만, 필자는 역서를 발행한 기관을 중심으로 그 의미를 살펴보고자 한다.

대외적 영향을 받은 조선의 역서

통일신라를 계승한 고려의 국가 천문기관은 서운관이다. 조선에서도 고려의 서운관을 계승하여 그 이름 그대로 국가 천문기관으로서 업무를 이어갔다. 이후 1466년 세조 12년에 조선이 세워진 후 계속 사용하던 관제를 재정비하는데, 이때 서운관이 관상감으로 개칭된다.[39] 이렇게 변경되었으나 각종 문헌에는 조선 후기까지 서운관이란 표현이 언급된다. 그만큼 서운관의 의미가 가진 상징성이 컸던 것 같다. 관련하여 1818년 성주덕成周悳, 1759~?은 관상감의 각종 제도를 정리한 국가기관의 관서지 격인 《서운관지》를 편찬하였다. 제목에서 알 수 있듯이 '서운관'을 다시 사용함으로써 조선 천문 제도의 계승성을 부각한 것으로 보인다. 관상감은 조선을 대표하는 국가 천문기관이자 핵심 기관으로 활동해왔지만, 1506년 연산 12년에 관상감이란 이름이 박탈되었고, 사력서란 이름이 붙여져 그 지위가 낮아졌다.[40] 하지만 이내 같은 해에 중종이 즉위하면서 다시 관상감으로 복구되었다.

한국에서 현존하는 이른 시기의 역서 중 하나로 1580년(선조 13년)의 역서《경진년대통력庚辰年大統曆》이 있다. 이를 통해 약 500년 전 역서의 대략적 구성을 볼 수 있다. 특히 이 역서의 월력장 첫머리에 중국 왕조의 국호와 연호 없이 경진이라는 간지가 표기되어 있다는 점이 눈에 띈다. 1607년(선조 40년)의 역서에는 명나라의 국호와 연호가 명시되어 있기 때문이다. 이는 임진왜란 말기 명나라와의 대외 관계를 의식한 편집 변화로 볼 수 있다. 물론 명의 직접적 요구에 따른 조치라는 뚜렷한 증거는 없고, 조선의 자발적 행동이었을 가능성이 크다.[41] 이후 병자호란을 거치면서 월력장 첫머리의 표기 체계는 다시 변동을 겪는다. 우선 국제 질서 변화에 따라 국호와 연호 표기는 명나라에서 청나라 체제로 전환되었다. 하지만 청나라가 조선에 자국의 국호와 연호 표기를 강요했다는 직접적 근거는 없다.[42] 그러함에도 역서의 명칭과 표기 체계는 시대 변화에 맞춰 조정되었으니, 이런 겉모습의 작은 변화만으로 당시 조선 조정의 외교적 고민이 느껴진다.

명칭의 변화를 거치면서 시헌력을 도입하기까지 역서를 만드는 데 사용한 역법은 대통력이었다. 이러한 이유로 당시 역서에는 대통력이라는 용어가 명시되었다. 사실 역서에 작성된 이 대통력이란 문구는 일반적으로 이해되지 않을 수 있다. 세종에 의해 수시력에 관한 연구가 이루어졌고 각고의 노력으로 탄생한 것이 《칠정산》인데, 그것이 아닌 대통력이 명시되었기 때문이다. 이는 《칠정산》과 대통력 사이의 관계를 보여주는 흔적이기도 하다. 대통력은 명나라 건국과 함께 반포된 역법으로 원나라의 수시력에서 이름만 바뀐 것이다. 고려가 망하고 조선이 세워진 직후 조선의 천문기관에서는 대통력을 사용하여 역서를 만들었다. 물론 명나라의 역법을 그대로 사용하면 계산의 기

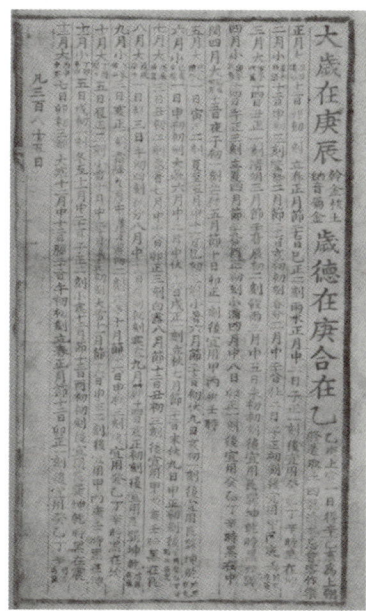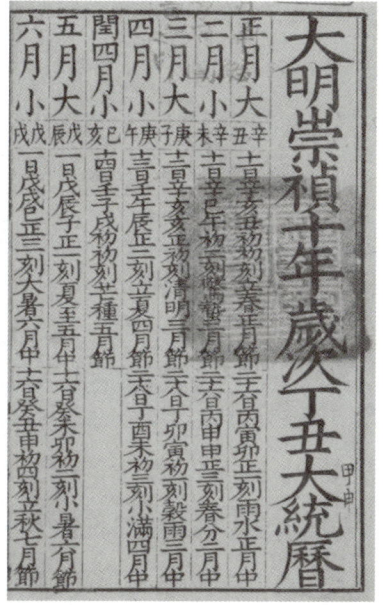

왼쪽은 1580년(선조 13년)의 역서[43]로 제목은 太歲在庚辰(태세재경진)이다. 곧 그해는 경진년임을 눈에 띄게 명시하였다. 그런데 오른쪽의 1637년(인조 15년)의 역서[44]에는 大明崇禎十年(대명숭정십년), 곧 명나라의 국호인 대명과 연호인 숭정 10년이 가장 먼저 나오고, 이어 歲次丁丑(세차정축)이라 하여 간지로 정축년(1637년)임을 말하면서 역서의 계산 체계가 大統曆(대통력)임을 밝히고 있다(유물번호: 022638(민속박물관)).

준 위도와 경도가 조선의 수도인 한양과 상당히 다르므로 계산 결과가 잘 맞지 않는다. 그래서 계산 방법을 익히고 편집하여 정리한 것이 《칠정산내편》이다.

많은 부분이 수정 보완되었으리라는 생각과 달리 《칠정산내편》과 대통력은 근본적 부분에서 차이가 없다는 것이 오늘날 연구자들에 의해 잘 알려진 사실이다. 그러므로 조선 천문학자의 능력과 상관없이 정치적 상황에서 국제 표준을 따른 결과일 수 있다. 중국 왕조와의 관계를 고려한 정치적 사유가 역서에 반영된 흔적이라고 보는 것이 합리적이다.

조선의 역법은 17세기 중반에 또 한 번의 전환기를 맞는다. 관상감에서 발행하던 역서는 1653년에 청나라에서 반포한 시헌력을 도입하는데, 이에 1654년 역서부터는 대통력 대신 시헌력이 명시되었다. 본래는 1644년 김육金堉, 1580~1658에 의해 시헌력 채용이 논의되었지만 한동안 받아들여지지 않다가 10년이 지나서야 적용된 것이다. 이후 1735년 청나라의 건륭제乾隆帝, 1711~1799, 재위 1735~1796가 재위하면서 시헌력은 시헌서時憲書로 변경된다.[45] 건륭제의 이름이 원인이었다. 그의 이름은 홍력弘曆으로 시헌력의 력과 동일하여, 왕의 이름이 일상에서 함부로 쓰이지 않도록 피휘避諱에 따라 력을 서書로 변경한 것이다. 이처럼 조선은 정치적 이유로 후기까지 중국 왕조의 연호를 받아 역서에 명시하였다. 이는 역서가 지닌 정치적 상징성과 외교적 절충의 흔적이라 할 수 있다.

대한제국의 마지막 역서

1894년 일본 제국은 청나라가 조선 내정에 영향력을 행사한다는 이유로 조선의 개혁을 위한다면서 전쟁을 일으켰다. 갑오개혁이 일어났던 해로 이러한 사회적 분위기에 따라 직제가 변경되는데, 여덟 개로 구성된 부서를 새롭게 세우니 이를 아문이라 부른다. 관상감은 여덟 부서 중 하나인 학무에 편입되었다. 학무는 본래 예조가 담당했던 일을 비롯하여 교육 등의 업무를 맡는 곳이었다.[46] 이 과정에서 천문 기관의 이름도 관상감에서 관상국으로 바뀌었다.[47] 그러나 이듬해인 1895년에 다시 관상소로 변경된다.[48] 또한 이 시기에 일본이 전쟁에서 승리하였는데, 이에 조선은 청나라의 연호를 사용할 필요가 없어졌고 피휘할 이유도 사라졌다.

그리하여 1896년 출판한 역서는 시헌서에서 시헌력이라는 명칭으로 복귀하였고, 그동안 사용하던 중국 왕조의 연호는 사라지고 대조선 개국 505년이라는 자국의 연호가 명시되었다. 1897년 근대화에 대한 열망을 품은 고종高宗, 1852~1919, 재위 1864~1907이 대한으로 국호를 제정하고 연호를 광무라 정한 뒤,[49] 10월 12일 황제 즉위식을 거행하면서 대한제국의 시대를 열었다.[50] 이에 따라 1898년에 발행한 역서에 대한광무 2년이라는 새 연호가 등장하고, 역법의 명칭도 시헌력에서 명시력으로 변경되었다. 명시력은 시헌력을 바탕으로 하되, 양력 날짜와 요일 개념을 추가하였다는 점에서 기존의 역서와 차이를 보였다.

일본 제국이 벌인 청나라와의 전쟁은 단순한 싸움이 아니었다. 조선이 청의 간섭을 벗어나 내정 개혁을 하기 위한 것이라는 명분 아래 자신들의 영향권에 두고자 벌인 의도적인 전쟁이었다. 더군다나 대한 제국 시대에는 다양한 선진 문화와 제도가 빠르게 들어오면서 사회적으로나 정치적으로 혼란했다.

이 시기에 일본 제국의 야욕도 드러났다. 갑오개혁이 일어나기 10년 전 1881년부터 한반도에서는 이미 독일인이 만든 기상 관측소가 인천에서 운영되고 있었다.[51] 원산과 부산에서도 관측이 시작되었다. 항구 도시에 세워진 관측소는 폭풍 경보를 시행해야 한다는 일본 제국의 요청으로 줄곧 자료를 제공했다. 1904년에는 러시아와 전쟁을 벌이면서 부산, 목포, 인천, 용암포, 원산의 다섯 지역에 임시 관측소를 만들어 운영했던 것으로 보인다. 표면적으로는 러시아와의 전쟁에 대비한다는 이유로 관측소를 임시로 만들어 관장하는 듯하였으나, 1905년 전쟁에서 승리하면서 한반도에 세운 기상 관측소는 철저히 일본 제국 정부의 관리하에 들어간다.[52] 필자는 이것이 한반도 전역의 기상 정보 통제를 위한 전략적 조치였다고 생각한다. 그리고 학무 아문에 소속되어 역서 발행 임무를 수행하던 관상소는 1907년에 이르러 일본 제국에 의해 측후소라 개칭되어 업무를 수행하게 된다.[53]

하지만 다음 해의 역서를 준비할 겨를도 없이 갑작스레 진행되었기에, 1908년의 역서는 이미 만들어놓은 자료를 바탕으로 그대로 출판되니, 이것이 조선의 국가 천문기관에서 만든 마지막 역서가 되었다. 이를 두고 600년에 걸친 관상감의 역사가 끊어진 사건이라 표현하기도 한다.[54] 천문기관의 운영이 다른 국가로 넘어갔음을 보여주고, 이는 곧 주권 국가의 상징인 천문이 완전히 무너졌음을 의미하기 때문이다. 조선에서 천문학은 단지 하늘을 살피는 것만이 아니었다. 하늘의 질서를 읽고 백성에게 전달하며, 왕의 통치 정당성과 국가 질서를 상징하는 체계였다. 국가의 기능은 곧 관상감이란 기관을 통해 실현되는 하늘의 권위였으나, 더 이상 하늘의 질서를 스스로 관장하지 못하게 되었으니, 이는 국가 주권의 실질적 상실을 상징하는 사건이었다.

일제강점기 조선총독부의 역서

　조선의 국가 천문기관이 해체된 후에도 역서는 지속적으로 발행되었다. 1909년과 1910년에 발행된 역서는 특별한 이름이 없고, 단지 '력'이란 이름으로만 출판되었다. 이 시기는 순종의 재위 기간으로 그의 연호가 융희였기에 이 역서를《융희력隆熙曆》이라고도 부른다. 국가적 정통성은 사라졌지만 생활의 편의를 위해 배포한 역서라 할 수 있다.

　경술국치의 해로 알려진 1910년에 일본 제국은 조선을 완전한 식민지로 만들고자 강제로 불법적인 조약을 체결했다. 그리고 일본 제국에서는 1911년에 력이란 이름을 버리고《조선민력》이란 이름으로 변경하여 역서를 발행한다. 민력이라 한 것은 너희의 국가는 사라졌다고 공식적으로 선포한 것이자, 이 역서는 정통성이 없다는 것을 상징한다고 볼 수 있다. 특히《조선민력》은 양력 체계를 기준으로 역일이 정리되어 있되 일본의 국경일이 표시되어 있었는데, 강제로 이루어진 병합으로 나라 잃은 설움의 흔적이 역서에서도 드러난다고 할 수 있다.

　1913년부터 인천의 조선총독부 관측소에서 역서가 만들어져 배포되기 시작하였다. 이때부터 공식 발행 기관은 조선총독부 관측소가 되었다. 1937년에 이르러 일본은 중국과 다시 전쟁을 벌이고, 1944년에는 미국과 전쟁한다. 혼란 속에서 역서 발행 체계에 변화가 생기니, 1937년부터《조선민력》이란 이름은 사라지고, 간략히 정리한《약력》으로 배포되었다. 전쟁 중 물자 소비를 최소화하고자 한 것으로 보인다. 이는 단순한 명칭 변경이 아니다. 식민지 통치의 상징적 매체였던 역서가 전시 체제에서 효율과 통제의 수단으로 전환된 과정을 보여준다.

해방 이후 지금까지의 역서

1945년 8월 15일 일본 제국의 패망과 함께 한반도는 광복을 맞이한다. 당시 조선총독부가 운영하던 24개 관측소에는 118명이 근무하고 있었으나 이 중 한국인은 12명이었다. 갑작스러운 해방 후 적은 인력으로 관측소를 운영하기가 어려웠기에, 당분간 일본인 직원들을 남

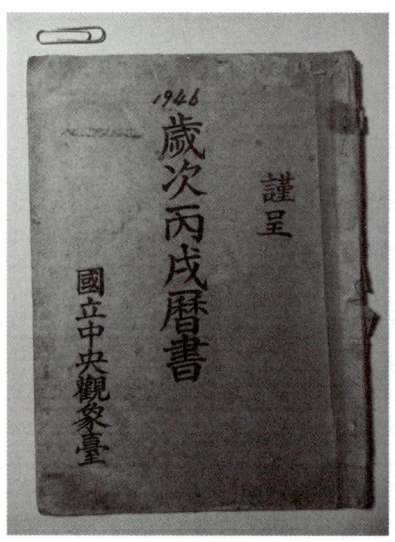
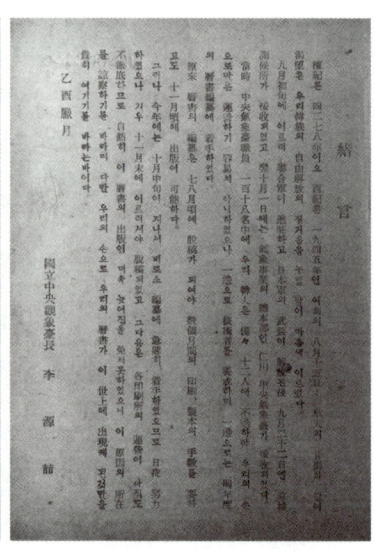

왼쪽은 1945년에 제작해 겨울에 배포한 1946년 역서의 표지. 오른쪽은 첫 장에 실린 이원철의 머리말. 해방 직후의 혼란으로 인쇄가 지연되어 1946년 역서는 예정보다 늦게 출간되었다. 1945년 12월 22일자 동아일보에는 광복에 빛나는 병술년(1946년)을 맞아 역서의 연호를 '대한민국 28년 국력'으로 정하려 했다는 보도가 실렸다.[55] 이는 1919년에 수립한 대한민국 임시정부를 원년으로 삼아 정통성을 잇겠다는 구상을 보여준다. 그러나 이 명칭은 끝내 채택되지 않았다. 정확한 사유는 확인되지 않지만, 1946년 1월 2일 인천 국립중앙관상대를 중심으로 전국의 관상대 직원들이 신탁통치 반대 운동과 함께 파업에 돌입하는 등[56] 사회적 혼란에 국립중앙관상대도 영향을 받은 것으로 보인다. 역서 명칭의 최종 결정에 정치적 영향이 개입되었을 가능성이 있다.

긴 채 인력 충원과 전문 교육이 이루어졌다.

이 시기의 조직 재정비와 인력 육성을 주도한 인물이 국내 1호 이학 박사이자 천문학 박사인 이원철李源喆, 1896~1963이다. 그는 조선의 관상 감을 부활시키겠다는 의지로 국립중앙관상대라는 이름으로 새 기관 을 창설하고 초대 대장을 맡았다. 그는 역서의 정통성을 되살리겠다 는 신념으로 1946년 역서를 발행하여 배포하니 이것이 국립중앙관상 대에서 발행한 《세차병술역서》이다. 이 역서의 서문 말미에는 다음과 같은 글이 있다. "우리의 손으로 우리의 역서가 이 세상에 출현하게 된 것만을 귀하게 여기기를 바라는 바이다." 역서의 발행과 배포가 갖는 의미가 조선 때와는 사뭇 다르겠지만 역서의 자주성과 복원의 의미가 그 어느 때보다 짙다.

얼마 지나지 않아 국립중앙관상대는 다시 한 번 수난을 겪는다. 1950년 6월 25일 북한의 남침으로 직원 일부는 의용군에게 끌려가거 나 난리 속에 분산되는 등 우여곡절을 겪는다. 특히 이미 준비하여 탈 고만 남겨둔 상황에서 1951년의 역서 작업은 총체적으로 어그러졌 다. 다행히 빼앗긴 서울을 3개월 만인 9월 28일에 수복하면서 부족 한 인력으로나마 10월 초부터 다시 계산에 들어가 겨우 시간에 맞춰 1951년의 역서를 인쇄했다. 그러나 중공군의 개입으로 중앙관상대는 부산으로 피난을 가게 되었고, 어려움 속에서도 직제 확립과 함께 관 측과 역서 업무를 이어갔다.

휴전 이후 1962년에는 문교부에서 교통부로, 1967년에는 과학기 술처로 소속을 옮기게 되었다. 이후 1973년 국립기상연구소, 1974년 국립천문대 설립이 추진된다. 오랫동안 하늘과 땅에서 벌어지는 모 든 자연 현상을 천문이란 범주 안에서 다루던 전통은 현대 과학에 의 해 천문학과 기상학으로 분류되었다. 관상감의 꽃이라 할 수 있는 역서 발행 업무는 천문학 연구를 위해 분리되어 나온 국립천문대로 1975년 이관되었다. 관상감의 정통을 이어가겠다는 의지가 담긴 중앙관상대라는 기관 명칭은 역서 업무가 국립천문대로 이관되고 7년이 지난 1982년 중앙기상대로 개칭된다. 국립천문대의 규모가 작았기에 1986년 한국전자통신연구소 부설 천문우주과학연구소가 되었고, 1992년 한국표준과학연구원 직속 천문대로 배치되기도 하였다. 그러한 변경 속에서도 역서 발행 임무는 꾸준히 이어갔다. 1999년 한국천문연구원이라는 독립된 법인 연구원이 출범하고 현재까지 관상감의 정통성을 이어오고 있다.

우리나라의 가장 오래된 정기 간행물

서운관에서 관상감 그리고 현대의 한국천문연구원까지 이어진 역서 발행 업무에는 우여곡절이 많았다. 역서의 정통성을 가진 공식 국가와 기관이 혼란의 시기를 거치면서 빼앗기고 이관되거나 지위가 낮아지는 등 불안정한 상황을 맞이하기도 하였다. 그러함에도 불구하고 중요한 점은 국가에서 공식 역서를 발행했고, 지금까지도 매년 이어지고 있다는 사실이다.

《조선왕조실록》에는 서운관의 의미를 두고, 천문을 살피고 재이의 상황을 파악하며 역일을 구하고 길흉을 결정하는 곳이라 하였다.[57] 《서운관지》에는 관상감이 천문과 수시를 담당하는 곳이라 정의하였다. 또한 조선 후기에 관상감이 관상국으로 개칭되면서 관상국의 업무가 천문, 역수, 측후 업무를 맡는다고 기록되었다.[58] 전반적으로 서운관, 관상감, 관상국에 관한 첫 번째 업무로 언급된 것이 천문이고,

이어서 역법과 관련한 역일과 수시이며, 마지막이 역수이다. 여기서 역수는 역법을 계산한다는 의미이기에, 역법 또는 역서와 관련한다는 것을 분명하게 알 수 있다. 즉 역서를 만드는 행위가 국가 천문기관의 핵심 임무로 인식되었다는 점이 명확하다.

해방 이후에도 중앙관상대에서는 시중에 잘못된 역서를 사용하지 말고 정부에서 발행하는 정확한 역서를 구매할 것을 각종 매체를 통해 당부하였다.[59] 이처럼 역서의 정통성은 오랫동안 매년 발행함으로써 꾸준히 이어져왔다. 더구나 국가의 공식 발행물이라는 점이 그 정통성과 상징성을 뒷받침한다. 이를 보건대 역서는 국가기관에서 만든 것 중 우리나라에서 가장 오래된 정기 간행물이라 볼 수도 있다.

현재는 한국천문연구원에서 역서를 발행하고 있다. 한국천문연구원은 서운관과 관상감의 전통을 계승하여 국가 천문기관의 역할을 맡고 있다. 이 전통이 앞으로도 지속되어, 역서가 단지 날짜를 적어둔 책이 아니라 하늘과 시간의 연결을 상징하는 문화유산으로 남기를 기대한다.

천문학자는 왜 역사 기록을 살피는가

밤하늘에 나타난 붉은색 기운

2024년 5월의 오로라

2024년 5월 12일 아마추어 천문가들이 강원도에서 오로라를 촬영하였다. 물론 하늘에 드리워진 붉은색 흔적은 매우 희미하여 맨눈 식별이 어려웠고 광학 기기로 빛을 모아야 했다. 특히 중위도 아래쪽인 북위 37도에서 카메라를 통해서라도 오로라를 포착했다는 점은 이례적이다. 그런데 같은 날 다른 나라의 상황을 보면 이날의 태양 활동은 예사롭지 않았던 것으로 보인다. 미국과 유럽에서는 맨눈으로 오로라가 선명하게 보였고, 심지어 우리나라보다 위도가 낮은 멕시코에서도 비교적 선명한 빛의 향연이 밤하늘을 물들였다. 이는 당시 태양에서 방출된 고에너지 입자들이 지구 자기권에 강한 영향을 미쳤음을 보여준다.

오로라는 아주 흥미로운 자연현상이다. 태양풍 입자가 지자기장에 이끌려 극 부근 상층 대기와 충돌하면서 생긴다. 이 과정에서 대기 분자가 이온화되어 빛을 방출하니 이를 오로라라 부른다. 태양 활동의 강도와 지구 자기장의 반응 정도에 따라 오로라의 세기와 움직임은 정적이기도 하고, 격렬하게 춤추듯 하늘을 물들이기도 한다.

일반적으로 자전축에 해당하는 위도에서의 북극(진북)과 남극(진남)은 나침반으로 표시되는 북극(자북)과 남극(자남)의 방향과 분명히 차이가 난다. 나침반이 가리키는 방향은 자전축이 아닌 지자기극으로 그 위치가 자전축처럼 고정적이지 않고 지금도 계속 변동하고 있다. 즉 지리적 북극과 지자기 북극은 일치하지 않는다. 과거 사람들도 이러한 사실을 충분히 알았고, 고정된 북극과 남극을 찾고자 해그림자 길이를 사용했다.

오로라는 지자기극을 중심으로 타원형 띠를 이루며 그 주위를 둘러싼 형태로 나타난다. 태양 활동과 지자기 활동에 따라 그 빛의 움직임을 볼 수 있는 범위가 넓어지기도 좁아지기도 한다. 흔히 사람들은 지리적 위도만으로 오로라의 관측 가능 여부를 말하곤 하지만, 실제로는 지자기의 영역과 태양 활동의 변동성이 더 중요한 기준이 된다. 예를 들어, 멕시코는 평소라면 오로라를 볼 수 없는 한국보다 낮은 저위도 지역이지만, 2024년 5월에는 극히 강력한 지자기 폭풍이 발생하면서 오로라 타원이 북미 방향으로 비대칭적 확장을 강하게 일으켰다. 그 결과 멕시코에서 오로라를 맨눈으로 목격할 수 있었다. 이처럼 오로라의 발생과 관측 가능성은 지리적 위도의 문제가 아니라, 태양 활동과 지구 자기장의 상호작용으로 형성되는 복합적 조건에 좌우된다.

적기와 화광

그렇다면 우리나라에서 맨눈으로 오로라를 보기는 어려울까? 의외로 한국의 역사서에는 오로라로 해석될 흥미로운 기록들이 남아 있다. 《삼국사기》에는 "밤에 붉은색 빛이 비단이 펼쳐진 것처럼 땅에서 하늘까지 뻗쳤다"[1]는 기록이 있고, 《고려사》에는 "서북쪽에 붉은색의 요상한 기운이 있었는데, 길이가 30척가량 되었고, 용이나 뱀처럼 하늘을 가로질러 갔다"[2]는 설명이 있다. 《조선왕조실록》에서는 "밤에 북쪽 하늘에서 엷은 붉은색 기운이 보였으니 그 길이는 1장 남짓 되었다"[3]는 보고를 발견할 수 있다. 이처럼 붉은색 빛이 하늘에 드리워진 현상은 주로 적기赤氣라 불렸다. 요상한 붉은색 기운이라는 의미에서 적침赤祲이라고도 했는데,[4] 기운을 뜻하는 기는 실체가 있는 듯하면서도 고정되지 않은 붉은색의 무엇에 대한 묘사일 것이다.

다양한 색의 향연인 오로라는 고위도에서 주로 볼 수 있다. 다양한 색은 태양풍과 충돌하는 기체 입자가 무엇이냐에 따라 달라지는데, 고도가 낮을수록 산소 밀도가 높아지고, 고도가 높을수록 밀도가 낮아지니, 이러한 밀도 차로 낮은 고도에서는 녹색 빛이 나타나고, 높은 고도에서는 붉은색 빛을 발한다. 즉 밀도가 높은 만큼 입자의 충돌이 많아지고 그로 인해 짧은 파장의 전이만 방출하므로 녹색 빛이 두드러지는 데다가 산소뿐 아니라 질소와도 반응하면서 푸른색이나 자주색 계열 빛이 나타난다.

반면에 밀도가 낮은 곳에서는 충돌이 적고 긴 파장의 전이가 가능해지니 붉은색 빛이 두드러진다. 붉은색 빛을 발하는 적기는 동아시아 국가의 역사 기록에서 종종 발견되나, 특히 우리나라 역사서에서는 이 현상에 관한 기록이 상대적으로 많고 비교적 구체적이다. 높은 고도에서 발하는 붉은색 빛이 그나마 멀리 보일 가능성이 크기 때문에 중위도에서 오로라가 보였다면 붉은색 빛일 가능성이 크다. 이는 우리나라 역사서에 기록된 적기가 오로라일 가능성을 보여준다.

한국의 기록에서는 적기와 유사한 또 다른 현상이 하나 더 발견되니, 불빛이라는 의미의 화광火光이다. 《서운관지》에는 화광이란 현상은 저녁이나 밤에 불빛과 같은 기운이 오르락내리락하는 것이라고 설명한다.[5] 여기서 오르락내리락이란 묘사는 움직임을 의미한다고 볼 수 있어 이 현상도 오로라일 수 있다. 더욱이 《승정원일기》에는 1623년 이후로 화광에 관한 기록이 약 1,400건 확인된다.[6] 실제 오로라를 반영했다면 한반도에서는 오로라를 상당히 자주 목격한 셈이 된다.

그렇다면 적기와 화광은 같은 현상을 지칭하는 것일까? 일부 기록에는 '화광과 같은 적기'[7]라는 표현을 사용하면서 양자를 동일시하는 듯 묘사하지만, 다른 기록에서는 별도로 구분해 서술하기도 한다. 그러므로 같은 현상인지, 서로 다른 현상인지 명확하지 않다. 다만 한 가지 분명한 사실이 있다. 한반도에서는 과거에도 하늘을 붉게 물들인 정체불명의 발광 현상이 목격되었고, 그 일부는 오로라와 밀접하다는 점이다.

조선의 천문학자들은 오로라를 본 것일까

역사서에 기록된 적기와 화광은 흥미로운 공통점을 보인다. 이들 현상은 그믐에 가까워질수록 기록된 수가 증가하고, 보름에 가까워질수록 기록된 수가 감소한다는 것이다. 두 현상 모두 달빛에 영향을 받을 정도로 그 밝기가 희미했다는 의미이다. 한반도의 위도를 고려했

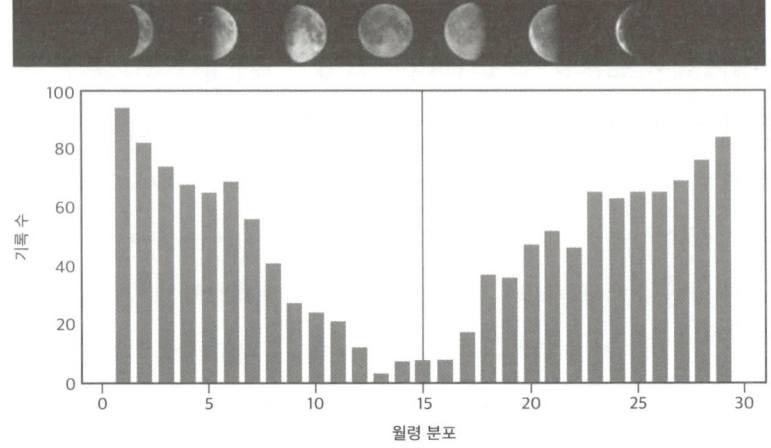

막대그래프는 《승정원일기》에 기록된 화광 현상의 월령 분포이다. 보름에 가까워질수록 기록 수가 현저히 감소하고, 그믐에 가까워질수록 뚜렷이 증가한다. 화광의 가시도가 달빛에 좌우되었을 가능성을 시사한다. 또한 화광이 달빛의 간섭을 받을 정도로 흐릿할 수 있다는 의미이다.

을 때 아주 강력한 태양 활동으로 약하게나마 보일 여지가 있었다고 가정해보자. 그렇다면 달빛에 영향받을 정도로 흐릿한 밝기였다는 것은 당시 목격된 붉은색 기운이 오로라였을 가능성이 충분하다고 합리적으로 추론할 수 있다.

　하지만 한 가지 의문이 남는다. 이들 기록은 유독 16세기와 17세기에 집중되어 있다.[8] 문제는 이 시기가 바로 소빙하기로 알려진 마운더 극소기Maunder Minimum, 1645~1715라는 점이다.[9] 이 시기는 태양 흑점 수가 현저히 줄어든 태양 활동 저조기의 대표적인 시기로, 이러한 시기에는 중위도까지 내려오는 강한 오로라가 나타날 확률이 전반적으로 낮았을 것으로 보인다. 그렇다면 지리적 위도가 낮은 한반도에서 이 시기에 오로라가 보였다고 말하기는 조심스럽다. 더 흥미로운 점은 적기와 화광은 북쪽이 아닌 남쪽이나 동쪽에서 보였다는 기록이 많다는 것이다. [10] 일반적으로 지자기극이 위치한 방향이 극에 가까운 고위도이기에 북쪽에서 붉은색의 무언가를 보았다면 오로라라고 자연스럽게 해석했을 테지만, 태양 활동이 저조한 시기라는 사실은 차치하더라도 북쪽과 반대된 방향에 집중되었다는 것은 이해가 어렵다. 관련하여 이 시기의 현상이 일반적인 오로라가 아니라 적색 오로라 아크 Stable Auroral Red Arc였을 가능성도 제기되었다. [11]

이 현상은 중위도에서 발생하는 발광 현상으로 안정적인 붉은색 빛을 발하여 붙은 이름이다. 지구 자기장과 태양 활동이 밀접한 관련이 있으므로 이때 빛의 세기는 태양 활동이 강할수록 선명해진다. 그러나 아무리 그렇다 해도 중위도에서 발현되는 현상은 그 밝기가 일반적인 오로라보다 그 세기가 약하다는 문제가 있다. 그렇다면 몇 가지 가정을 해보자. 과거에는 오늘날과 달리 인공광이 적었으니 하늘의 가시성이 훨씬 좋았을 것이다. 만약 달빛이 거의 없는 삭 무렵이고, 대기까지 맑아서 별빛 말고는 빛이 없는 밤이라면, 인간의 눈은 붉은빛이나 희미한 발광을 민감하게 포착했을 것이다. 그랬다면 당시 사람들이 오늘날 우리가 오로라라고 부르는 현상을 목격했을 수 있다. 다만 같은 시기, 다른 나라의 역사 기록에는 비슷한 현상에 관한 보고가 거의 없었다. 다른 나라의 천문학자들은 식별하지 못했던 것을 조선의 천문학자들은 식별했다는 뜻이 된다. 과연 그들이 보았던 적기와 화광은 오로라였을까? 맨눈으로는 식별이 어려운 미세한 하늘의 색상 변화를 감지했던 것일까?

일반적으로 오로라는 1년에 두 번, 봄과 가을에 최대 분포를 보인다. 이는 적도와 황도가 교차하는 춘분(3월 말)과 추분(9월 말)에 해당하는 계절로 우주 공간상으로는 지구가 태양풍을 직각으로 맞는 위치이다. 그러므로 지구가 받는 태양풍이 평소보다 강하고 더 직접적이다. 1년에 두 번, 봄과 가을의 이때를 전후로 오로라의 발생 빈도나 빛의 선명함이 우세해진다.

이러한 영향은 러셀-멕페론 효과Russell-McPherron Effect라는 이론적 모델로 설명되는데, 이는 지구 자기장의 기하학적 구조와 태양풍이 만들어내는 태양-지구 사이의 자기장 간에 존재하는 물리적 연관성을 분명하게 보여준다.[12] 하지만 우리나라의 역사서에 기록된 적기와 화광은 봄철에 편향되고, 가을은 여름과 겨울보다 기록 수가 현저히 적다.[13] 이는 오로라의 일반적인 계절적 분포와도 맞지 않는다.

한편《고려사》에 기록된 적기에 관한 기록이 태양의 흑점 주기와 유사하다는 연구도 있다.[14] 이 결과는 오로라의 발현 가능성을 강화하

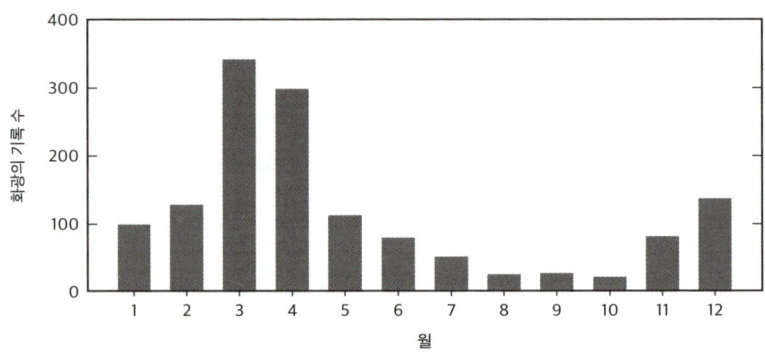

《승정원일기》의 화광 기록을 양력으로 변환하여 월별로 집계한 분포도이다.[15] 전체의 50퍼센트 이상이 봄철(3~5월)에 집중되며, 특히 3월과 4월만으로 전체의 40퍼센트 이상을 차지한다. 반대로 가을철(9~11월)은 10퍼센트 미만이고, 그중 9월과 10월을 합쳐도 3퍼센트에 미치지 못한다. 오로라가 춘분과 추분에 증가하는 경향과 달리, 역사 기록의 분포는 춘분 부근에서만 뚜렷이 증가하고, 추분 부근에서는 상승은커녕 최저이다. 역사 기록의 화광 현상을 태양 활동 메커니즘을 따르는 오로라로 모두 단정하는 데는 무리가 있다.

지만, 앞서 지적한 방향성 문제와 시기적 불일치는 여전히 해명되지 않았다. 결론적으로 한국의 역사 기록에 등장하는 적기와 화광은 여러 면에서 오로라로 해석될 근거를 포함하나, 태양 활동이 저조했던 시기에 나타난 기록의 증가 경향, 관측 방향의 비일관성, 가을을 제외한 봄에만 집중된 특징으로 오로라로 단정하기 어렵다.

일부 연구자는 한국의 역사 기록에 남은 적기와 화광은 일반적인 오로라와는 다른 발현 메커니즘을 가졌을 가능성을 제기하면서, 적색 오로라 아크를 포함한 다양한 대기 발광 현상을 폭넓게 검토할 필요가 있다고 제안한다.[16]

오로라가 아닌 다른 현상일 가능성

적기와 화광 현상은 오로라가 아닌 다른 현상일 수도 있다. "달 옆에 푸르고 붉은 기운이 있었다."[17] "해의 가장자리에 푸르고 붉은 기운이 있었다."[18] "해가 저물 즈음 동쪽에서 붉은색 기운이 하늘을 가로질렀다."[19] 적기와 관련한 기록 중에는 달무리와 햇무리를 연상시키거나 노을로 보이는 묘사도 확인된다. 이와 더불어 역사 기록에서 붉은색은 적기, 푸른색은 청기, 흰색은 백기라고 불렀다.[20] 특히 백기의 경우 여름철에 자주 등장한다는 점에서 야광운으로 보는 견해도 있다.[21] 야광운은 어두운 하늘 배경에도 구름이 상대적으로 빛을 발하기에 붙은 이름이다. 야광운을 형성하는 구름은 워낙 높은 곳에서 형성되어 해가 진 후에도 한참 동안 빛을 받고, 상대적으로 금방 어두워지는 지상에서는 높은 곳에서 빛을 받은 구름이 빛을 발하는 듯 보였을 수 있다. 낮게 깔린 암흑 배경과 대비되어 실제보다 뚜렷한 발광처럼 인식될 수 있는 것이다. 이러한 구름이 행여나 붉은색의 빛을 발하면, 이를 관측한 조선의 천문학자들이 적기라 표현했을지 모른다. 또한 기록의 상당수가 해가 지고 난 후와 뜨기 직전, 즉 노을 현상과 중첩되는 시각에 목격되고는 했다. 이러한 이유로 노을로 하늘이 붉게 물든 모습을 적기로 묘사했을 수 있다는 의견도 있다.[22] 즉 태양 활동으로 발현된 천문 현상이 아니라 기상학적 현상일 수 있다는 것이다. 물론 야광운도 오로라처럼 한반도가 위치한 중위도에서는 형성되기가 쉽지 않고, 저녁에 노을로 하늘이 붉게 물든 현상을 하霞 또는 단소丹霄라 했으니, 아마도 적기는 노을과는 구별되었을 가능성이 크다. 이처럼 이를 기상학적 현상으로 단정하는 것 또한 다소 조심스럽다.

화광도 적기와 마찬가지로 다양하게 해석될 수 있는 기록이 곳곳에 있다. 화광 같은 번개가 발생하였다는 기록부터 산이나 건물의 화재가 밤중에 발생하여 하늘에 불빛이 이지러지니 이를 일컬어 화광이 있었다고 묘사한 표현도 있다.[23] 관련하여 1507년 1월 24일 중종은 화광과 같은 적기가 있던 것에 관하여 물었고, 승정원에서는 산불에 의한 불빛이었을지 모른다고 답하였다.[24] 즉 화광이라는 기록이 명사가 아닌 형용사가 되어 어떠한 현상이나 상황을 충분히 묘사하고자 사용되었을 수도 있다. 결론적으로 적기와 화광의 일부 기록은 오로라일 가능성을 내포하지만, 기상학적 현상 또는 산불 같은 재해 현상 등 다른 현상일 가능성도 충분하다. 더욱이 역사 기록에서 사용된 '기'라는 개념은 고정된 물리적 대상이 아니라, 관측자의 인식에 따라 다양하게 기술된 시각적 해석의 언어일 수도 있다. 특정 기록을 오로라로 단정하거나 기상 현상으로 치부하기는 힘들다. 두 관점 모두 신중해야 할 문제이다.

기록의 가치

　밤하늘에 나타난 붉은색의 무언가가 과연 오로라였는지는 여전히 명확하지 않다. 그러나 최근 저위도 지역에서도 오로라가 목격된 소식이 전해지면서, 과거 한반도에서도 오로라가 보였을 가능성이 있다는 기대감이 다시금 높아지고 있다. 이런 맥락에서 적기와 화광에 관한 역사 기록은 과학적으로도 주목할 단서로 여겨진다. 이전부터 중위도와 저위도 지역에서도 드물지만 오로라가 보였을 가능성이 꾸준히 제기된 바 있지만 실체는 불분명하다. 역사 기록에 등장하는 적기와 화광은 오로라로 해석될 여지가 있으나, 오로라였다고 단정하기에는 근거가 부족하다. 오로라로 단정하고 이를 전제로 태양 활동이나 지구 자기장의 변화를 연구한다면 잘못된 결과를 초래할 수 있다.

　그러함에도 불구하고 이러한 기록을 무시해서는 안 된다. 천문학은 장기간의 자료 축적을 통해 점진적으로 진보하는 학문이다. 단 하나의 기록이라도 그 시대의 자연 현상을 추정할 수 있는 실마리가 된다면 연구에 큰 가치를 더할 수 있다. 그래서 천문학자들에게 적기나 화광 같은 기록이 불완전하더라도, 여전히 검토할 가치가 있는 소중한 연구 자원이 된다.

　현대 과학에서 기존과 다른 새로운 확장을 이루려면 과학과 기술이 상호작용해야 한다. 고대 사람들은 철을 제련하고 도구를 만드는 기술은 가졌지만, 그 원리와 이론을 이해하는 과학적 기반은 후대에야 정립되었다. 즉 기술의 반복과 개선은 가능했지만, 이를 뛰어넘는 확장은 과학이 들어섰을 때 비로소 가능하였다. 조선의 천문학자들은 꾸준히 하늘을 살펴 기록으로 남겼지만 이는 자연현상의 이해보다는 그것이 지상에 주는 의미를 해석하는 데 집중되었다. 하늘에 나타난 붉은색의 무언가가 후대에 태양 활동 연구에 쓰일 것이라고 그들이 상상했을 리 만무하다. 그러한 이유로 의도가 전혀 다른 기록을 과학적 해석의 대상으로 삼는 것은 우려스러울 수 있다.

　일각에서는 역사 천문 기록을 활용하는 연구자를 평가절하하거나, 전혀 천문학적이지 않은 천문학을 하는 자로 보기도 한다. 그런 만큼 더욱더 비판적 관점으로 면밀히 기록을 분석할 필요가 있다. 다행히 오늘날은 과거와 달리 다양한 정보와 지식을 교류하는 시대이다. 역사 기록을 다양한 관점에서 검토하고, 더 정교한 도구와 이론으로 면밀하게 접근할 수 있는 시대인 것이다. 역사서에 남은 천문 기록이 하늘의 뜻을 담고자 했더라도, 지금은 그 하늘 아래 숨은 자연현상의 실체를 밝힐 준비가 되어 있다. 그렇기에 아직도 정체가 명확하지 않은 이러한 기록들을 천문학자의 눈으로 다시 살펴보는 것은 결코 무모한 도전이 아니다. 오히려 과학적 진보를 위한 다층적 탐구이며, 불완전한 기록이 가진 잠재적 가치를 찾고야 말겠다는 집념이자 도전이다. 역사 기록이 전하는 과거의 하늘이 오늘날의 천문학자들에게 도전을 촉구하고 있다.

二

번개와 태양의 관계

한국사의 번개 기록

우리나라의 역사서에는 붉은색 빛으로 보이는 적기나 화광 말고도 번쩍이는 빛의 현상, 곧 번개에 관한 기록도 빈번하게 등장한다. 번개는 대기 불안정으로 강한 비구름이 형성될 때 발생하는 자연현상이다. 그러므로 덥고 습한 여름철이 번개가 발생하기에 가장 적합한 시기이다. 실제로 오늘날 서울 지역의 관측 결과를 살펴보면, 전체 번개 발생의 약 60퍼센트가 여름(6월, 7월, 8월)에 집중되어 있다.[25]

그런데 역사서에 기록된 번개의 분포는 오늘날과 다른 양상을 보인다. 《조선왕조실록》에 기록된 한양에서 발생한 번개 기록을 살펴보면, 약 80퍼센트가 가을(9월, 10월, 11월)에 집중되었고, 여름에는 1퍼센트도 되지 않았다.[26] 이런 경향은 고려의 역사 기록에도 유사하게 나타난다. 이런 사실은 두 왕조가 같은 관점에서 번개에 관한 기록을 남겼을 가능성이 있음을 시사한다. 그렇다면 이러한 분포 양상을

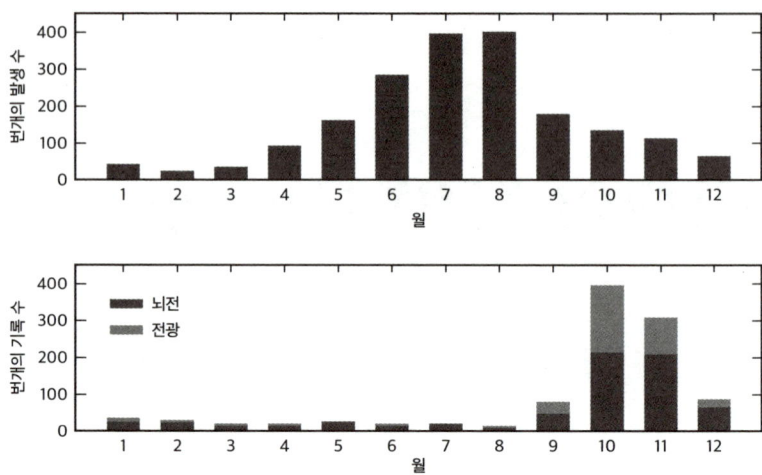

서울(한양)에서 목격된 번개의 분포 비교를 위해 현재(상단)와 과거(하단)로 구분하여 월별 분포를 살펴보았다. 번개는 다양한 용어로 명시되었지만 《조선왕조실록》에는 주로 뇌전과 전광이 사용되었다. 이에 역사 기록의 분포를 이들 기록만으로 살펴보았다. 오늘날에는 주로 여름철(5월~7월)에 집중되는 반면, 역사서에 기록된 번개는 가을(9월~11월)에 집중되었다. 혹자는 기후변화와 연관시키나, 그보다 중요한 이유는 번개에 관한 그들의 이해 방식이 오늘과 달랐다는 사실에 있다. 전통 천문학에서는 번개가 자연스럽게 발생하는 시기(3월 말~9월 말) 외에 생기면 비정상적 현상이자 하늘의 경고로 간주해 특별히 기록하였다. 그런 만큼 역사 기록은 편향되었을 수 있다. 즉 역사서에 명시된 번개는 실제 발생한 현상이었겠지만, 그 분포는 선택적 기록의 결과일 수 있다.

어떻게 이해해야 할까? 누군가는 기후변화의 흔적으로 해석하기도 한다.[27] 과연 그럴까? 다른 자연현상에 대한 기록을 살펴보면 이야기는 달라진다. 예를 들어, 강우나 수해 관련 기록들은 여름에 집중되어 있으며, 이는 지금과 마찬가지로 조선이나 고려 시대에도 여름철에 많은 비가 내렸음을 의미한다. 그런 점에서 본다면 번개만 근거로 삼고 기후변화를 논하는 데는 무리가 있다. 기후는 다양한 요인이 복합적으로 작용하여 나타난다. 하나의 기록에 근거하여 일반화할 수 없다. 물론 자연현상에 관한 역사 기록은 장기적인 기후변화를 추정하는 데 유용한 자료가 될 수 있다. 다만 번개에 한정된 기록의 양상이 오늘날과 크게 다르다는 점은 현대 과학만으로는 온전히 해석하기 어렵다. 역사적 배경에 대한 충분한 이해가 병행되어야 한다.

고대 사람들은 어떤 현상을 설명할 때 지금처럼 물리적 원인을 밝히기보다는 자신들의 세계관과 지식을 바탕으로 나름의 메커니즘을 만들어내곤 하였다. 번개도 마찬가지였다. 동아시아의 전통적인 설명에 따르면, 음기와 양기가 충돌하면 소리가 나고 스치면 불빛이 발생하니, 이것은 곧 천둥과 번개가 발생하는 연유였다. 이러한 메커니즘은 전통 천문학에서도 드러난다. 1년을 24절기로 나누고, 이를 다시 세분하여 72후 체계를 구성하였는데, 이 72후에는 각 시기의 기후 상태가 간략히 정리되어 있다. 하나의 절기에 세 개의 후가 배치되며, 이를 초후(1후), 중후(2후), 말후(3후)로 구분하여 순서에 따라 불렀다.

이 체계에 따르면 춘분 중후에는 천둥이 울리기 시작하고, 말후에는 번개가 치기 시작한다고 되어 있다. 이후 추분 초후가 되면 천둥이 그치기 시작한다고 설명한다. 주역에서도 비슷한 개념으로 설명한다. 밤낮의 길이가 같아지는 춘분과 추분은 각기 양기와 음기가 많아지는 기준점으로 본다. 즉 번개가 될 양기가 땅속에 있다가 춘분에 땅에서 올라와 지상을 양기로 채우면 번개가 발생하고, 추분에 이르러 양기가 지하로 내려가면 지상은 다시 음기로 채워지니 번개가 발생하지 않는다는 메커니즘이다. 이러한 해석 틀에서 보면, 3월 말부터 9월 말까지는 번개가 자연스러운 현상이었을 것이고, 9월 말부터 이듬해 3월 말까지는 번개가 부자연스러운 비정상적 사건으로 인식되었을 것이다. 실제로 실록에 기록된 번개들은 대부분 이 부자연스러운 시기에 집중되어 있다. 다시 말해, 번개가 발생했다는 사실 자체보다 언제 발생했는지에 더 주목했던 셈이다. 그래서 음기가 지상을 채운 계절에 번개가 친다면 단순한 자연현상이 아니라 하늘이 인간에게 보내는 경고로 해석했다. 물론 양기가 가득한 자연스러운 시기에 기록된 번개도 없지는 않다. 하지만 이 경우는 대개 인명 피해나 재산 손실이 발생한 경우로 한정된다. 번개의 발생 자체는 당연한 시기였지만, 그로 인해 피해가 발생하였다면 사람들은 그것을 다시 하늘의 징조로 해석했던 것이다. 따라서 역사서에 기록된 번개를 이해하려면 번개를 자연현상의 일종으로만 보기보다 하늘의 뜻으로 해석될 수 있었던 상황이었는지를 함께 고려해야 한다.

옛 하늘에서 번개를 찾는 이유

번개는 대기 중에서 발생하는 방전 현상이다. 우리가 흔히 전지에서 전기가 빠져나가는 것을 두고 방전되었다고 하는데, 이것은 전류가 밖으로 흘러나간 상태, 다시 말해 전류가 흐르는 현상 자체를 가리키는 표현이기도 하다. 그런 의미에서 번개는 대기 중에 전류가 흘러 생긴 빛의 현상이라 할 수 있다. 이러한 번개는 특히 높이 쌓여 있는 구름, 흔히 적란운이라 부르는 구름에서 자주 발생한다. 적란운은 온도와 습도가 모두 높은 시기에 강한 상승기류가 생기면서 빠른 속도로 형성되는 거대한 구름이다. 짧은 시간에 위아래로 격차가 큰 구조로 성장한 구름이기 때문에 구름 내부에는 고도에 따라 뚜렷한 온도 차가 생기고, 그에 따라 강한 공기 순환도 일어난다. 이 순환 과정에서 입자들이 빠르게 이동하며 마찰을 일으키고, 이때 구름 내부에서는 전하가 양전하와 음전하로 분리된다. 그 결과 양전하는 주로 구름 상층부로 이동하고, 음전하는 하층부로 몰리게 된다. 각 위치에서 전하가 충분히 축적되면, 이들은 방전 경로를 찾아 이동을 시도하고, 이때 하층부의 음전하가 지상으로 흘러가면서 강한 에너지를 방출하게 된다. 이 순간 발생하는 빛이 번개이다.

이처럼 번개는 대기 불안정의 정도에 크게 좌우된다. 이러한 불안정성은 여러 기상 요인의 조합에 따라 결정된다. 그러므로 번개의 발생 메커니즘은 일반적으로 기상학적 관점에서 주로 논의된다. 그런데 흥미로운 점은 번개가 단지 기상학적 요인에 의해서만 유발되는 것이 아닐 수 있다는 주장이 예전부터 제기되어왔다는 사실이다. 번개를 유도하는 방아쇠 역할을, 때로는 지구 외부에서 유입된 요인이 맡을 수 있다는 가설이다. 이 가설은 태양에서 방출된 태양풍과 태양계 밖에서 날아드는 우주선 같은 고에너지 입자들이 지구 대기에 영향을 주어 방전 조건을 강화했을 것이라는 주장으로 이어진다. 물론 이 주장이 모든 연구자에게 받아들여진 것은 아니다. 지금도 이 견해를 두고 활발한 논쟁이 이어지고 있다. 이는 기상학에만 머물지 않고 때로는 천문학적 해석이나 역사 기록까지 살펴보게 하는 배경이 되기도 한다. 예컨대 첨성대가 정확히 어떤 용도로 사용되었는지를 둘러싼 논의처럼, 번개의 원인을 어디에서 찾아야 하느냐에 따라 그 해석의 범위도 달라진다. 역사 기록을 연구하는 천문학자들이 역사서에 기록된 번개 사례를 수집하여 태양 활동과의 관계를 조사하는 것도 이 때문이다. 오늘날의 번개를 이해하기 위해 우리는 때로 수백 년 전 하늘을 바라본 사람들의 기록을 다시 꺼내 들게 된다.

번개를 만드는 외부 요인

번개는 대기 중에서 발생하지만, 그 현상을 촉발하는 요인은 대기 바깥에서 유입될 수 있다는 주장이 있다. 그중 하나가 우주선Galaxy Cosmic Ray이다. 우주선은 우주상에 존재하는 고에너지 입자로 그 에너지는 매우 크고, 속도는 광속에 가까울 만큼 빠르다. 그러므로 고에너지 입자들이 지구 대기로 들어오면 대기 입자들과 충돌하여 강한 에너지를 발생시킨다. 그렇다면 이 에너지가 번개를 촉발하는 데 어떠한 역할을 할까? 구체적인 메커니즘은 명확히 밝혀지지 않았지만, 대기 내 전하 분포가 어느 정도 형성된 상황에서는 충돌로 발생한 에너지가 자극을 주어 방전을 일으킬 수 있다는 견해가 있다. 즉 일종의 점화 장치 역할을 한다는 것이다. 흥미로운 점은 이 우주선의 유입량이 태양 활동과 반비례한다는 사실이다. 태양 활동이 많으면 그 자체가 보호막 역할을 하여 외부에서 들어오는 우주선 양이 감소한다. 반대로 태양 활동이 작으면 지구는 더 많은 우주선에 노출된다. 그래서 어떤 연구자들은 태양 활동이 저조한 시기에 번개가 더 많이 발생하는 경향이 있다고 주장한다.

우주선과 더불어 또 다른 외부 요인으로 주목받는 것이 고속태양풍High Speed Stream이다. 태양은 평소에도 끊임없이 입자를 우주에 방출하는데, 때로는 그 속도가 평소보다 두 배 이상 빨라질 때가 있다. 이러한 빠른 흐름을 고속태양풍이라 한다. 그런데 이 고속태양풍은 태양 활동이 오히려 감소하는 시기에 자주 발생한다. 고속으로 방출된 입자는 이전에 방출된 느린 입자 흐름을 따라잡기도 하는데, 이 과정에서 두 흐름이 충돌하면 복잡한 회전과 압축이 일어난다. 이러한 회전과 압축이 일어나는 영역을 동회전 상호작용 영역Corotating

Intereaction Regions이라 부른다. 최근 연구에서는 이 영역을 통과하여 태양풍이 유입되는 시점에서 번개의 발생 빈도가 일시적으로 증가하는 경향이 있다는 결과가 보고되었다.

물론 이러한 외부 요인이 직접적으로 번개를 유발한다고 단정할 수는 없다. 그러나 대기가 이미 불안정 상태일 때, 우주선이나 고속태양풍처럼 외부에서 가해지는 자극이 방아쇠 역할을 한다는 가설은 흥미롭지 않을 수 없다. 번개는 하늘에서 찰나에 일어나는 방전 현상이지만, 그 배경은 의외로 우주 먼 곳에서 시작되었을지 모른다.

과거의 기록과 현대 과학의 만남

우주선과 고속태양풍은 모두 태양 활동의 주기와 관련이 깊은 외부 요인들이다. 흥미롭게도 이 두 요인은 태양의 활동이 활발할 때보다 저조한 시기에 더 강하게 지구에 영향을 미친다. 이러한 공통점 때문에 번개가 외부 자극으로 촉발되었을 가능성을 논할 때, 그 원인이 우주선이었는지, 아니면 고속태양풍이었는지, 혹은 두 요인이 복합적으로 작용했는지를 구별하기가 어려워진다. 게다가 이러한 상관관계를 파악하기 위해서는 장기간의 자료가 필요하다. 그러나 번개에 대한 체계적 관측은 그 역사가 생각보다 오래되지 않았다. 그렇기에 긴 시간에 걸쳐 누적된 역사 기록은 과학적 단서를 찾는 데 중요한 대안이 된다.

안타깝게도 우리나라의 역사 기록에서 번개 기록은 주로 가을에 집중되어 있다. 하지만 500년 이상 축적되었다는 점에서 주목할 만하다. 실제로 이 기록들을 분석해보니 번개 발생 빈도가 태양의 흑점 주기와 유사했다. 이는 고무적인 결과이다.[28] 더욱이 장기간 누적된 자료이기에 태양 활동에 의한 영향력을 간접적으로 확인할 수 있다는 점에서 역사 기록의 활용적 가치를 잘 보여준다. 물론 여전히 한계가 있다. 기록된 횟수 자체가 시기별로 다르고, 역사서가 편찬되는 과정에서 어떤 기록이 선별되고 생략되었는지 알 수 없으며, 자료 자체의 불균형과 선택 편향의 가능성을 완전히 배제할 수 없기 때문이다. 그래서 기록을 근거로 어떠한 주기성이 산출되었더라도 그 신뢰도는 자료의 양과 질에 따라 달라질 수 있음을 항상 염두에 두어야 한다. 이것은 역사 기록의 과학적 활용을 끊임없이 고민해야 하는 이유이기도 하다.

그러함에도 불구하고, 연구자들은 역사 기록에서 더 정밀한 단서를 찾고자 다양한 시도를 계속하고 있다. 단순히 번개가 일어났다는 연도나 계절이 아니라, 번개가 발생한 날의 간격에 주목한 연구도 있다. 이에 번개가 약 27일이라는 기간을 전후로 상승 변화가 나타난다는 사실을 역사 기록을 활용하여 밝혀내기도 하였다.[29] 이것은 매우 흥미로우면서도 결정적인 결과이다. 이러한 특징이 태양의 자전 주기인 약 27일과 일치하기 때문이다. 태양은 자전하면서 강한 폭발을 동반한 고속태양풍을 주기적으로 방출하는데, 이러한 흐름이 번개 발생 빈도에 영향을 주었을 가능성이 제기된 것이다. 만약에 고속태양풍이 이러한 주기성을 갖고 지구에 도달하여 번개의 촉발을 유도했다면, 이는 외부 요인이 번개 발생에 영향을 미칠 수 있다는 주장에 구체적인 물리적 기반을 제공하는 것이다. 물론 이 연구도 기록의 개수에 따른 통계적 가변성이 드러난다는 점에서 주의가 필요하다. 하지만 역사 기록을 정교하게 활용하는 다양한 방법론적 시도가 유의미한 결과로 이어질 수 있다는 가능성을 보여주었기에 앞으로의 연구에 시사하는 바가 크다. 단순한 호기심을 넘어, 과거의 기록이 현대의 과학과 연결되어 다시 읽히는 순간들이기 때문이다.

단 하나의 기록이라도

　이처럼 번개에 관한 역사 기록은 오늘날의 과학적 탐구에 실마리를 제공할 수 있다는 점에서 주목할 만하다. 하지만 이러한 기록의 활용에는 신중한 태도가 필요하다. 기록은 단순한 사실의 나열이 아니기 때문이다. 기록이 만들어진 시대적 관점에서의 시선과 해석, 나아가 이면에 담긴 고대 사람들의 하늘을 향한 관념까지 고려하지 않는다면, 과학 자료로서 왜곡될 위험도 있다. 예컨대 조선의 천문학자들이 남긴 번개 기록을 보자. 그들은 9월 말부터 이듬해 3월 말까지, 이 시기에 번개가 발생하는 것을 부자연스러운 현상이라 인식하였고, 재이론적 관점에서 하늘의 징조라 생각하였다. 물론 그 이면에는 벌어진 번개 현상을 두고 왕권과 신권 사이에서 견제 도구로 활용하고자 한 정치적 음모가 도사리고 있었는지도 모른다. 그러한 배경에서 그들은 번개를 그냥 지나치지 않았고, 주의 깊게 살폈으며, 기록으로 남겼다고 볼 수 있다. 그렇기에 부자연스러운 현상으로 인식되는 특정 시기에 편향된 분포를 보이는 것이다. 그러한 사실을 충분히 고려하지 않고 자연현상을 있는 그대로 선별 없이 반영한 기록이라고 해석한다면, 기후변화의 흔적이라는 오해 속에 잘못된 방향으로 갔을 것이다. 이는 또 다른 문제로 연결될 수 있다. 예컨대 이 문제가 확장되어 기록의 신뢰성과 직결되어버리면, 기록은 결국 사상적인 상징성만으로 남고 과학적 자료로서의 활용성은 완전히 무시되어 논외 대상이 될 수 있다. 그만큼 기록은 역사적 사실관계를 무시할 수 없으며, 기록의 올바른 해석을 위해서라도 기록의 정체성을 분명히 해야 하는 것이다. 기록은 단순히 사실을 보관하는 것만이 아니라 그 시대의 해석을 함께 담아낸다는 사실을 잊으면 안 된다.

　　오늘날의 과학은 단순히 관측의 축적만으로 진보하지 않는다. 서로 다른 영역의 지식이 교차하고, 질문이 오가면서 진보는 시작된다. 기상학적 현상인 번개가 누군가에 의해 우주에서 날아오는 외부 요인으로 촉발되었을 수 있다는 생각이 떠올랐을 때, 번개는 더 이상 지구 환경 안에서만 설명되는 현상이 아니게 된다. 이 분야의 연구자들이 번개는 그냥 기상학적 현상일 뿐이라고 단정하였다면 이러한 질문은 생각조차 하지 않았을 것이다. 하지만 번개를 일으키는 것에 다른 무언가가 있을지 모른다는 단순한 의문은 방아쇠가 당겨지고 공이치기가 충격을 가해 탄약이 폭발하여 탄환이 날아가는 것처럼, 연구 방향을 지구 내부에서 우주로 확장하게 하였다. 그렇게 번개는 태양 활동과 연결되고, 천문학적 질문으로까지 진화했다. 그러므로 단 하나의 기록이라도 가볍게 여겨서는 안 된다. 우리가 지금 풀지 못한 질문이라 할지라도 역사 기록은 그 해답을 담고 있을지 모른다. 우리가 역사 기록에 해석을 덧붙일 수 있다면, 과거와 현재가 만나 미래를 위한 새로운 지식으로 나아갈 발판이 되어줄 수 있다. 필자는 그러한 의미에서 현대의 천문학적 이론과 과거의 역사적 기록 간 상호작용이 더욱 깊고 다양하게 이어지기를 바란다. 우리가 품는 근원적 질문의 해답은 '지금'만이 아니라 '그때'에도 있었고, '앞으로'도 그러할 것이다.

三

하늘이라는 공간

처음 예측한 혜성

1758년 겨울, 유럽의 천문학자들은 혜성을 찾기 위해 밤하늘을 유심히 들여다보았다. 그 과정에서 몇 개 혜성이 발견되기도 했지만 그들이 찾던 혜성은 아니었다. 그들이 반신반의하며 애타게 기다리던 것은 영국의 천문학자 에드먼드 핼리가 다시 돌아올 것이라고 처음으로 예측한 혜성, 훗날 핼리혜성(1P/Halley)이라 불릴 천체였다. 핼리는 14세기부터 17세기 사이에 역사 기록으로 남은 24개의 혜성 자료를 면밀히 검토하였고, 그중 특히 1531년, 1607년, 1682년에 나타난 혜성들이 매우 유사한 궤도 내에서 이동했다는 사실에 주목하였다. 궤도 계산에 다소 차이는 있었지만, 그는 이를 천체 역학적 측면에서 행성의 영향이 개입된 흔적이라 생각하였고, 이러한 부분을 모두 고려하여 세 기록의 혜성이 모두 같은 천체일 가능성이 크다고 보았다. 그리고 이 혜성이 다시 돌아올 시점을 1758년 말이나 1759년 초로 예측하였고, 그것이 맞는다면 인류 역사상 처음으로 혜성의 귀환을 예측하게 되는 것이었다.

핼리의 예측은 과학적 신념 이상의 상징이었다. 천문학자들과 아마추어 천문가들은 실제로 하늘을 수색하기 시작하였고, 마침내 독일에 살던 한 농부이자 아마추어 천문가에 의해 1758년 12월 25일, 혜성이 드디어 목격되었다. 이 사실을 몰랐던 프랑스의 천문학자 샤를 메시에Charles Messier, 1730~1817도 1월 21일 독립적으로 이 혜성을 관측했고, 유럽 전역에서 수많은 관측 보고가 이어졌다. 이 혜성은 유럽뿐 아니라 대서양을 항해 중이던 선박의 승무원에 의해 목격되기도 하였고, 인도와 뉴욕에서도 관측되었다.[30] 나아가 동아시아에서도 혜성은 주요 천체로 관측되었으니, 중국의 역사서에는 당시 관측된 핼리혜성의 모습이 기록되었다.

조선의 천문학자들도 이 혜성을 관측하였다. 일반적으로 혜성이 출현하면 관상감에서는 체계적인 관측을 진행하였고, 이번에도 예외는 아니었다. 특히 당시 혜성은 규모가 컸던 탓인지, 더욱 특별하게 기록하였고, 훗날 이 기록은 《성변측후단자》라는 귀중한 역사적 천문 자료가 되었다. 유럽의 천문학자들이 혜성의 귀환을 예측하고 그것을 찾기 위해 하늘을 샅샅이 훑은 것과 달리, 조선의 천문학자들은 예측은 못 했지만 철저한 관측 체계하에 관측을 수행하고 있었음을 알 수 있다. 1759년 3월 5일부터 29일까지 약 25일간 혜성을 꾸준히 살폈고, 이를 그림과 함께 기록으로 면밀히 정리하였다. 천체 역학적 관점에 중심을 두고 관측했던 유럽의 천문학자들과는 목적이 달랐지만, 적어도 제대로 살펴야겠다는 점에서는 그들 못지않게 체계적이었다.

유럽에서는 혜성이 궤도를 따라 운동한다는 것을 충분히 이해하고 있었기에 시야에서 핼리혜성이 사라져도 사라진 존재로 여기지 않았다. 반면에 조선에서는 맨눈으로 관측했기 때문에 3월 말에 보이지 않게 되자 혜성이 소멸했다고 판단했던 것으로 보인다. 4월 중순이 지나면서 유럽에서는 혜성이 점차 다시 밝아졌고, 5월 초에는 1등급 밝기를 가지게 되었다. 조선에서도 이 시기에 혜성 기록이 다시 등장하지만, 이전과 같은 혜성이 아닌 새로운 혜성으로 보고 별도로 기록하였다. 한국의 역사 기록에서는 1759년 4월 29일에 금성과 같은 크기의 2척 길이의 꼬리를 가진 흰색 혜성으로 기록되었고, 5월 25일에 이르러 혜성이 희미하다는 기록을 끝으로 더 이상 보고는 확인되지 않는다.[31] 유럽에서는 망원경이 널리 사용되고 있었기에, 조선보다 더 늦은 시기까지 관측이 이어졌다. 마지막으로 관측을 마친 이는 포르투갈의 성직자이자 천문학인 주앙 슈발리에João Chevalier, 1722~1801로, 6월 22일 지평선 위로 올라온 혜성을 망원경으로 가까스로 확인한 뒤 기록을 남겼다.[32] 그것이 이번 귀환에서 마지막으로 관측된 핼리혜성의 흔적이었다.

1758년의 핼리혜성이 갖는 의미

1758년의 핼리혜성은 그때까지 관측된 어떤 혜성보다 많은 관심을 받은 천체였다. 단순히 하늘에 나타났다는 이유 때문만이 아니다. 처음으로 인간의 예측에 따라 돌아온 혜성, 다시 말해 예측이 실현된 첫 번째 혜성이었다. 핼리는 중세부터 이어진 여러 혜성 기록들 중 24개를 추려 궤도를 분석하였고, 그중 세 개 혜성이 매우 유사한 궤도에서 움직인다는 사실에 주목하였다. 그는 단순한 일치로 넘기지 않고, 주기적으로 되돌아오는 혜성이라 결론내렸다. 과거 기록을 바탕으로 미래를 내다본 이 판단은 천문학이 관측의 학문에서 천체 역학 계산을 통해 한층 도약하는 상징적 사건이 되었다.

이 예측은 유럽 전역에서 거대한 반향을 불러일으켰다. 유럽 각 지역의 국가 천문기관과 아마추어 천문가들은 하늘을 향해 망원경을 들었고, 각지에서 관측 결과를 공유하며 탐색하기 시작하였다. 이 모든 것이 가능하게 된 배경에는 핼리의 예측이 던진 과학적 신선함, 유럽 사회 전반에 퍼져 있던 지적 네트워크의 확산, 점차 정밀해지는 관측 기기의 진보가 있었다. 그러나 이 혜성의 의미를 더욱 돋보이게 한 것은 따로 있으니, 그 관측이 유럽에만 국한되지 않았다는 사실이다. 동아시아의 한국과 중국의 왕조에서도 관측되었고, 특히 조선의 관상감에서는 이 혜성만을 위한 《성변측후단자》라는 특별한 관측 보고서가 작성되었다. 이는 매우 이례적인 일로, 조선이 단순히 하늘을 관측하는 수준을 넘어 특정 천문 현상에 집중적으로 대응할 체계가 갖춰져 있었음을 보여주기 때문이다. 물론 조선의 천문학자들은 이 혜성이 주기성을 가지고 있다는 사실을 알지 못했다. 그러나 그들이 보여준 관측은 미리 준비하고 있던 관측 못지않게 면밀했다. 혜성이 목격된 후부터 그 위치와 변화를 그림과 함께 기록으로 남긴 일은 조선의 천문학적 역량을 보여준 의미 있는 사례이다.

혜성의 첫 번째 예측으로 기대를 모았던 1758년의 핼리혜성에 관한 관측은 현대 천문학에서 손꼽는 자랑스러운 천문학적 성과 중 하나이다. 동시에 기록과 체계의 중요성을 새삼 확인하게 해준 사건이기도 하다. 천문학은 망원경으로만 발전하는 것이 아니다. 핼리가 그랬듯, 오랜 역사 기록을 살피고, 그 안에서 일정한 패턴을 찾아낸 통찰력이야말로 과학의 또 다른 축이었다. 그런 점에서 조선의 관측 역시 뒤늦게 재조명받을 필요가 있다. 당시 유럽의 천문학 수준과 비교하기에는 차이가 있겠지만, 관측의 진정성은 같았고, 기록의 깊이도 역시 다르지 않았다. 그래서 이 사건은 단지 유럽의 과학적 성과만 보여주는 순간이 아니라, 동양과 서양이 나란히 같은 하늘을 바라보며 각자의 방식으로 우주의 흐름에 응답한 역사적 순간이라 할 수 있다. 바로 이 점이 1758년의 핼리혜성이 갖는 진짜 의미이다.

어디서든 같은 하늘이라는 공간

혜성에 관한 역사 기록을 그냥 지나치지 않고 유심히 살폈던 핼리의 행동은, 그 자신에게는 사소한 역사적 흔적을 훑고 지나가는 일에 불과했을지도 모른다. 하지만 그는 결국 역사적 기록을 통해 새로운 통찰을 끌어냈고 현대 천문학의 새로운 지평을 여는 데 기여하였다. 이 과정을 단순한 우연으로 치부할 수 있을까? 필자는 핼리가 과거 기록, 곧 역사 기록을 허투루 넘기지 않았기에 결정적 순간을 포착할 수 있었다고 본다. 나아가 유럽 전역에 남겨진 역사적 기록을 기반으로 구축된 결과라는 사실이 그 의미를 더 빛나게 한다. 하늘이라는 공간이 일방적 소유물이 아니라 모두가 볼 수 있는 공간이자 함께 일조하여 성과를 이뤄낸 장소라는 점에서, 하늘이란 곧 공유된 영역이라는 점을 상징적으로 보여주기 때문이다. 이것은 천문학이라는 학문이 혼자가 아닌 함께 이뤄나가는 영역이라는 점에서도 하늘이라는 영역의 가치를 충분히 입증해주고 있기에 더 찬란하게 느껴진다.

당시 유럽의 천문학자들은 궤도 계산을 위한 자료 수집에 중점을 두었고, 이는 곧 과학적 논점으로 이어졌다. 그들에게 혜성 관측은 그 근원을 탐구하는 일이었고 중요한 쟁점이었다. 반면에 조선의 천문학자들은 유럽의 천문학자들과 다른 관점에서 혜성을 살폈다. 조선의 앞날을 걱정하고, 국가의 미래가 어떠한 방향으로 흘러갈 것인지를 해석하는 데 주목하였다. 특히 이 시기의 핼리혜성에 관해서도 그들은 하늘의 경고로 받아들였고, 학문과 정치에 부지런해야 한다고 주문하였다.[33] 즉 하늘을 대하는 태도로서 수학적 방법론보다는 상징적 의미의 해석에 중점을 두었다.

유럽과 조선은 지리적으로 멀었지만, 시대적 배경을 고려했을 때 문화적으로도 거리감이 있었을 것이다. 이러한 거리감은 차치하더라도 분명한 점은 그들은 공유된 하늘을 배경으로 같은 혜성을 관측했다는 사실이다. 물론 하늘에 대한 관점과 관측 기술력의 차이, 나아가 천문학 수준에서 분명히 달랐을 것이고, 게다가 혜성을 살피려던 본질적 목적에서도 차이가 명백했다. 그렇지만 이것을 관측해내야 하는 이유와 목표 의식은 같았다는 점도 부정할 수 없다. 그러한 이유로 조선이든 유럽이든 면밀한 관측이 필요했을 것임은 자명하다. 따라서 혜성이 목격된 위치, 이동 방향, 빛의 색, 꼬리의 길이와 가리키는 방향 등 서로 다른 나라의 천문학자들이지만 거의 비슷한 자료들을 수집했다는 것을 기록에서 확인할 수 있다. 그렇다면 우리의 역사 기록이 때로는 모호하게 보이더라도 천문학적 자료 사용에 있어서는 유럽 못지않게 활용도가 충분하다는 방증이 아닐까? 이처럼 역사 기록에서 보여주는 과거의 천문 관측이 문화적으로 해석되었건, 과학적으로 분석되었건, 하늘은 시대와 지역을 넘어 공유된 관측의 장이었다. 오늘날 현대 천문학의 도구와 이론을 바탕으로 이들 역사 기록을 다시 읽어낸다면, 인류가 오랫동안 품어온 우주의 근원에 관한 질문에 조금이나마 다가갈 수 있을지 모른다. 그것이 내가 역사 기록을 천문학적으로 들여다보는 이유이다.

주

一 장

1 Johnson, W. (1908). Folk-memory: or, The continuity of British archaeology. Clarendon Press. 2장 'The continuity of the ages of stone and bronze', 4장 'Further links between the prehistoric and protohistoric ages', 7장 'The later history of the megaliths'에서 구체적으로 설명하고 있다.

2 Bauval, R. G. (1989). A Master Plan for the Three Pyramids of Giza based on the Configuration of the Three Stars of the Belt of Orion. Discussions in Egyptology, 13(7), pp. 1-18.; Fairall, A. (1999). Precession and the layout of the ancient Egyptian pyramids, pp. 3-4.

3 Ruggles, C., Cunliffe, B., & Renfrew, C. (1997, January). Astronomy and Stonehenge. In Proceedings-British Academy (Vol. 92, pp. 203-230). OXFORD UNIVERSITY PRESS INC.

4 박창범, 이용복, 이융조. (2001). 청원 아득이 고인돌 유적에서 발굴된 별자리판 연구. 한국과학사학회지, 23(1), pp. 3-18.

5 양홍진, 박창범, 박명구. (2010). 홈이 새겨진 고인돌과 홈의 특징. 한국암각화연구, 14, pp. 7-20.; 양홍진, 복기대. (2012). 중국 해성 (海城) 고인돌과 주변 바위 그림에 대한 고고천문학적 소고(小考). 동아시아고대학, (29), pp. 311-340.

6 신숙정. (2002). 청동기시대 전기의 농사짓기에 대한 이해. 동방학지, (115), pp. 1-45.

7 박창범, 이용복, 이융조. (2001). 앞의 논문.

8 윤병렬. (2016). '말하는 돌'과 '돌'들의 세계 및 고인돌에 새겨진 성좌. 한국학(구 정신문화연구), 39(2), pp. 7-30.

9 《삼국유사》 1권, 기이 1, 고조선 왕검조선.

10 국사편찬위원회 편. (2007). 하늘, 시간, 땅에 대한 전통적 사색, 두산동아.

11 윤상열. (2014). 고구려 前期 신성관념의 성립과 정착과정. 고구려발해연구, 48, pp. 41-76.

12 조선총독부, (1916), 조선고적도보 3, 도판번호 960.

13 조선일보, 1953년 10월 28일, '慶州瞻星臺의 一例'.; 조선일보, 1953년 11월 1일, '瞻星臺를 改修'.

14 《삼국유사》 1권, 기이 1, 선덕왕 지기삼사.

15 이문규. (2004). 첨성대를 어떻게 볼 것인가-첨성대 해석의 역사와 신라시대의 천문관. 한국과학사학회지, 26(1), pp. 3-28.; 이문규. (2023). 첨성대 논쟁에 대한 비판적 고찰. 한국과학사학회지, 45(3), pp. 537-564.; 첨성대에 관한 그동안의 연구를 집약하여 정리한 것으로 참고하기에 좋은 두 논문이다.

16 《숙종실록》 15권, 숙종 10년 12월 10일 신축 1번째 기사.; 《영조실록》 59권, 영조 20년 1월 14일 임진 2번째 기사.; 《정조실록》 37권, 정조 17년 1월 16일 경술 1번째 기사.

17 서정화. (2019). 瞻星臺 축조 의의一考察: 동양의 禮制 문화 및 古典에서의 관련 기록 분석을 통해. 한국문화, 86, pp. 77-108.

18 和田雄治. (1918). 朝鮮古代觀測記錄調査報告, 大正 6年 7月, 朝鮮總督府觀測所

19 洪思俊. (1965). 慶州 瞻星臺 實測調書. 미술사학연구(구 고고미술), 6(3·4), pp. 63-65.

20 김명숙. (2016). 첨성대, 여신 상이자 신전. 한국여성학, 32(3), pp. 139-187.

21 정연식. (2009). 선덕여왕과 성조(聖祖)의 탄생, 첨성대. 역사와현실, (74), pp. 299-388.

22 첨성대를 우물과 연관하여 경우는 다음 논문에서 찾아볼 수 있다. 이용범. (1974). 첨성대존의(瞻星臺存疑). 진단학보, 38, pp. 27-48.; 조세환. (1998). 첨성대의 경관인식론적 해석. 한국조경학회지, 26(3), pp. 178-188.; 장윤성, 장활식. (2009). 첨성대 회위정(回圍井) 가설. 한국고대사연구, 54, pp. 463-501.; 맹성렬. (2017). 첨성대는 천문대인가?. 예술인문사회 융합멀티미디어 논문지, 7(10), pp. 955-964.; 김명숙. (2016). 앞의 논문.; 반면에 우물과 관련한 해석의 문제점을

지적한 경우는 다음 논문에서 찾아볼 수 있다. 서금석. (2017). 천문대로서의 첨성대 이설(異說)에 대한 재론(再論). 한국고대사연구, (86), pp. 149-193.; 이문규. (2023). 앞의 논문.

23 《세종실록》 150권, 지리지/경상도/경주부 첨성대에 관하여 다음과 같이 기록되어 있다. 在府城南 隅唐太宗貞觀七年癸巳新羅善德女王所築累石爲之上方下圓高十九尺五寸上周圓二十一尺六 寸下周圍三十五尺七寸通其中人由中而上. '부성의 남쪽 모퉁이에 있다. 당나라 태종 정관 7년 계 사에 신라 선덕여왕이 돌을 쌓은 것인데, 위는 방형이고, 아래는 원형으로 높이가 19척 5촌, 위의 둘레가 21척 6촌, 아래의 둘레가 35척 7촌이다. 그 가운데를 통하여 사람이 올라간다.'; 실록에도 상단의 모양을 정자형이 아닌 사각형(방형)으로 묘사하고 있다.

24 이문규. (2023). 첨성대 논쟁에 대한 비판적 고찰. 한국과학사학회지, 45(3), pp. 537-564.

25 和田雄治. (1918). 앞의 책.

26 김영주. (2007). 공론권(公論圈)으로서의 첨성대(瞻星臺) 연구. 언론과학연구, 7(1), pp. 47-77.

27 〈성소부부고(惺所覆瓿藁)〉 권 26,〈학산초담(鶴山樵談)〉

28 장활식. (2012). 경주첨성대의 파손과 잘못된 복구. 문화재, 45(2), pp. 72-99.

29 박창범. (2002). 하늘에 새긴 우리 역사. 김영사.; 金一權. (2010). 첨성대의 靈臺적 독법과 신라 왕경의 三雍제도 관점. 신라사학보, (18), pp. 5-31.

30 이문규. (2004). 앞의 논문.

31 전용훈, "이문규 교수의 발표에 대한 토론", 제4차 첨성대 대토론회: 인문학과 과학으로 풀어 보는 첨성대의 비밀 (KIST, 2009), pp. 13-14.; 그러나 《세종실록》 150권, 지리지/경상도/경주부 첨성 대에 관한 기록을 보면 경주 첨성대의 모습이 비교적 잘 묘사되어 있는데, 이는 현존하는 첨성대 유 물과 잘 일치하고 있다.

32 《연산군일기》 27권, 연산 3년 9월 2일 경자 2번째 기사.

33 Rowe, C. (1974). Illuminating Lucifer. Film Quarterly, 27(4), pp. 24-33.

34 《연산군일기》 51권, 연산 9년 10월 9일 임인 4번째 기사.

35 2018년 8월 9일 제10회 고천문 워크숍('《서운관지》 편찬 200주년 기념 및 고천문 분야의 적용과 융합')에서, 한 연구자가 태양과 금성의 이각 관측이 소간의를 통해 이루어졌을 가능성이 있다는 의 견을 필자에게 전달하였다. 당시 필자는 '태양 부근에서 관찰된 밝은 천체의 역사 기록: 태양과 함 께 관찰된 금성에 관한 기록을 중심으로'라는 주제로 발표하고 있었다.

36 Grego, P. (2008). Observing Venus. In Venus and Mercury, and How to Observe Them (pp. 229-247). Springer, New York, NY.

37 경석현. (2013). [朝鮮王朝實錄] 災異 기록의 재인식: 16세기 災異論의 정치·사상적 기능을 중심으 로: 16세기 災異論의 정치·사상적 기능을 중심으로. 한국사연구, (160), pp. 47-82.; 저자는 본 연구에서 태백주현의 기록을 사례로 재이론을 다루었다. 그는 재이 기록이 자연을 대하는 인간의 태도에 의해 결정된다고 주장하였다.

38 장정해. (2006). 韓中 正史에 나타난 太白星 출현의 의미. 중국문화연구, 8, pp. 109-126.

39 박성래. (2005). 한국과학사상사. 유스북.

40 경석현. (2013). 앞의 논문.

41 《세종실록》 112권, 세종 28년 6월 28일 갑자 1번째 기사.

42 Jeon, J., Kwon, Y. J., & Lee, Y. S. (2018). A new interpretation of the historical records of observing Venus in daytime with naked eye: Focusing on the meteorological factors in the astronomical observation records. Advances in Space Research, 61(8), pp. 2116-2123.

43 Jeon, J., Kwon, Y. J., & Lee, Y. S. (2018). 앞의 논문.

44 Jeon, J., Kwon, Y. J., & Lee, Y. S. (2018). 앞의 논문.

45 《성종실록》 248권, 성종 21년 12월 17일 갑자 1번째 기사.

二 장

1   Morris, R. V., Ruff, S. W., Gellert, R., Ming, D. W., Arvidson, R. E., Clark, B. C., ... & Squyres, S. W. (2010). Identification of carbonate-rich outcrops on Mars by the Spirit rover. Science, 329(5990), 421-424.; Squyres, S. W., Knoll, A. H., Arvidson, R. E., Clark, B. C., Grotzinger, J. P., Jolliff, B. L., ... & Yen, A. S. (2006). Two years at Meridiani Planum: results from the Opportunity Rover. Science, 313(5792), pp. 1403-1407.

2   Mahaffy, P. R., Webster, C. R., Atreya, S. K., Franz, H., Wong, M., Conrad, P. G., ... & Gasnault, O. (2013). Abundance and isotopic composition of gases in the Martian atmosphere from the Curiosity rover. Science, 341(6143), pp. 263-266.; Vasavada, A. R. (2022). Mission overview and scientific contributions from the Mars Science Laboratory Curiosity rover after eight years of surface operations. Space Science Reviews, 218(3), 14.

3   Banerdt, W. B., Smrekar, S. E., Banfield, D., Giardini, D., Golombek, M., Johnson, C. L., ... & Wieczorek, M. (2020). Initial results from the InSight mission on Mars. Nature Geoscience, 13(3), pp. 183-189.

4   Simon, J. I., Hickman-Lewis, K., Cohen, B. A., Mayhew, L. E., Shuster, D. L., Debaille, V., ... & Williford, K. H. (2023). Samples collected from the floor of Jezero Crater with the Mars 2020 Perseverance rover. Journal of Geophysical Research: Planets, 128(6), e2022JE007474.

5   Savoie, D., Richard, A., Goutaudier, M., Onufer, N. P., Wallace, M. C., Mimoun, D., ... & Banerdt, B. (2019). Determining true north on Mars by using a sundial on InSight. Space Science Reviews, 215(1), 2.; Savoie, D., Richard, A., Goutaudier, M., Lognonné, P., Hurst, K. J., Maki, J. N., ... & Williams, N. R. (2021). Finding SEIS North on Mars: Comparisons between SEIS sundial, Inertial and Imaging measurements and consequences for seismic analysis. Earth and Space Science, 8(3), e2020EA001286.

6   Acuña, M. H., Connerney, J. E. P., Wasilewski, P. A., Lin, R. P., Anderson, K. A., Carlson, C. W., ... & Ness, N. F. (1998). Magnetic field and plasma observations at Mars: Initial results of the Mars Global Surveyor mission. Science, 279(5357), pp. 1676-1680.; 지구의 자기장 강도는 그 복잡성 때문에 위도에 따라 그 세기가 다르나 보편적으로 2만 5,000에서 6만 5,000나노테슬라(nT) 정도이다. 반면 화성의 경우는 참고한 논문에 따르면 자기장 세기가 약 1,500나노테슬라 정도이다.

7   Savoie, D., Richard, A., Goutaudier, M., Onufer, N. P., Wallace, M. C., Mimoun, D., ... & Banerdt, B. (2019). Determining true north on Mars by using a sundial on InSight. Space Science Reviews, 215(1), 2.

8   책의 완성은 기원전 1세기로 본다.

9   Incerti, M. (2013). Astronomical knowledge in the sacred architecture of the Middle Ages in Italy. Nexus Network Journal, 15, pp. 503-526.

10   Toomer, G. J. (1998). Ptolemy's Almagest. Princeton University Press.

11   《세종실록》 77권, 세종 19년 4월 15일 갑술 3번째 기사.

12   《세종실록》 77권, 세종 19년 4월 15일 갑술 3번째 기사.

13   2025년 1월 1일 정오(12시)를 기준으로 북극성(alpha UMi, Polaris, 1.95등급)의 적위는 +89도 15분 52초(약 +89.3도)이다.

14   40척 높이의 규표뿐 아니라 8척 높이의 규표도 제작하였는데, 기록에는 이를 소규표(小圭表)라고 하였다. 그리고 세종의 명령으로 세조와 안평대군이 북한산 정상에서 규표로 관측했다는 기록을 보건대, 휴대 가능한 더 소형화된 규표가 있었으리라 짐작한다. 《세종실록》 107권, 세종 27년 3월 30일 계묘 4번째 기사.; 《세조실록》 총서, 13번째 기사.

15   《세종실록》 77권, 세종 19년 4월 15일 갑술 3번째 기사.; 《명종실록》 6권, 명종 2년 11월 2일 기묘

3번째 기사.;《명종실록》 7권, 명종 3년 1월 14일 신묘 4번째 기사.;《명종실록》 9권, 명종 4년 11월 24일 기축 3번째 기사.;《명종실록》 10권, 명종 5년 1월 15일 경진 1번째 기사.;《명종실록》 29권, 명종 18년 11월 27일 임인 3번째 기사.

16   Noble, J. V., & Price, D. J. D. S. (1968). The water clock in the Tower of the Winds. American Journal of Archaeology, 72(4), pp. 345-355.

17   Dohrn-van Rossum, G. (1996). History of the hour : clocks and modern temporal orders. University of Chicago Press.

18   《세종실록》 66권, 세종 16년 10월 2일 을사 4번째 기사.

19   Remijsen, S. (2021). Living by the Clock. The introduction of clock time in the Greek world. Klio, 103(1), pp. 1-29.

20   Goldstein, B. R., & Bowen, A. C. (1983). A new view of early Greek astronomy. Isis, 74(3), pp. 330-340. 최근 고대 로마의 정착지로 추정되는 고고학적 유물이 발굴된 독일 노이스(Neuss)에서 반구형 해시계가 발굴된 바 있다. Clemens Sels 박물관에 발굴된 반구형의 오목한 해시계(hemispherical sundial)가 있다. 시간선과 절기선이 반구의 내부에 그려져 있는 형태로 1세기경 제작되었을 것으로 추정하고 있다. 관련 이미지는 다음 링크를 통해 확인할 수 있다. https://clemens-sels-museum-neuss.de/en/sammlungen/kulturgeschichte/roman-neuss/hemispherical-sundial

21   Deng, K. (2015). Ancient Chinese Sundials. Handbook of Archaeoastronomy and Ethnoastronomy, Springer New York.

22   Perlus, B. (2020). Celestial mirror: the astronomical observatories of Jai Singh II. Yale University Press.

23   《세종실록》 66권, 세종 16년 10월 2일 을사 4번째 기사.

24   본 저작물은 국립고궁박물관에서 2025년 작성하여 공공누리 제1유형으로 개방한 앙부일구 자료를 이용하였으며, 해당 저작물은 국립고궁박물관, http://www.gogung.go.kr에서 받을 수 있다.

25   《명종실록》 6권, 명종 2년 11월 2일 기묘 3번째 기사.;《명종실록》 9권, 명종 4년 11월 24일 기축 3번째 기사.

26   《효종실록》 매10권, 효종 4년 1월 6일 계유 1번째 기사.

27   본 저작물은 국립민속박물관에서 공공누리 제1유형으로 개방한 휴대용 앙부일구 자료를 이용하였으며, 해당 저작물은 국립민속박물관, http://www.nfm.go.kr/에서 받을 수 있다.

28   본 저작물은 국립중앙박물관에서 공공누리 제1유형으로 개방한 휴대용 앙부일구 자료를 이용하였으며, 해당 저작물은 국립중앙박물관, http://www.museum.go.kr/에서 받을 수 있다.

29   김상혁, 이기원, 이용삼. (2009). 姜潤과 姜鍵의 해시계 연구. 고궁문화, 한국의 전통 천문의기, 제2회 소남천문학사연구소 심포지움&제3회 한국천문연구원 고천문워크숍, pp. 79-92.

30   양현모. (2022). 서울 공평구역 제15·16 지구 나지역 유적 발굴조사 현황과 성과–유적 내 출토 금속유물과 건물지를 중심으로. 백산학보, (123), pp. 119-156.

31   민병희, 김상혁, 이용삼, 김재은. (2023). 인사동 출토 일성정시의(日星定時儀) 세 환(環)의 유물. 고궁문화, (16), pp. 7-39.

32   《세종실록》 77권, 세종 19년 4월 15일 갑술 3번째 기사.

33   민병희, 김상혁, 이용삼, 김재은. (2023). 앞의 논문.

34   《세종실록》 77권, 세종 19년 4월 15일 갑술 3번째 기사.

35   2025년 1월 1일 정오(12시)를 기준으로 작은곰자리 베타별(Beta UMi, 2.05등급)의 적위는 +74도 9분 19초(약 +74.2도)이다. 북극성처럼 밝고, 북극 주변 하늘에서는 북극성이나 북두칠성을 제외하면 밝은 별이라 할 수 있으나, 적위 값을 두고 보면 북극과는 꽤 멀어 제좌가 이 별을 지칭하는지에 대해서는 검토가 필요하다.

36   본 저작물은 국립민속박물관에서 공공누리 제1유형으로 개방한 일성정시의 복원품 자료를 이용하였으며, 해당 저작물은 국립민속박물관, http://www.nfm.go.kr/에서 받을 수 있다.

37   《세종실록》 77권, 세종 19년 4월 15일 갑술 3번째 기사.

38   고려 후기 천문 기관인 서운관은 조선 초에도 그 기관명을 그대로 사용하였다. 이후 1466년 세조

12년에 이르러 관상감으로 개칭한다.

39 《세종실록》 77권, 세종 19년 6월 18일 병자 1번째 기사.

40 《세종실록》 77권, 세종 19년 4월 15일 갑술 3번째 기사.

41 《세종실록》 77권, 세종 19년 4월 15일 갑술 3번째 기사.

三 장

1 《세종실록》 76권, 세종 19년 2월 5일 을축 1번째 기사.

2 Park, J., Jeon, J., & An, H. (2022). A list of guest-star records in Korean history and their possible counterparts. Astronomische Nachrichten, 343(pp. 9-10), e20220017.

3 Shara, M. M., Iłkiewicz, K., Mikołajewska, J., Pagnotta, A., Bode, M. F., Crause, L. A., ... & Zurek, D. (2017). Proper-motion age dating of the progeny of Nova Scorpii AD 1437. Nature, 548(7669), pp. 558-560.

4 Shara, M. M., Iłkiewicz, K., Mikołajewska, J., Pagnotta, A., Bode, M. F., Crause, L. A., ... & Zurek, D. (2017). 앞의 논문.

5 Hoffmann, S. M. (2019). What information can we derive from historical Far Eastern guest stars for modern research on novae and cataclysmic variables?. Monthly Notices of the Royal Astronomical Society, 490(3), pp. 4194-4210.; Hoffmann, S. M., Vogt, N., & Protte, P. (2020). A new approach to generate a catalogue of potential historical novae. Astronomische Nachrichten, 341(1), pp. 79-98.; Neuhäuser, R., & Neuhäuser, D. L. (2021). Critical comments on publications by S. Hoffmann and N. Vogt on historical novae/supernovae and their candidates. Astronomische Nachrichten, 342(4), pp. 675-695.; Park, J., Jeon, J., & An, H. (2022). 앞의 논문.

6 Shara, M. M., Potter, M., Moffat, A. F. J., Bode, M., & Stephenson, F. R. (1990). Where is nova 1437?—Surprises in the space density of cataclysmic variables. In Physics of Classical Novae: Proceedings of Colloquium No. 122 of the International Astronomical Union Held in Madrid, Spain, on 27-30 June 1989 (pp. 57-58). Springer Berlin Heidelberg.; Black, D. T., Bode, M. F., Stephenson, F. R., Abbott, T., & Page, K. L. (2008, December). Search for the Remnant of the Nova of 1437. In RS Ophiuchi (2006) and the Recurrent Nova Phenomenon (Vol. 401, p. 351).

7 《성종실록》 247권, 성종 21년 11월 27일 을사 1번째 기사.; 《명종실록》 16권, 명종 9년 6월 2일 신미 1번째 기사.

8 Park, J., Jeon, J., & An, H. (2022). 앞의 논문.

9 천창에서 목격된 객성에 관한 첫 기록은 1592년 11월 23일(양력)이고, 마지막 기록은 1594년 2월 23일(양력)이다. 물론 1594년 9월 15일(양력) 기록에도 이 시기의 객성에 관한 언급이 있으나, 관측에 관한 기록이 아니기에 제외한다. 첫 기록과 마지막 기록의 출처는 다음과 같다. 《선조실록》 31권, 선조 25년 10월 20일 병오 7번째 기사.; 《선조실록》 47권, 선조 27년 1월 4일 계미 7번째 기사.

10 Brosche, P. (1967). Supernova gesucht. Sterne und Weltraum, 6, 198.; Hoffleit, D. (1997). History of the discovery of Mira stars. The Journal of the American Association of Variable Star Observers, vol. 25, no. 2, pp. 115-136.

11 Stephenson, F. R., & Yau, K. K. (1987). Four Korean 'Guest Stars' Observed in AD 1592. Quarterly Journal of the Royal Astronomical Society, Vol. 28, NO. 4/DEC, pp. 431-444, 1987.

12 《선조실록》 54권, 선조 27년 8월 2일 정미 4번째 기사.

13 《세종실록》 76권, 세종 19년 2월 5일 을축 1번째 기사.

14 천창에서 목격된 객성에 관한 첫 기록은 1592년 11월 23일(양력)이고, 마지막 기록은 1594년 2월 23일(양력)이다. 물론 1594년 9월 15일(양력) 기록도 이 시기의 객성에 관한 언급이 있으나, 관측

에 관한 기록이 아니기에 제외한다. 첫 기록과 마지막 기록의 출처는 다음과 같다. 《선조실록》 31권, 선조 25년 10월 20일 병오 7번째 기사.; 《선조실록》 47권, 선조 27년 1월 4일 계미 7번째 기사.

15 왕량의 동쪽에서 목격된 객성에 관한 첫 기록은 1592년 11월 30일(양력)이고, 마지막 기록은 1593년 3월 28일(양력)이다. 첫 기록과 마지막 기록의 출처는 다음과 같다. 《선조실록》 31권, 선조 25년 10월 29일 을묘 4번째 기사.; 《선조실록》 35권, 선조 26년 2월 2일 정해 6번째 기사.

16 왕량의 서쪽에서 목격된 객성에 관한 첫 기록은 1592년 12월 4일(양력)이고, 마지막 기록은 1593년 3월 4일(양력)이다. 첫 기록과 마지막 기록의 출처는 다음과 같다. 《선조실록》 31권, 선조 25년 11월 1일 정사 2번째 기사.; 《선조실록》 35권, 선조 26년 2월 26일 신해 6번째 기사.

17 Park, C., Yoon, S. C., & Koo, B. C. (2016). THE KOREAN 1592-1593 RECORD OF A GUEST STAR: AN 'IMPOSTOR' OF THE CASSIOPEIA A SUPERNOVA?. Journal of The Korean Astronomical Society, 49(6), pp. 233-238.

18 《선조실록》 33권, 선조 25년 12월 16일 임인 1번째 기사.; 《선조실록》 41권, 선조 26년 8월 7일 무자 11번째 기사.

19 첫 기록은 1604년 10월 13일이고, 마지막 기록은 1605년 9월 15일이다. 첫 기록과 마지막 기록의 출처는 다음과 같다. 《선조실록》 178권, 선조 37년 9월 21일 무진 7번째 기사.; 《선조실록》 190권, 선조 38년 8월 3일 을사 7번째 기사.

20 《선조수정실록》 6권, 선조 5년 10월 1일 갑인 1번째 기사. 《선조수정실록》의 기록된 날짜는 10월 1일로 되어 있으나, 10월에 있었던 사건들을 그달의 첫날에 몰아서 기록했기 때문에 10월 1일에 기록된 객성의 목격 날짜는 정확하지 않을 수 있다.

21 Hoffmann, S. M., & Vogt, N. (2020). Cataclysmic variables as possible counterparts of ancient Far Eastern guest stars. Monthly Notices of the Royal Astronomical Society, 494(4), pp. 5775-5786.

22 《선조실록》 178권, 선조 37년 9월 22일 기사 1번째 기사.

23 《고려사》 47권, 지 1권, 천문 1, 월오성능범과성변, 문종 27년 8월 정축.

24 《고려사》 47권, 지 1권, 천문 1, 월오성능범과성변, 문종 28년 7월 경신.

25 Jing, L. (1985). Historical records of outburst of R Aquarii. Chinese astronomy and astrophysics, 9(4), pp. 322-323.

26 Yau, K. K. C., & Stephenson, F. R. (1988). A revised catalogue of Far Eastern observations of sunspots (165 BC to AD 1918). Royal Astronomical Society, Quarterly Journal (ISSN 0035-8738), vol. 29, June 1988, pp. 175-197. Research supported by the Royal Astronomical Society.

27 Yang, H. J., Park, M. G., Cho, S. H., & Park, C. (2005). Korean nova records in AD 1073 and AD 1074: R Aquarii. Astronomy & Astrophysics, 435(1), pp. 207-214.

28 Yang, H. J., Park, M. G., Cho, S. H., & Park, C. (2005). 앞의 논문.

29 보천가, 청구기호 K3-394, 마이크로필름 MF35-173, 소장정보 한국학중앙연구원 장서각.

30 Daniel W. Graham, Eric Hintz. (2010). An Ancient Greek Sighting of Halley's Comet?. Journal of Cosmology, 2010, Vol 9, pp. 2130-2136.

31 Gurval, R. A. (1997). Caesar's comet: the politics and poetics of an Augustan myth. MAAR, pp. 39-71.

32 Kronk, G. W. (1999). Cometography: Volume 1, Ancient-1799: A Catalog of Comets (Vol. 1). Cambridge University Press.

33 해당 저작물은 한국천문연구원(2023년 3월 22일 보도자료), http://www.kasi.re.kr/에서 받을 수 있다.

34 和田雄治. (1910). 朝鮮古代の彗星観測記. 天文月報, Vol. 3, No. 9.

35 2023년 3월 23일, 연세대학교에서 개최한 '《성변측후단자》의 과학적, 역사적 가치 조명을 위한 학술대회'에서 나일성 교수님이 '성변측후단자 연구를 돌아보며'라는 주제로 발표한 성변측후단자 수집 과정에 관한 이야기를 듣고 필자가 작성.

36 Düring, I. (1980). Aristotle's Chemical Treatise Meteorologica, Book IV.: Garland

Pub.; Meteorologica가 Meteorology(기상학)의 어원이다. 이러한 이유로 일부 연구자는 Meteorologica를 '기상론'이라고 구별해 부른다. 하지만 필자는 같은 의미를 내포하고 있어 문제가 되지 않는다고 판단하였고, 이에 편의상 '기상학'이라고 부른다.

37 Carl Sagan, Ann Druyan, (1997) Comet, Headline.

38 《성종실록》 247권, 성종 21년 11월 27일 을사 1번째 기사.

39 天文類草 (1986), 한국과학기술사자료대계 천문학편 6., 여강출판사.; 이순지 원저, 김수길, 윤상철 공역, (2006), 천문류초(전정판), 대유학당.

40 《예종실록》 1권, 예종 즉위년 10월 24일 경술 4번째 기사.

41 《예종실록》 1권, 예종 즉위년 10월 27일 계축 2번째 기사.

42 Kossacki, K. J., & Szutowicz, S. (2010). Crystallization of ice in Comet 17P/Holmes: Probably not responsible for the explosive 2007 megaburst. Icarus, 207(1), pp. 320–340.

43 마왕퇴 〈혜성도〉 관련 사이트에서 이미지를 얻었다.
   https://www.sgss8.cc/tpdq/24508776/

44 안상현. (2013). 우리 혜성 이야기, 사이언스북스.

45 《중종실록》 86권, 중종 32년 12월 21일 병인 2번째 기사.; 《광해군일기》 133권, 광해 10년 10월 16일 신미 6번째 기사.

46 《세종실록》 51권, 세종 13년 1월 30일 을미 1번째 기사.

47 김수길, 윤상철 공역, 이순지 원저. (2006). 천문류초. 대유학당.

48 《성종실록》 247권, 성종 21년 11월 26일 갑진 2번째 기사.

49 김수길, 윤상철 공역, 이순지 원저. (2006). 앞의 책.

50 《명종실록》 10권, 명종 5년 6월 19일 임자 2번째 기사.

51 Hasegawa, I. (1979). Orbits of ancient and medieval comets. Publications of the Astronomical Society of Japan, Vol. 31, pp. 257-270 (1979).

52 Lee, K. W., Yang, H. J., & Park, M. G. (2009). Orbital elements of comet C/1490 Y1 and the Quadrantid shower. Monthly Notices of the Royal Astronomical Society, 400(3), pp. 1389-1393.

53 Yau, K., Weissman, P., & Yeomans, D. (1994). Meteorite falls in China and some related human casualty events. Meteoritics, 29(6), pp. 864-871.

54 Boslough, M. B. E., & Crawford, D. A. (2008). Low-altitude airbursts and the impact threat. International Journal of Impact Engineering, 35(12), pp. 1441-1448.; Wang, J. A. (2020). Solving the Mystery of the Tunguska Explosion. Journal of Modern Physics, 11, pp. 779-787.

55 《고려사》 47권, 지 1권, 천문 1, 월오성능범과성변, 인종 21년 9월 경오.; 《정종실록》 1권, 정종 1년 5월 20일 기축 1번째 기사.; 《연산군일기》 40권, 연산 7년 1월 30일 기묘 2번째 기사.; 《광해군일기》 19권, 광해 1년 8월 25일 계유 2번째 기사.; 《광해군일기》 154권, 광해 12년 7월 19일 갑오 1번째 기사.; 《인조실록》 47권, 인조 24년 5월 11일 병진 1번째 기사.; 《영조실록》 58권, 영조 19년 6월 6일 정사 1번째 기사.

56 《고려사》 8권, 세가 8권, 문종 24년 1월 경자.; 《고려사》 54권, 지 8권, 오행 2, 금, 충렬왕 20년 3월.; 《세종실록》 22권, 세종 5년 10월 1일 무신 2번째 기사.; 《문종실록》 12권, 문종 2년 2월 16일 경진 2번째 기사.; 《성종실록》 265권, 성종 23년 5월 16일 을유 4번째 기사.; 《현종실록》 20권, 현종 13년 2월 9일 을유 1번째 기사.; 《숙종실록》 55권, 숙종 40년 7월 5일 갑진 1번째 기사.

57 《성종실록》 265권, 성종 23년 5월 16일 을유 4번째 기사.; 《명종실록》 29권, 명종 18년 2월 18일 정묘 3번째 기사.; 《현종실록》 20권, 현종 13년 2월 9일 을유 1번째 기사.

58 안상현. (2019). Meteorite Records in Korean History. 한국과학사학회지, 41(2), pp. 169-196.

59 《연산군일기》 3권, 연산 1년 2월 21일 을해 2번째 기사.

1   Ha, H. J., & Long, J. A. (2024). Human Mobility Patterns during the 2024 Total Solar
     Eclipse in Canada. Findings.; Sakhare, R. S., Desai, J. C., Mathew, J. K., & Bullock, D. M.
     (2024). Impact of 2024 solar eclipse on national traffic mobility using connected vehicle
     data and images. Transportation Research Interdisciplinary Perspectives, 27, 101225.

2   Foster, D. C., & Savino, D. M. (2024). Early Planning, Collaboration and the Role of
     Social Media: A Model for Future Event Success and Lessons Learned from Eclipse 2024.
     Journal of Knowledge Management Practice, 24(4).

3   The Economist, 'Airbnb bookings for the solar eclipse reach astronomical levels' Apr
     6th 2024.

4   BUSINESS INSIDER, 'Canada's Niagara region declares 'state of emergency' as a million
     total solar eclipse watchers predicted' 2024. 3. 30.

5   CBS NEWS, 'The solar eclipse could deliver a $6 billion economic boom: "The whole
     community is sold out"' April 6, 2024.

6   Sun, C., & Li, H. (2024). The Celestial Empire: solar eclipses, political legitimacy, and
     economic performance in historical China. Cliometrica, 18(2), pp. 453-491.

7   《세종실록》158권, 內篇/下卷/第五 交食/日食/求日出入帶食所見分.

8   《부사견와부군사실기(父師堅窩府君事實記)》13면.

9   《세종실록》39권, 세종 10년 3월 30일 임자 2번째 기사.

10   이 결과는 한반도 전체가 아니라, 한양(서울 중심) 지역만을 기준으로 한 계산 결과임을 유의해야
     한다.

11   《태조실록》11권, 태조 6년 5월 1일 임자 1번째 기사.

12   《세종실록》108권, 세종 27년 4월 1일 갑진 1번째 기사.

13   '베일리의 구슬'은 1836년 영국의 천문학자 프랜시스 베일리(Francis Baily, 1774~1844)가 이를
     목격하고 그 원리를 설명함으로써 붙인 이름으로, 이를 맨눈으로 찰나에 관측하기란 쉽지 않다.

14   《성종실록》6권, 성종 1년 6월 1일 무신 1번째 기사.

15   《순조실록》27권, 순조 24년 6월 1일 계사 1번째 기사.

16   《철종실록》4권, 철종 3년 11월 1일 정미 1번째 기사.

17   《세조실록》21권, 세조 6년 7월 1일 을해 1번째 기사.

18   《세종실록》117권, 세종 29년 8월 1일 경신 2번째 기사; 기록에 따르면, 일식 예보가 있었으나 당
     시 한양에서는 구름 때문에 관측하지 못했고, 이에 다른 지방의 관측 결과를 보고받았다. 이는 한
     양에서 관측이 실패한 경우 지방 관측을 통해 식의 여부나 식분을 보완하려 했음을 보여주는 대목
     이다.

19   안상현. (2008). 고대 역법에 나오는 日食旣의 의미. 천문학논총, 23(2), pp. 65-71.

20   《숙종실록》31권, 숙종 23년 윤 3월 1일 신사 1번째 기사.

21   《인조실록》47권, 인조 24년 12월 1일 계유 1번째 기사.

22   《세종실록》45권, 세종 11년 8월 1일 을해 1번째 기사.

23   《선조수정실록》30권, 선조 29년 윤 8월 1일 기축 1번째 기사.

24   Richard Tresch Fienberg, 'How Dark Does It Get During a Total Solar Eclipse?', Sky &
     Telescope, February 29, 2024.

25   Silverman, S. M., & Mullen, E. G. (1975). Sky brightness during eclipses: a review.
     Applied Optics, 14(12), 2838-2843.; Können, G. P., & Hinz, C. (2008). Visibility of stars,
     halos, and rainbows during solar eclipses. Applied optics, 47(34), H14-H24.

26   Silverman, S. M., & Mullen, E. G. (1975). 앞의 논문.; Können, G. P., & Hinz, C. (2008). 앞
     의 논문.

27   《세종실록》66권, 세종 16년 11월 1일 갑술 1번째 기사.; 《선조실록》179권, 선조 37년 윤 9월 1
     일 무인 2번째 기사.; 《숙종실록》14권, 숙종 9년 1월 1일 계묘 1번째 기사.; 《영조실록》38권, 영

조 10년 4월 1일 병오 1번째 기사.;《영조실록》 38권, 영조 10년 10월 1일 계묘 1번째 기사.;《헌종실록》 6권, 헌종 5년 2월 1일 정묘 1번째 기사.;《헌종실록》 8권, 헌종 7년 6월 1일 계미 1번째 기사.;《헌종실록》 12권, 헌종 11년 4월 1일 신묘 1번째 기사.;《헌종실록》 15권, 헌종 14년 9월 1일 신미 1번째 기사.

28 《세종실록》 39권, 세종 10년 3월 30일 임자 2번째 기사.;《세종실록》 96권, 세종 24년 5월 20일 기묘 1번째 기사.

29 《승정원일기》 1719책 (탈초본 91책) 정조 17년 7월 15일 병오 3번째 기사.

30 간송박물관 소장.; 본 저작물은 국립중앙박물관에서 공공누리 제1유형으로 개방한 조선회화 신윤복필 풍속도첩 〈월하정인〉을 이용하였으며, 해당 저작물은 국립중앙박물관, http://www.museum.go.kr/에서 받을 수 있다.

31 조선이 세워진 이후부터 2024년까지 계산하였다.

32 성주덕 편저, 이면수, 허윤섭, 박권수 역주,《서운관지》, 2003.

33 《세종실록》 28권, 세종 7년 5월 15일 갑신 3번째 기사.

34 《세종실록》 24권, 세종 6년 5월 16일 경인 1번째 기사.

35 조선일보, 1948년 3월 13일, '朝鮮稀有의金環日蝕'; 1948년 3월 30일, '金環日食을撮影 美觀測隊一行入京'

36 나일성, 이정복,《일식과 월식 이야기》, 재단법인 한국겨레문화연구원, 2002.

37 경향신문, 1948년 4월 7일, '日蝕으로 選擧十日로 延期'; 조선일보, 1948년 4월 7일, '九日은日食!'

38 《세종실록》 39권, 세종 10년 3월 30일 임자 2번째 기사.

39 《세종실록》 96권, 세종 24년 5월 20일 기묘 1번째 기사.

40 《선조실록》 161권, 선조 36년 4월 1일 정해 2번째 기사.

41 안상현. (2008). 앞의 논문.; 안상현(2008)은 구식례를 하는 도중에 대야에 물을 받아놓고 식을 살폈을 것이라고 보았다.

42 《승정원일기》 808책 (탈초본 45책), 영조 11년 9월 1일 정유 18번째 기사.

43 《영조실록》 55권, 영조 18년 5월 1일 기미 1번째 기사.

44 《영조실록》 61권, 영조 21년 5월 12일 계미 1번째 기사.

45 《승정원일기》 808책 (탈초본 45책), 영조 11년 9월 1일 정유 18번째 기사.

46 박창범. (2002). 앞의 책.

47 《고려사》 47권, 지 제1권, 천문 1, 공민왕 7년 12월 1일.

48 《성종실록》 29권, 성종 4년 4월 1일 신유 1번째 기사.

49 물론 결과의 정확성은 별개의 문제이다.

50 《성종실록》 76권, 성종 8년 2월 15일 갑신 2번째 기사.

51 同文彙考 原編 卷之四十三 日月食. 6월 1일(戊戌)의 일식 과정에 대한 내용과 식심도형(食甚圖形).

52 同文彙考 原編 卷之四十三 日月食. 11월 15일(壬寅)의 월식에 대한 내용과 식심도형(食甚圖形).

53 《승정원일기》 796책 (탈초본 44책), 영조 11년 3월 8일 무인.

54 김슬기. (2020). 18세기 중반 조선 일월식 계산의 새로운 기준으로서 청나라 일월식 자문. 한국과학사학회지, 42(1), pp. 65-95.; 김슬기(2020)는 서양 천문학자들이 일식의 계산 방법을 반드시 알고 있을 것이라는 영조의 발언(《승정원일기》 808책 (탈초본 45책), 영조 11년 9월 1일 정유.;《승정원일기》 944책 (탈초본 51책), 영조 18년 5월 1일 기미.)을 1741년부터 매년 북경에 파견되었던 조선 천문학자들이 서양 천문학자에게 일식 계산법을 직접 배워 와야 한다는 의미를 내포한 것으로 해석하였다.

55 《태종실록》 25권, 태종 13년 1월 1일 신사 2번째 기사.;《세종실록》 26권, 세종 6년 11월 4일 을해 1번째 기사.;《연산군일기》 48권, 연산 9년 2월 15일 임자 1번째 기사.;《중종실록》 10권, 중종 5년 2월 24일 경술 1번째 기사.;《중종실록》 19권, 중종 8년 12월 30일 갑자 2번째 기사(월식).;《선조실록》 73권, 선조 29년 3월 12일 기묘 4번째 기사.

56 《세종실록》 26권, 세종 6년 11월 4일 을해 1번째 기사.

57 《세종실록》 54권, 세종 13년 12월 20일 신해 2번째 기사.; 세종 13년 12월 23일 갑인 4번째 기

사.:《문종실록》8권, 문종 1년 6월 1일 무진 3번째 기사.:《정조실록》21권, 정조 10년 1월 1일 병오 1번째 기사.

58 《연산군일기》9권, 연산 1년 9월 4일 갑신 1번째 기사.: 48권, 연산 9년 2월 16일 계축 1번째 기사.

五장

1 전상운, 《우리 과학 문화재의 한길에 서서》, 사이언스북스, 2016. 전상운 선생님의 글을 요약하여 정리하였다.

2 《세종실록》107권, 세종 27년 3월 30일 계묘 4번째 기사.

3 본 저작물은 국립고궁박물관에서 2025년 작성하여 공공누리 제1유형으로 개방한 〈천상열차분야지도〉 목판본 자료를 이용하였으며, 해당 저작물은 국립고궁박물관, http://www.gogung.go.kr에서 받을 수 있다.

4 해당 저작물은 규장각, http://kyudb.snu.ac.kr/에서 받을 수 있다. 청구기호 古軸7300-3.

5 본 저작물은 서울역사박물관에서 2025년 작성하여 공공누리 제1유형으로 개방한 천상열차분야지도 자료를 이용하였으며, 해당 저작물은 서울역사박물관, http://museum.seoul.go.kr/에서 받을 수 있다.

6 모리스 꾸랑 지음, 이희재 옮김, 《한국서지》, 일조각, 1994.; 1895년에 보고된 《Bibliographie coréenne: tableau littéraire de la Corée》(Paris: Ernest Leyoux)를 번역한 서적으로, 이 책의 저자인 모리스 쿠랑(Maurice Courant, 1865~1935)이 1890년부터 1892년까지 한양에서 체류하는 동안 남긴 기록을 책으로 엮었다. 여기에 〈천상열차분야지도〉에 관한 짧은 소개가 수록되었다.

7 Rufus, W. C. (1915). Korea's cherished astronomical chart. Popular Astronomy, 23, pp. 193-198.; Rufus, W. C., & Chao, C. (1944). A Korean star map. Isis, 35(4). pp. 316-326.

8 안상현. (2011). 천상열차분야지도에 나오는 고려시대 피휘와 천문도의 기원. 고궁문화, (4), pp. 125-157.

9 Needham, J., Gwei-Djen, L., Combridge, J. H., & Major, J. S. (2004). The Hall of Heavenly Records: Korean astronomical instruments and clocks, pp. 1380-1780 (No. 25). Cambridge University Press.

10 Rufus, W. C. (1913). The celestial planisphere of King Yi Tai-jo. Transactions of the Korea Branch of the Royal Asiatic Society, 4, 23.

11 남궁승원. (2016). 〈天象列次分野之圖〉에 나타난 역사계승의식 (석사학위논문, 서울대학교 대학원).

12 나일성. (2000). 한국천문학사. 서울대학교 출판부.

13 남궁승원. (2016). 앞의 논문.

14 안상현. (2011). 천상열차분야지도에 나오는 고려시대 피휘와 천문도의 기원. 고궁문화, (4), pp. 125-157.

15 전용훈, 《한국 천문학사》, 들녘, 2017, p. 477.

16 안상현. (2011). 앞의 논문.; 남궁승원. (2016). 앞의 논문.

17 전용훈. (2017). 앞의 책.

18 남궁승원. (2017). 〈천상열차분야지도(天象列次分野之圖)〉에 나타난 역사계승의식. 한국사론, 63, pp.59-125.

19 전용훈. (2017). 앞의 책.

20 Rufus, W. C. (1913). 앞의 논문.; 이은성. (1986). 천상열차분야지도의 분석. 세종학연구, (1), pp. 63-114.; 박성환. (1987). 태조의 석각천문도와 숙종의 석각천문도와의 비교. 동방학지, pp. 54-56.; 박명순. (1995). 천상열차분야지도(天象列次分野之圖)에 대한 고찰. 한국과학사학회지, 17(1), pp. 3-38.; 박창범. (1998). 천상열차분야지도(天象列次分野之圖)의 별그림 분석. 한국과학사학회지, 20(2), pp. 113-149.; 김동국. (2020). 천상열차분야지도에 실린 별들의 동정 및 분석 (석사학위논문, 서울대학교 대학원).

21 Choe, G. E., Yang, H. J., & An, Y. S. (2011). 천상열차분야지도(天象列次分野之圖)와 소주천

문도(蘇州天文圖)의 별자리 비교 연구. The Bulletin of The Korean Astronomical Society, 36(2), p. 138.; 양홍진, 《디지털 천상열차분야지도》, 경북대학교출판부, 2014.

22   서울역사박물관, 〈천상열차분야지도〉(유물번호: 서울역사 002674).

23   히파르코스(HIPPARCOS)라는 단어는 HIgh Precision PARalla COllecting Satellite의 약자이다. 삼각법을 천문학에 응용하고 세차 운동을 발견한 것으로 알려진 그리스의 천문학자 히파르코스(Hipparchus, 기원전 190?~120?)와 스펠링이 일치하지는 않지만, 그를 기리기 위해 지칭한 약자이다. 히파르코스의 의미에서 알 수 있듯이 고정밀의 시차를 측정하기 위한 목적을 가진 유럽 우주국(ESA)의 과학 위성으로 별의 밝기나 고유 운동을 정밀하게 측정할 수 있었다.

24   《연산군일기》 37권, 연산 6년 4월 21일 갑진 3번째 기사.

25   《인조실록》 20권, 인조 7년 4월 23일 무신 1번째 기사.

26   《인조실록》 22권, 인조 8년 4월 8일 정사 3번째 기사.

27   Shi, Y. (2003). The Korean adaptation of the Chinese-Islamic astronomical tables. Archive for history of exact sciences, 57(1), pp.25-60.

28   Jeon, J., Lee, Y. B., & Lee, Y. S. (2015). Study of the star catalogue (epoch AD 1396.0) recorded in ancient Korean astronomical almanac. Monthly Notices of the Royal Astronomical Society, 454(1), pp. 1086-1104.

29   해당 저작물은 규장각, http://kyudb.snu.ac.kr/에서 받을 수 있다. 청구기호 奎貴12440.

30   石云里, 李亮, & 李辉芳. (2013). 从《宣德十年月五星凌犯》看回回历法在明朝的使用.; 전준혁, (2020), 《선덕십년월오성능범(宣德十年月五星凌犯)》의 기록 검토, 제12회 고천문워크숍.

31   전준혁. (2017). 《성경(星鏡)》에 기록된 항성: 《의상고성속편(儀象考成續編)》 성표와의 연관성을 고려한 동정. 한국과학사학회지, 39(1), pp. 125-194.

32   전준혁. (2017). 앞의 논문.

33   전준혁. (2016). 조선시대의 성표(星表) 분석 연구 (박사학위논문, 충북대학교 대학원).

34   전준혁. (2011). 《흠정의상고성(欽定儀象考成)》에 실린 별들의 동정 (석사학위논문, 충북대학교 대학원).

35   《세종실록》 107권, 세종 27년 3월 30일 계묘 4번째 기사.

36   쑤可楨. (1926). 論以歲差定〈尚書·堯典〉四仲中星之年代, 《科學》, 11卷, 12期, pp.100-106.

37   혹자는 《보천가》의 저자가 당(唐)나라의 왕희명(王希明, ?~?)이라고 하거나 왕희명이 곧 단원자라고도 하지만, 여전히 이 《보천가》의 저자는 명백히 밝혀지지 않았다.

38   전준혁. (2017). 앞의 논문.

39   Sun, X., & Kistemaker, J. (Eds.). (1997). The Chinese sky during the Han: constellating stars and society (Vol. 38). Brill.

40   Sun, X., & Kistemaker, J. (Eds.). (1997). 앞의 책.

41   Kim, S. (2022). Zoomorphizing the asterisms: Indigenous interpretations of the Twenty-Eight Lunar Mansions in the history of China. Sungkyun Journal of East Asian Studies, 22(1), pp. 1-26.

42   Needham, J. (1959). Science and civilisation in China (Vol. 3). Cambridge University Press.

43   Stephenson, F. R. (1994). Chinese and Korean star maps and catalogs. In: J. B. Harley and D. Woodward (eds.), The History of Cartography, Volume Two, Book Two: Cartography in the Traditional East and Southeast Asian Societies.; Chicago & London: The University of Chicago Press (1994), pp. 511-578.; Steele, J. M. (2013). A Comparison of Astronomical Terminology, Methods and Concepts in China and Mesopotamia, With Some Comments on Claims for the Transmission of Mesopotamian Astronomy to China. Journal of Astronomical History and Heritage, 16(3), pp. 250-260.; Pankenier, D. W. (2014). Did Babylonian Astrology Influence Early Chinese Astral Prognostication Xing Zhan Shu 星占術?. Early China, 37, pp. 1-13.

44   Sun, X., & Kistemaker, J. (Eds.). (1997). 앞의 책.

45   Sun, X., & Kistemaker, J. (Eds.). (1997). 앞의 책.

46   Sun, X., & Kistemaker, J. (Eds.). (1997). 앞의 책.

六 장

1   서울신문, 2023년 12월 10일, 새해엔 재물복 불어라… '은행 달력' 찾아 오픈런, 경제.

2   본 저작물은 국립고궁박물관에서 2025 작성하여 공공누리 제1유형으로 개방한 기미시헌력 자료
     를 이용하였으며, 해당 저작물은 국립고궁박물관, http://www.gogung.go.kr에서 받을 수 있다.

3   해당 저작물은 규장각, http://kyudb.snu.ac.kr/에서 받을 수 있다. 청구기호 古7300-26.

4   해당 저작물은 규장각, http://kyudb.snu.ac.kr/에서 받을 수 있다. 청구기호 想白古529.3-
     G995n-1868.

5   신기철. (2017). 조선 후기 작력식(作曆式)과 역서(曆書)의 역주(曆註) 연구. 충북대학교 일반대학
     원 (석사학위 논문).

6   사나웠던 추위(매)가 가고 따뜻한 평화(비둘기)가 온다는 의미이다.

7   겨울잠을 자던 들쥐가 봄이 되어 활동하는 모습이 메추라기가 번식을 맞아 활발하게 움직이는 모
     습과 같다는 비유적인 표현이다.

8   참새가 점차 줄고, 조개가 많아진다는 것으로 계절의 변화를 묘사한 것이다.

9   꿩이 점차 줄고, 조개가 많아진다는 것으로 계절의 변화를 묘사한 것이다.

10   전준혁. (2017). 앞의 논문.

11   가상의 천체들로 이루어진 네 개의 천체를 뜻하는 사여(四餘)의 운행을 추산하고자 만든 책이다.

12   전용훈, (2017), 앞의 책.

13   전용훈, (2017), 앞의 책.

14   《세종실록》 49권, 세종 12년 8월 3일 신미 1번째 기사.

15   《세종실록》 19권, 세종 5년 2월 10일 신유 4번째 기사.

16   《세종실록》 39권, 세종 10년 3월 30일 임자 2번째 기사.

17   《세종실록》 49권, 세종 12년 8월 3일 신미 1번째 기사.

18   《세종실록》 77권, 세종 19년 4월 15일 갑술 3번째 기사.

19   《세종실록》 58권, 세종 14년 10월 30일 을묘 1번째 기사.; 일식, 월식, 절기에 관한 계산이 중국에서
     반포한 일력과 같다는 점을 기뻐하면서 이를 후세에 알릴 수 있도록 책으로 만들라고 명하였다.

20   《세종실록》 77권, 세종 19년 4월 15일 갑술 3번째 기사.

21   《세종실록》 61권, 세종 15년 7월 21일 임신 2번째 기사.; 《세종실록》 77권, 세종 19년 4월 15일
     갑술 3번째 기사.

22   이용삼, 김상혁. (2002). 세종시대 창제된 천문관측의기 소간의(小簡儀). Journal of Astronomy
     and Space Sciences, 19(3), pp. 231-242.

23   《세종실록》 64권, 세종 16년 6월 24일 기사 6번째 기사. 기록에서는 누기(漏器)라는 물시계로 시
     간을 따르기로 한다는 내용이 담겨 있다. 여기서 누기는 자격루를 의미한다고 볼 수 있다.

24   《세종실록》 66권, 세종 16년 10월 2일 을사 4번째 기사.

25   《세종실록》 80권, 세종 20년 1월 7일 임진 3번째 기사.

26   기록에는 이 물시계를 가리키는 뚜렷한 고유 명칭이 제시되지 않기 때문에, 그동안 연구자들은 이
     를 서로 다른 이름으로 불러왔다.

27   전용훈, (2017), 앞의 책.

28   전용훈, (2017), 앞의 책.

29   전용훈. (2022). 세종 시대 서울 기준 시각법의 성립과 그 의의. 한국과학사학회지, 44(3), pp.
     677-707.

30   전용훈, (2017), 앞의 책.

31   구만옥. (2004). 조선왕조의 집권체제와 과학기술정책-조선전기 천문역산학의 정비 과정을 중심으
     로. 동방학지, (124), pp. 219-272.; 한영호, 이은희. (2011). 려말선초(麗末鮮初) 본국력(本國曆)

완성의 도정(道程). 동방학지, 155, pp. 31-75.

32 민병희, 이민수, 최고은, 이기원. (2016). 조선시대 간의대 천문관측기기 개발자. 천문학논총, 31(3), pp. 77-85.; 이용삼, 김상혁, 민병희, 이민수, 전준혁, 함선영, (2016), 조선시대 천문의기: 천문대, 천문관측기기, 천문시계, 그 복원을 논하다., 민속원.

33 藪內淸 지음, 유경로 옮김, 《중국의 천문학》, 전파과학사, 1985.

34 김동빈. (2024).《칠정산 외편》의 일식 예보 정확도. 한국과학사학회지, 46(3), pp. 479-521.

35 한영호. (2015). 조선의 回回曆法 도입과《칠정산외편》. 민족문화, 45, pp. 127-160.

36 전용훈. (2016). 한국 천문학사의 한국적 특질에 관한 시론: 세종 시대 역산(曆算) 연구를 중심으로. 한국과학사학회지, 38(1), pp. 1-34.

37 박권수. (2013). 조선의 역서(曆書) 간행과 로컬사이언스. 한국과학사학회지, 35(1), pp. 69-103.

38 《정조실록》 4권, 정조 1년 11월 24일 병술 1번째 기사.

39 《세조실록》 38권, 세조 12년 1월 15일 무오 1번째 기사.

40 《연산군일기》 63권, 연산 12년 7월 20일 정유 9번째 기사.; 연산 12년 7월 25일 임인 3번째 기사.

41 박권수. (2013). 조선의 역서(曆書) 간행과 로컬사이언스. 한국과학사학회지, 35(1), 69-103.

42 박권수. (2013). 앞의 논문.

43 본 저작물은 국립민속박물관에서 공공누리 제1유형으로 개방한《경진년대통력》자료를 이용하였으며, 해당 저작물은 국립민속박물관, http://www.nfm.go.kr/에서 받을 수 있다.

44 해당 저작물은 규장각, http://kyudb.snu.ac.kr/에서 받을 수 있다. 청구기호 奎中5567.

45 《영조실록》 40권, 영조 11년 10월 19일 갑신 2번째 기사.

46 《고종실록》 31권, 고종 31년 6월 28일 계유 4번째 기사.

47 《고종실록》 32권, 고종 31년 7월 11일 을유 1번째 기사.

48 《고종실록》 33권, 고종 32년 3월 25일 병신 11번째 기사.

49 《고종실록》 35권, 고종 34년 8월 14일 양력 1번째 기사.; 8월 15일 양력 1번째 기사.; 8월 16일 양력 2번째 기사.

50 《고종실록》 36권, 고종 34년 10월 13일 양력 2번째 기사.

51 Deutscher Wetterdienst. (2010). Digitalization of historical climate data of Chemulpo/Incheon(Republic of Korea). German Meteorological Service.

52 Miyagawa, T. (2008). The meteorological observation system and colonial meteorology in early 20th-century Korea. Historia Scientiarum, 18(2), pp. 140-150.

53 《고종실록》 48권, 고종 44년 2월 1일 양력 3번째 기사.

54 고천문연구그룹, (2010), 근대 한국의 천문학: 시련의 극복과 정통성의 계승, 한국천문연구원.

55 동아일보, 1945년 12월 22일, '明年은大韓民國廿八年 曆書表示'

56 동아일보, 1946년 1월 2일, '全國觀象臺罷業'

57 《태조실록》 1권, 태조 1년 7월 28일 정미 4번째 기사.

58 《고종실록》 32권, 고종 31년 7월 28일 임인 2번째 기사.

59 ○일보, 1948년 12월 12일, '不正確한 冊曆, 觀象臺서 注意'

七 장

1 《삼국사기》 3권, 신라본기 자비마립간 21년 봄 2월.

2 《고려사》 53권, 지 7권, 오행, 1260년 6월 29일.

3 《태종실록》 6권, 태종 3년 윤 11월 1일 갑진 1번째 기사.

4 《태종실록》 12권, 태종 6년 11월 16일 임신 1번째 기사.

5 《서운관지》 9. 번규(番規), 화광(火光), '昏夜有氣如火 或上或下(저녁이나 밤에 불 같은 기가 있어 오르락내리락하는 것이다).'

6 전준혁, (2021), 화광(火光) 현상은 무엇인가?, 제13회 고천문워크숍 및 제11회 해시계학술대회: 한국 고천문학의 동서 융합 및 과학교육의 활용, 한국천문연구원/해시계연구회.

7 "有赤氣如火光(화광과 같은 적기가 있다)"이라는 기록이 《조선왕조실록》과 《승정원일기》에서 간혹 확인된다.

8 Zhang, Z. W. (1985). Korean auroral records of the period AD 1507-1747 and the SAR arcs. Journal of the British Astronomical Association, Vol. 95, Issue 5, p. 205, 1985.; 전준혁, (2021), 앞의 글.

9 Usoskin, I. G., Arlt, R., Asvestari, E., Hawkins, E., Käpylä, M., Kovaltsov, G. A., ... & Vaquero, J. M. (2015). The Maunder minimum (1645-1715) was indeed a grand minimum: A reassessment of multiple datasets. Astronomy & Astrophysics, 581, A95.

10 Zhang, Z. W. (1985). 앞의 논문.; 전준혁, (2021), 앞의 글.

11 Zhang, Z. W. (1985). 앞의 논문.

12 Russell, C. T., & McPherron, R. L. (1973). The magnetotail and substorms. Space Science Reviews, 15(2), pp. 205-266.

13 전준혁, (2021), 앞의 글.

14 양홍진, 박창범, 박명구. (1998). 고려시대의 흑점과 오로라 기록에 보이는 태양활동주기. 천문학논총, 13, pp. 181-208.; Lee, E. H., Ahn, Y. S., Yang, H. J., & Chen, K. Y. (2004). The sunspot and auroral activity cycle derived from Korean historical records of the 11th-18th century. Solar Physics, 224, pp. 373-386.

15 전준혁, (2021), 앞의 글.

16 Stephenson, F. R., & Willis, D. M. (2008). 'Vapours like fire light' are Korean aurorae. Astronomy & Geophysics, 49(3), pp. 3-34.

17 《태종실록》 29권, 태종 15년 6월 14일 기묘 1번째 기사.

18 《태종실록》 30권, 태종 15년 11월 21일 갑인 1번째 기사.

19 《태종실록》 2권, 태종 1년 12월 4일 무오 1번째 기사.

20 이외 검은색은 흑기(黑氣), 누런색은 황기(黃氣)라고도 불렸는데, 각기 검은 구름과 황사 현상으로 보기도 한다. 이뿐 아니라 일부 기록에서는 혜성이나 유성의 꼬리를 백기(白氣)라 표현하기도 한다.

21 Lee, P. H., & Liu, J. Y. (2023). Response of aurora candidates in the Chinese official histories to the space climate during 511-1876. Earth, Planets and Space, 75(1), 138.

22 Neuhäuser, D. L., Neuhäuser, R., & Chapman, J. (2018). New sunspots and aurorae in the historical Chinese text corpus? Comments on uncritical digital search applications. Astronomische Nachrichten, 339(1), pp. 10-29.

23 《승정원일기》 68책, 인조 17년 3월 30일 정해

24 《중종실록》 2권, 중종 2년 1월 12일 병술 8번째 기사. 이 산불은 경상남도 고령의 종산에서 발생한 것으로 한양에서는 볼 수 없었다. 그러나 사실관계를 떠나서 승정원의 보고를 두고 사관은 하늘에서 일어난 재변을 산불에 의한 불빛으로 돌려버리니 아첨에 가까운 행위라고 비판하였다.

25 Jeon, J., Noh, S. J., & Lee, D. H. (2018). Relationship between lightning and solar activity for recorded between CE 1392-1877 in Korea. Journal of Atmospheric and Solar-Terrestrial Physics, 172, pp. 63-68.

26 Jeon, J., Noh, S. J., & Lee, D. H. (2018). 앞의 논문.

27 김일권, 《『고려사』의 자연학과 오행지 역주》, 한국학중앙연구원출판부, 2011.

28 Jeon, J., Noh, S. J., & Lee, D. H. (2018). 앞의 논문.

29 Miyahara, H., Kataoka, R., Mikami, T., Zaiki, M., Hirano, J., Yoshimura, M., ... & Iwahashi, K. (2018, April). Solar rotational cycle in lightning activity in Japan during the 18-19th centuries. In Annales Geophysicae (Vol. 36, No. 2, pp. 633-640). Göttingen, Germany: Copernicus Publications.

30 Kronk, G. W. (1999). 앞의 책.

31 《영조실록》 93권, 영조 35년 4월 3일 계축 1번째 기사.; 영조 35년 4월 29일 기묘 1번째 기사.

32 W. (1999). 앞의 책.

33 《영조실록》 93권, 영조 35년 4월 12일 임술 1번째 기사.

참고문헌

학술지 및 논문

경석현. (2013). 《朝鮮王朝實錄》 災異 기록의 재인식: 16세기 災異論의 정치·사상적 기능을 중심으로: 16세기 災異論의 정치·사상적 기능을 중심으로. 한국사연구, (160), pp. 47-82.

구만옥. (2004). 조선왕조의 집권체제와 과학기술정책-조선전기 천문역산학의 정비 과정을 중심으로. 동방학지, (124), pp. 219-272.

김동국. (2020). 천상열차분야지도에 실린 별들의 동정 및 분석 (석사학위논문, 서울대학교).

김동빈. (2024). 《칠정산 외편》의 일식 예보 정확도. 한국과학사학회지, 46(3), pp. 479-521.

김명숙. (2016). 첨성대, 여신 상이자 신전. 한국여성학, 32(3), pp. 139-187.

김상혁, 이기원, 이용삼. (2009). 姜潤과 姜渭의 해시계 연구. 고궁문화, 한국의 전통 천문의기, 제2회 소남천문학사연구소 심포지움 & 제3회 한국천문연구원 고천문워크숍, pp. 79-92.

김슬기. (2020). 18세기 중반 조선 일월식 계산의 새로운 기준으로서 청나라 일월식 자문. 한국과학사학회지, 42(1), pp. 65-95.

김영주. (2007). 공론권(公論圈)으로서의 첨성대(瞻星臺) 연구. 언론과학연구, 7(1), pp. 47-77.

김일권. (2010). 첨성대의 靈臺적 독법과 신라 왕경의 三雍제도 관점. 신라사학보, pp. 5-31.

남궁승원. (2016). 《天象列次分野之圖》에 나타난 역사계승의식 (석사학위논문, 서울대학교).

남궁승원. (2017). 《天象列次分野之圖》에 나타난 역사계승의식. 한국사론, 63, pp. 59-125.

맹성렬. (2017). 첨성대는 천문대인가?. 예술인문사회 융합 멀티미디어 논문지, 7(10), pp. 955-964.

민병희, 이민수, 최고은, 이기원. (2016). 조선시대 간의대 천문관측기기 개발자. 천문학논총, 31(3), pp. 77-85.

민병희, 김상혁, 이용삼, 김재은. (2023). 인사동 출토 일성정시의(日星定時儀) 세 환(環)의 유물. 고궁문화, pp. 7-39.

박권수. (2013). 조선의 역서(曆書) 간행과 로컬사이언스. 한국과학사학회지, 35(1), pp. 69-103.

박명순. (1995). 천상열차분야지도에(天象列次分野之圖) 대한 고찰. 한국과학사학회지, 17(1), pp. 3-38.

박성환. (1987). 태조의 석각천문도와 숙종의 석각천문도와의 비교. 동방학지, pp. 54-56.

박창범. (1998). 천상열차분야지도(天象列次分野之圖)의 별그림 분석. 한국과학사학회지, 20(2), pp. 113-149.

박창범, 이용복, 이융조. (2001). 청원 아득이 고인돌 유적에서 발굴된 별자리판 연구. 한국과학사학회지, 23(1), pp. 3-18.

서금석. (2017). 천문대로서의 첨성대 이설(異說)에 대한 재론(再論). 한국고대사연구, (86), pp. 149-193.

서정화. (2019). 瞻星臺 축조 의의 一考察: 동양의 禮制 문화 및 古典에서의 관련 기록 분석을 통해. 한국문화, 86, pp. 77-108.

신기철. (2017). 조선 후기 작력식(作曆式)과 역서(曆書)의 역주(曆註) 연구 (석사학위논문, 충북대학교).

신숙정. (2002). 청동기시대 전기의 농사짓기에 대한 이해. 동방학지, (115), pp. 1-45.

안상현. (2008). 고대 역법에 나오는 日食旣의 의미. 천문학논총, 23(2), pp. 65-71.

안상현. (2011). 천상열차분야지도에 나오는 고려시대 피휘와 천문도의 기원. 고궁문화, (4), pp. 125-157.

안상현. (2019). Meteorite Records in Korean History. 한국과학사학회지, 41(2), pp. 169-196.

양현모. (2022). 서울 공평구역 제15·16 지구 나지역 유적 발굴조사 현황과 성과. 백산학보, pp. 119-156.

양홍진, 박창범, 박명구. (1998). 고려시대의 흑점과 오로라 기록에 보이는 태양활동주기. 천문학논총, 13, pp. 181-208.

양홍진, 박창범, 박명구. (2010). 홈이 새겨진 고인돌과 홈의 특징. 한국암각화연구, 14, pp. 7-20.

양홍진, 복기대. (2012). 중국 해성(海城) 고인돌과 주변 바위그림에 대한 고고천문학적 소고(小考). 동아시아고대학, (29), pp. 311-340.

윤병렬. (2016). '말하는 돌'과 '돌의 세계' 및 고인돌에 새겨진 성좌. 한국학(구 정신문화연구), 39(2), pp.

7-30.

윤상열. (2014). 고구려 前期 신성관념의 성립과 정착과정. 고구려발해연구, 48, pp. 41-76.

이문규. (2004). 첨성대를 어떻게 볼 것인가-첨성대 해석의 역사와 신라시대의 천문관. 한국과학사학회지, 26(1), pp. 3-28.

이문규. (2023). 첨성대 논쟁에 대한 비판적 고찰. 한국과학사학회지, 45(3), pp. 537-564.

이용삼, 김상혁. (2002). 세종시대 창제된 천문관측의기 소간의(小簡儀). Journal of Astronomy and Space Sciences, 19(3), pp.231-242.

이용범. (1974). 瞻星臺存疑. 진단학보, 38, pp. 27-48.

이은성. (1986). 천상열차분야지도의 분석. 세종학연구, (1), 63-114.

장윤성, 장활식. (2009). 첨성대 회위정(回圍井) 가설. 한국고대사연구, 54, pp. 463-501.

장정해. (2006). 韓中 正史에 나타난 太白星 출현의 의미. 중국문화연구, 8, pp. 109-126.

전용훈. (2016). 한국 천문학사의 한국적 특질에 관한 시론: 세종 시대 역산(歷算) 연구를 중심으로. 한국과학사학회지, 38(1), pp.1-34.

전용훈. (2022). 세종 시대 서울 기준 시각법의 성립과 그 의의. 한국과학사학회지, 44(3), pp.677-707.

장활식. (2012). 경주첨성대의 파손과 잘못된 복구. 문화재, 45(2), pp. 72-99.

전준혁. (2011). 흠정의상고성(欽定儀象考成)에 실린 별들의 동정 (석사학위논문, 충북대학교).

전준혁. (2016). 조선시대의 성표(星表) 분석 연구 (박사학위논문, 충북대학교).

전준혁. (2017). 성경(星鏡)에 기록된 항성: 의상고성속편(儀象考成續編) 성표와의 연관성을 고려한 동정. 한국과학사학회지, 39(1), pp. 125-194.

전준혁. (2020). 선덕십년월오성능범(宣德十年月五星凌犯)의 기록 검토, 제12회 고천문워크숍.

전준혁. (2021). 화광(火光) 현상은 무엇인가?, 제13회 고천문워크숍 및 제11회 해시계학술대회: 한국 고천문학의 동서 융합 및 과학교육의 활용, 한국천문연구원/해시계연구회.

정연식. (2009). 선덕여왕과 성조(聖祖)의 탄생, 첨성대. 역사와현실, (74), pp. 299-388.

조세환. (1998). 첨성대의 경관인식론적 해석. 한국조경학회지, 26(3), pp. 178-188.

최고은, 양홍진, 안영숙. (2011). 천상열차분야지도(天象列次分野之圖)와 소주천문도(蘇州天文圖)의 별자리 비교 연구. Bulletin of Korean Astronomical Society, 36(2), pp. 138-1.

한영호, 이은희. (2011). 려말선초(麗末鮮初) 본국력(本國曆) 완성의 도정(道程). 동방학지, 155, pp. 31-75.

한영호. (2015). 조선의 回回曆法 도입과《칠정산 외편》. 민족문화, 45, pp. 127-160.

洪思俊. (1965). 慶州 瞻星臺 實測調書. 미술사학연구(구 고고미술), 6(3·4), pp. 63-65.

쯔可楨. (1926). 論以歲差定〈尚書·堯典〉四仲中星之年代,《科學》, 11卷, 12期, 100-106.

石云里, 李亮, 李辉芳. (2013). 从《宣德十年月五星凌犯》看回回历法在明朝的使用.

和田雄治, (1910). 朝鮮古代の彗星観測記, 天文月報, Vol. 3, No. 9.

Acuña, M. H., Connerney, J. E. P., Wasilewski, P. A., Lin, R. P., Anderson, K. A., Carlson, C. W., ... & Ness, N. F. (1998). Magnetic field and plasma observations at Mars: Initial results of the Mars Global Surveyor mission. Science, 279(5357), pp. 1676-1680.

Banerdt, W. B., Smrekar, S. E., Banfield, D., Giardini, D., Golombek, M., Johnson, C. L., ... & Wieczorek, M. (2020). Initial results from the InSight mission on Mars. Nature Geoscience, 13(3), pp. 183-189.

Bauval, R. G. (1989). A Master Plan for the Three Pyramids of Giza Based on the Configuration of the Three Stars of the Belt of Orion. Discussions in Egyptology, 13, pp. 7-18.

Black, D. T., Bode, M. F., Stephenson, F. R., Abbott, T., & Page, K. L. (2008, December). Search for the Remnant of the Nova of 1437. In RS Ophiuchi (2006) and the Recurrent Nova Phenomenon (Vol. 401, p. 351).

Boslough, M. B. E., & Crawford, D. A. (2008). Low-altitude airbursts and the impact threat. International Journal of Impact Engineering, 35(12), pp. 1441-1448.

Brosche, P. (1967). Supernova gesucht. Sterne und Weltraum, 6, pp. 198.

Daniel W. Graham, Eric Hintz. (2010). An Ancient Greek Sighting of Halley's Comet?. Journal of Cosmology, 2010, Vol 9, pp. 2130-2136.

Fairall, A. (1999). Precession and the layout of the ancient Egyptian pyramids. pp. 3-4.

Foster, D. C., & Savino, D. M. (2024). Early Planning, Collaboration and the Role of Social Media: A Model for Future Event Success and Lessons Learned from Eclipse 2024. Journal of Knowledge Management Practice, 24(4).

Goldstein, B. R., & Bowen, A. C. (1983). A new view of early Greek astronomy. Isis, 74(3), pp. 330-340.

Gurval, R. A. (1997). Caesar's comet: the politics and poetics of an Augustan myth. MAAR, pp. 39-71.

Ha, H. J., & Long, J. A. (2024). Human Mobility Patterns during the 2024 Total Solar Eclipse in Canada. Findings.

Hasegawa, I. (1979). Orbits of ancient and medieval comets. Publications of the Astronomical Society of Japan, 31(2), pp. 257-270.

Hoffleit, D. (1997). History of the discovery of Mira stars. The Journal of the American Association of Variable Star Observers, vol. 25, no. 2, pp. 115-136.

Hoffmann, S. M. (2019). What information can we derive from historical Far Eastern guest stars for modern research on novae and cataclysmic variables?. Monthly Notices of the Royal Astronomical Society, 490(3), pp. 4194-4210.

Hoffmann, S. M., Vogt, N., & Protte, P. (2020). A new approach to generate a catalogue of potential historical novae. Astronomische Nachrichten, 341(1), pp. 79-98.

Hoffmann, S. M., & Vogt, N. (2020). Cataclysmic variables as possible counterparts of ancient Far Eastern guest stars. Monthly Notices of the Royal Astronomical Society, 494(4), pp. 5775-5786.

Incerti, M. (2013). Astronomical knowledge in the sacred architecture of the Middle Ages in Italy. Nexus Network Journal, 15(3), pp. 503-526.

Jeon, J., Lee, Y. B., & Lee, Y. S. (2015). Study of the star catalogue (epoch AD 1396.0) recorded in ancient Korean astronomical almanac. Monthly Notices of the Royal Astronomical Society, 454(1), pp. 1086-1104.

Jeon, J., Kwon, Y. J., & Lee, Y. S. (2018). A new interpretation of the historical records of observing Venus in daytime with naked eye: Focusing on the meteorological factors in the astronomical observation records. Advances in Space Research, 61(8), pp. 2116-2123.

Jeon, J., Noh, S. J., & Lee, D. H. (2018). Relationship between lightning and solar activity for recorded between CE 1392–1877 in Korea. Journal of Atmospheric and Solar-Terrestrial Physics, 172, pp. 63-68.

Jing, L. (1985). Historical records of outburst of R Aquarii. Chinese astronomy and astrophysics, 9(4), pp. 322-323.

Können, G. P., & Hinz, C. (2008). Visibility of stars, halos, and rainbows during solar eclipses. Applied optics, 47(34), H14-H24.

Kossacki, K. J., & Szutowicz, S. (2010). Crystallization of ice in Comet 17P/Holmes: Probably not responsible for the explosive 2007 megaburst. Icarus, 207(1), pp. 320-340.

Kim, S. (2022). Zoomorphizing the asterisms: Indigenous interpretations of the Twenty-Eight Lunar Mansions in the history of China. Sungkyun Journal of East Asian Studies, 22(1), pp. 1-26.

Lee, E. H., Ahn, Y. S., Yang, H. J., & Chen, K. Y. (2004). The sunspot and auroral activity cycle derived from Korean historical records of the 11th–18th century. Solar Physics, 224(1), pp. 373-386.

Lee, H., Yang, H. J., Yoon, S. J., & Park, M. G. (2024). How Are the Terms of the Angular

Distance between Celestial Bodies Defined in Korean Historical Records?. Journal of the Korean Astronomical Society, 57(1), pp.1-9.

Lee, K. W., Yang, H. J., & Park, M. G. (2009). Orbital elements of comet C/1490 Y1 and the Quadrantid shower. Monthly Notices of the Royal Astronomical Society, 400(3), pp. 1389-1393.

Lee, P. H., & Liu, J. Y. (2023). Response of aurora candidates in the Chinese official histories to the space climate during 511–1876. Earth, Planets and Space, 75(1), p. 138.

Mahaffy, P. R., Webster, C. R., Atreya, S. K., Franz, H., Wong, M., Conrad, P. G., ... & Gasnault, O. (2013). Abundance and isotopic composition of gases in the Martian atmosphere from the Curiosity rover. Science, 341(6143), pp. 263-266.

Miyagawa, T. (2008). The meteorological observation system and colonial meteorology in early 20th-century Korea. Historia Scientiarum, 18(2), pp. 140-150.

Miyahara, H., Kataoka, R., Mikami, T., Zaiki, M., Hirano, J., Yoshimura, M., ... & Iwahashi, K. (2018, April). Solar rotational cycle in lightning activity in Japan during the 18–19th centuries. In Annales Geophysicae (Vol. 36, No. 2, pp. 633-640). Göttingen, Germany: Copernicus Publications.

Morris, R. V., Ruff, S. W., Gellert, R., Ming, D. W., Arvidson, R. E., Clark, B. C., ... & Squyres, S. W. (2010). Identification of carbonate-rich outcrops on Mars by the Spirit rover. Science, 329(5990), pp. 421-424.

Neuhäuser, D. L., Neuhäuser, R., & Chapman, J. (2018). New sunspots and aurorae in the historical Chinese text corpus? Comments on uncritical digital search applications. Astronomische Nachrichten, 339(1), pp.10-29.

Neuhäuser, R., & Neuhäuser, D. L. (2021). Critical comments on publications by S. Hoffmann and N. Vogt on historical novae/supernovae and their candidates. Astronomische Nachrichten, 342(4), pp. 675-695.

Noble, J. V., & Price, D. J. D. S. (1968). The water clock in the Tower of the Winds. American Journal of Archaeology, 72(4), pp. 345-355.

Pankenier, D. W. (2014). Did Babylonian Astrology Influence Early Chinese Astral Prognostication Xing Zhan Shu 星占術?. Early China, 37, pp. 1-13.

Park, C., Yoon, S. C., & Koo, B. C. (2016). THE KOREAN 1592-1593 RECORD OF A GUEST STAR: AN'IMPOSTOR'OF THE CASSIOPEIA A SUPERNOVA?. Journal of The Korean Astronomical Society, 49(6), pp. 233-238.

Park, J., Jeon, J., & An, H. (2022). A list of guest-star records in Korean history and their possible counterparts. Astronomische Nachrichten, 343(9-10), e20220017.

Remijsen, S. (2021). Living by the Clock. The introduction of clock time in the Greek world. Klio, 103(1), pp. 1-29.

Rowe, C. (1974). Illuminating Lucifer. Film Quarterly, 27(4), pp. 24-33.

Rufus, W. C. (1913). The celestial planisphere of King Yi Tai-jo. Transactions of the Korea Branch of the Royal Asiatic Society, 4, p. 23.

Rufus, W. C. (1915). Korea's cherished astronomical chart. Popular Astronomy, 23, pp. 193-198.

Rufus, W. C., & Chao, C. (1944). A Korean star map. Isis, 35(4), pp. 316-326.

Ruggles, C., Cunliffe, B., & Renfrew, C. (1997, January). Astronomy and Stonehenge. In Proceedings-British Academy (Vol. 92, pp. 203-230). OXFORD UNIVERSITY PRESS INC.

Russell, C. T., & McPherron, R. L. (1973). The magnetotail and substorms. Space Science Reviews, 15(2), pp. 205-266.

Sakhare, R. S., Desai, J. C., Mathew, J. K., & Bullock, D. M. (2024). Impact of 2024 solar eclipse on national traffic mobility using connected vehicle data and images. Transportation

Research Interdisciplinary Perspectives, 27, 101225.

Savoie, D., Richard, A., Goutaudier, M., Onufer, N. P., Wallace, M. C., Mimoun, D., ... & Banerdt, B. (2019). Determining true north on Mars by using a sundial on InSight. Space Science Reviews, 215(1), 2.

Savoie, D., Richard, A., Goutaudier, M., Lognonné, P., Hurst, K. J., Maki, J. N., ... & Williams, N. R. (2021). Finding SEIS North on Mars: Comparisons between SEIS sundial, Inertial and Imaging measurements and consequences for seismic analysis. Earth and Space Science, 8(3), e2020EA001286.

Shara, M. M., Potter, M., Moffat, A. F. J., Bode, M., & Stephenson, F. R. (2005, July). Where is nova 1437?—Surprises in the space density of cataclysmic variables. In Physics of Classical Novae: Proceedings of Colloquium No. 122 of the International Astronomical Union Held in Madrid, Spain, on 27–30 June 1989 (pp. 57-58). Berlin, Heidelberg: Springer Berlin Heidelberg.

Shara, M. M., Iłkiewicz, K., Mikołajewska, J., Pagnotta, A., Bode, M. F., Crause, L. A., ... & Zurek, D. (2017). Proper-motion age dating of the progeny of Nova Scorpii AD 1437. Nature, 548(7669), pp. 558-560.

Shi, Y. (2003). The Korean adaptation of the Chinese-Islamic astronomical tables. Archive for history of exact sciences, 57(1), 25-60.

Silverman, S. M., & Mullen, E. G. (1975). Sky brightness during eclipses: a review. Applied Optics, 14(12), 2838-2843.

Simon, J. I., Hickman-Lewis, K., Cohen, B. A., Mayhew, L. E., Shuster, D. L., Debaille, V., ... & Williford, K. H. (2023). Samples collected from the floor of Jezero Crater with the Mars 2020 Perseverance rover. Journal of Geophysical Research: Planets, 128(6), e2022JE007474.

Squyres, S. W., Knoll, A. H., Arvidson, R. E., Clark, B. C., Grotzinger, J. P., Jolliff, B. L., ... & Yen, A. S. (2006). Two years at Meridiani Planum: results from the Opportunity Rover. Science, 313(5792), pp. 1403-1407.

Steele, J. M. (2013). A Comparison of Astronomical Terminology, Methods and Concepts in China and Mesopotamia, With Some Comments on Claims for the Transmission of Mesopotamian Astronomy to China. Journal of Astronomical History and Heritage, 16(3), pp. 250-260.

Stephenson, F. R., & Yau, K. K. (1987). Four Korean'Guest Stars' Observed in AD 1592. Quarterly Journal of the Royal Astronomical Society, Vol. 28, NO. 4/DEC, pp. 431-444, 1987.

Stephenson, F. R. (1994). Chinese and Korean star maps and catalogs. In: J. B. Harley and D. Woodward (eds.), The History of Cartography, Volume Two, Book Two: Cartography in the Traditional East and Southeast Asian Societies.; Chicago & London: The University of Chicago Press (1994), pp. 511-578.

Stephenson, F. R., & Willis, D. M. (2008). 'Vapours like fire light' are Korean aurorae. Astronomy & Geophysics, 49(3), pp. 3-34.

Sun, C., & Li, H. (2024). The Celestial Empire: solar eclipses, political legitimacy, and economic performance in historical China. Cliometrica, 18(2), pp. 453-491.

Usoskin, I. G., Arlt, R., Asvestari, E., Hawkins, E., Käpylä, M., Kovaltsov, G. A., ... & Vaquero, J. M. (2015). The Maunder minimum (1645–1715) was indeed a grand minimum: A reassessment of multiple datasets. Astronomy & Astrophysics, 581, A95.

Vasavada, A. R. (2022). Mission overview and scientific contributions from the Mars Science Laboratory Curiosity rover after eight years of surface operations. Space Science Reviews, 218(3), p. 14.

Wang, J. A. (2020). Solving the Mystery of the Tunguska Explosion. Journal of Modern Physics, 11, pp. 779-787.

Yang, H. J., Park, M. G., Cho, S. H., & Park, C. (2005). Korean nova records in AD 1073 and AD 1074: R Aquarii. Astronomy & Astrophysics, 435(1), pp. 207-214.

Yau, K. K. C., & Stephenson, F. R. (1988). A revised catalogue of Far Eastern observations of sunspots (165 BC to AD 1918). Royal Astronomical Society, Quarterly Journal (ISSN 0035-8738), vol. 29, June 1988, pp. 175-197. Research supported by the Royal Astronomical Society.

Yau, K., Weissman, P., & Yeomans, D. (1994). Meteorite falls in China and some related human casualty events. Meteoritics, 29(6), pp. 864-871.

Zhang, Z. W. (1985). Korean auroral records of the period AD 1507-1747 and the SAR arcs. Journal of the British Astronomical Association, Vol. 95, Issue 5, p. 205, 1985.

단행본 도서

고천문연구그룹 지음, 《근대 한국의 천문학: 시련의 극복과 정통성의 계승》, 한국천문연구원, 2010.

국사편찬위원회 편, 《하늘, 시간, 땅에 대한 전통적 사색》, 두산동아, 2007.

김일권 지음, 《『고려사』의 자연학과 오행지 역주》, 한국학중앙연구원, 2011.

나일성 지음, 《한국천문학사》, 서울대학교출판부, 2011.

나일성·이정복 지음, 《일식과 월식 이야기》, 세종대왕기념사업회, 2002.

모리스 꾸랑 지음, 이희재 옮김, 《한국서지》, 일조각, 1994.

박성래 지음, 《한국과학사상사》, 유스북, 2005.

박창범 지음, 《하늘에 새긴 우리 역사》, 김영사, 2002.

서호수·성주덕·김영 지음, 이은희·문중양 옮김, 《국조역상고》, 소명출판, 2004.

성주덕 지음, 이면우·허윤섭·박권수 옮김, 《서운관지》, 소명출판, 2003.

藪內淸 지음, 유경로 옮김, 《중국의 천문학》, 전파과학사, 1985.

안상현 지음, 《우리 혜성 이야기》, 사이언스북스, 2013.

양홍진 지음, 《디지털 천상열차분야지도》, 경북대학교출판부, 2014.

이순지 지음, 남종진 옮김, 《제가역상집》, 세종대왕기념사업회, 2013.

이순지 지음, 김수길 · 윤상철 공역, 《천문류초》, 대유학당, 2006.

이용삼 엮음, 《조선시대 천문의기: 천문대·천문관측기기·천문시계, 그 복원을 논하다》, 민속원, 2016.

전상운 지음, 《우리 과학 문화재의 한길에 서서》, 사이언스북스, 2016.

전용훈 지음, 《한국 천문학사》, 들녘, 2017.

Deng, K. (2015). Ancient Chinese Sundials. Handbook of Archaeoastronomy and Ethnoastronomy, Springer New York.

Deutscher Wetterdienst. (2010). Digitalization of historical climate data of Chemulpo/Incheon(Republic of Korea). German Meteorological Service.

Dohrn-van Rossum, G. (1996). History of the hour : clocks and modern temporal orders. University of Chicago Press.

Düring, I. (1980). Aristotle's Chemical Treatise Meteorologica, Book IV.: Garland Pub.

Johnson, W. (1908). Folk-memory: or, The continuity of British archaeology. Clarendon Press.

Kronk, G. W. (1999). Cometography: Volume 1, Ancient-1799: A Catalog of Comets (Vol. 1). Cambridge University Press.

Ledyard, G., Harley, J. B., & Woodward, D. (1994). The History of Cartography, volume two, book two: Cartography in the Traditional East and Southeast Asian Societies.

Needham, J. (1959). Science and civilisation in China (Vol. 3). Cambridge University Press.

Perlus, B. (2020). Celestial mirror: the astronomical observatories of Jai Singh II. Yale University Press.

Sun, X., & Kistemaker, J. (Eds.). (1997). The Chinese sky during the Han: constellating stars and society (Vol. 38). Brill.

Toomer, G. J. (1998). Ptolemy's Almagest. Princeton University Press.

관측과 기록으로 이어온 우리 천문학
천문학자는 왜 옛 하늘을 살피는가

1판 1쇄 인쇄 | 2026년 1월 16일
1판 1쇄 발행 | 2026년 1월 23일

지은이 | 전준혁

펴낸이 | 박남주
편집자 | 박지연
디자인 | 전영진
펴낸곳 | 플루토

출판등록 | 2014년 9월 11일 제2014-61호
주소 | 07803 서울특별시 강서구 마곡동 797 에이스타워마곡 1204호
전화 | 070-4234-5134
팩스 | 0303-3441-5134
전자우편 | theplutobooker@gmail.com

ISBN 979-11-88569-97-7 03440